高超声速出版工程(第二期)

高超声速气动布局理论及应用

贺旭照　乐嘉陵　刘福军
卫　锋　马绍贤　秦　思　著

科学出版社
北　京

内 容 简 介

气动布局是承载各类先进飞行器的外形载体,其优劣直接影响飞行器的总体性能。高超声速飞行是当前技术发展的前沿和热点,其气动外形究竟应该如何设计,应建立哪些设计理论及方法,成为高超声速空气动力研究者亟待回答的问题。虽然国内外科研工作者对高超声速气动布局技术的研究历史久远,研究成果众多,但还缺少一本为读者系统介绍从外流到内流,再到内外流一体化,然后到机体推进一体化的高超声速气动布局设计技术的著作。本书针对以上需求,将作者开展的与高超声速气动布局相关的研究工作进行梳理和总结,希望能抛砖引玉,传承和推动学术的发展。

本书可为从事高超声速飞行器研究的科研院所人员及高校相关专业师生提供学习和参考。

图书在版编目(CIP)数据

高超声速气动布局理论及应用 / 贺旭照等著.
北京:科学出版社,2024. 10. -- ISBN 978-7-03
-079599-1

Ⅰ. V211

中国国家版本馆 CIP 数据核字第 2024MR2669 号

责任编辑:徐杨峰 / 责任校对:谭宏宇
责任印制:黄晓鸣 / 封面设计:殷 靓

科 学 出 版 社 出版
北京东黄城根北街 16 号
邮政编码:100717
http://www.sciencep.com

南京展望文化发展有限公司排版
苏州市越洋印刷有限公司印刷
科学出版社发行 各地新华书店经销

*

2024 年 10 月第 一 版 开本:B5(720×1000)
2024 年 10 月第一次印刷 印张:22
字数:382 000
定价:**180. 00 元**
(如有印装质量问题,我社负责调换)

高超声速出版工程(第二期)·高超声速空气动力学系列
编写委员会

丛书序

飞得更快一直是人类飞行发展的主旋律。

1903年12月17日,莱特兄弟发明的飞机腾空而起,虽然飞得摇摇晃晃,犹如蹒跚学步的婴儿,但拉开了人类翱翔天空的华丽大幕;1949年2月24日,Bumper-WAC从美国新墨西哥州白沙发射场发射升空,上面级飞行马赫数超过5,实现人类历史上第一次高超声速飞行。从学会飞行,到跨入高超声速,人类用了不到五十年,蹒跚学步的婴儿似乎长成了大人,但实际上,迄今人类还没有实现真正意义的商业高超声速飞行,我们还不得不忍受洲际旅行需要十多个小时甚至更长飞行时间的煎熬。试想一下,如果我们将来可以在两小时内抵达全球任意城市,这个世界将会变成什么样? 这并不是遥不可及的梦!

今天,人类进入高超声速领域已经快70年了,无数科研人员为之奋斗了终生。从空气动力学、控制、材料、防隔热到动力、测控、系统集成等,在众多与高超声速飞行相关的学术和工程领域内,一代又一代科研和工程技术人员传承创新,为人类的进步努力奋斗,共同致力于达成人类飞得更快这一目标。量变导致质变,仿佛是天亮前的那一瞬,又好像是蝶即将破茧而出,几代人的奋斗把高超声速推到了嬗变前的临界点上,相信高超声速飞行的商业应用已为期不远!

高超声速飞行的应用和普及必将颠覆人类现在的生活方式,极大地拓展人类文明,并有力地促进人类社会、经济、科技和文化的发展。这一伟大的事业,需要更多的同行者和参与者!

书是人类进步的阶梯。

实现可靠的长时间高超声速飞行堪称人类在求知探索的路上最为艰苦卓绝的一次前行,将披荆斩棘走过的路夯实、巩固成阶梯,以便于后来者跟进、攀登,意义深远。

以一套丛书,将高超声速基础研究和工程技术方面取得的阶段性成果和宝贵经验固化下来,建立基础研究与高超声速技术应用之间的桥梁,为广大研究人员和工程技术人员提供一套科学、系统、全面的高超声速技术参考书,可以起到为人类文明探索、前进构建阶梯的作用。

2016 年,科学出版社就精心策划并着手启动了"高超声速出版工程"这一非常符合时宜的事业。我们围绕"高超声速"这一主题,邀请国内优势高校和主要科研院所,组织国内各领域知名专家,结合基础研究的学术成果和工程研究实践,系统梳理和总结,共同编写了"高超声速出版工程"丛书,丛书突出高超声速特色,体现学科交叉融合,确保丛书具有系统性、前瞻性、原创性、专业性、学术性、实用性和创新性。

这套丛书记载和传承了我国半个多世纪尤其是近十几年高超声速技术发展的科技成果,凝结了航天航空领域众多专家学者的智慧,既可供相关专业人员学习和参考,又可作为案头工具书。期望本套丛书能够为高超声速领域的人才培养、工程研制和基础研究提供有益的指导和帮助,更期望本套丛书能够吸引更多的新生力量关注高超声速技术的发展,并投身于这一领域,为我国高超声速事业的蓬勃发展做出力所能及的贡献。

是为序!

毛明展

2017 年 10 月

前　言

对飞行速度的追求,是人类不变的梦想。高超声速是当前飞行技术发展的前沿和热点,气动布局是承载各类先进飞行器的外形载体,气动布局的优劣直接影响飞行器的总体性能。对先进高超气动布局的研究和获取一直是学术界和工业界长期关注的焦点。高超飞行器的气动外形究竟应该如何设计,应建立哪些设计理论及方法,以获得飞行性能优良的气动布局方案,成为高超空气动力研究者亟待回答的问题。

最早开展高速气动布局技术研究的是冯·卡门,他在 1935 年基于超声速细长体假设及相应的阻力表达形式,采用变分技术获得了最小阻力轴对称构型,称为冯·卡门曲线。乘波体设计方法的提出是高超气动布局领域的另一个里程碑事件,Nonweiler 在 1959 年提出由已知超声速楔形流场构造三维高超声速飞行器构型的观点,引入了流线追踪及流面替代无黏物面的思想,打开了乘波体设计的大门。对于高速内流的设计,相关学者采用特征线技术,发展了二维和轴对称高速进气道设计方法。Billig 等率先开展了在 Busemann 内收缩基准流场中,采用流线追踪技术获取三维内转式高性能进气道的研究。此后学者们逐渐将高超声速外流的设计理论方法,和内流的设计方法相融合,开展内外流一体化高速气动构型的设计研究。随着吸气式高超技术的发展,高超飞行器机体推进一体化设计技术逐渐被推向了新的高度。高超气动布局设计技术的绚丽画卷正在向人们徐徐展开。

虽然对高超气动布局技术的研究历史久远,研究者及研究论文众多,但目前还缺少一本为读者系统介绍从外流到内流、再到内外流一体化、最后到机体推进一体化耦合设计的高超气动布局技术的书籍。本书在外流气动布局方面,介绍了最小阻力旋成体、直激波乘波体及最小阻力锥乘波体等研究内容;在内流气动布局方面,介绍了可控消波二元进气道、先进三维内转式进气道等的研究工作;在内外流一体化设计技术方面,介绍了一体化曲外锥乘波体进气道、一体化曲内锥乘波体进气道及一体化最小阻力乘波体/三维内转式进气道等的研究工作;在机体推进一体化耦合设计方面,介绍了进气道的参数化设计优化、一维冲压燃烧室的建模仿真、尾喷管内外流耦合设计优化及机体推进一体化飞行器设计优化等方面的研究工作。本书将作者在 20 多年研究生涯中,开展的与高超气动布局相关的基础性研究工作,进行系统的梳理和总结,呈献给读者,希望能抛砖引玉,传承和推动学术的发展。

　　本书共分为 13 章:第 1 章为绪论,主要介绍高超飞行器的分类、气动布局面临的关键技术问题及本书的基本架构;第 2 章介绍高超气动优化中采用的空间推进求解抛物化 N‑S 方程的数值求解技术及验证;第 3 章介绍最小阻力旋成体相关研究工作;第 4 章介绍密切直激波乘波体的相关研究工作;第 5 章介绍最小阻力锥乘波体的相关研究工作;第 6 章介绍可控消波高超声速二元进气道的特征线设计方法及相关工作;第 7 章介绍多类先进三维内转式高超声速进气道的设计方法;第 8 章介绍一体化曲外锥乘波前体进气道的相关研究工作;第 9 章介绍一体化曲内锥乘波前体进气道的相关研究工作;第 10 章介绍一体化最小阻力乘波体/内转式进气道的相关研究工作;第 11 章介绍双模态冲压燃烧室一维数值模拟技术;第 12 章介绍高超飞行器后体尾喷管设计优化的相关研究工作;第 13 章介绍高超飞行器机体推进一体化设计优化的相关研究工作。

　　本书的第 1、2、4、6、8、9、10 章由贺旭照和乐嘉陵撰写,第 3、5 章由贺旭照和刘福军撰写,第 7 章由贺旭照和卫锋撰写,第 11、13 章由贺旭照、马绍贤和刘福军撰写,第 12 章由贺旭照和秦思撰写。全书的修改和统稿由贺旭照完成。感谢作者同事周正等对书稿撰写的支持和书中相关内容的贡献。

　　本书的研究工作得到了中国博士后科学基金、国家自然科学基金等项目的支持。唐志共院士对本书进行了详细的审阅和指导。本书研究工作开展过程中,先后得到了吴世俊高工、肖保国研究员、江雄研究员、贺元元研究员、赵慧勇研究员、倪鸿礼研究员、周凯高工、赵志高工、黄挺高工、陈军高工、汪广元高工、赵宽高工等的帮助支持,在此一并表示衷心感谢。

虽然作者在撰写书稿过程中力求完善,但由于水平和认知有限,书中错误和不足在所难免,敬请各位读者批评指正。

2024 年 6 月

目 录

第3章 最小阻力旋成体构型

第6章　高超声速二元进气道设计

第7章　三维内转式高超声速进气道

第8章　一体化曲外锥乘波前体进气道

第 11 章　双模态冲压燃烧室一维数值模拟

第 12 章　高超声速飞行器后体尾喷管研究

第 13 章 高超飞行器机体推进一体化设计优化

第1章

绪　　论

1.1　高超飞行器的分类

1903 年 12 月 17 日,美国莱特兄弟在人类历史上第一次实现了有动力、载人、可操作的成功飞行,标志着人类从此进入了飞行时代,此时的飞行速度仅为 68 km/h。1947 年 10 月 14 日,美国空军试飞员查克·耶格尔(Chuck Yeager)驾驶一架外形近似子弹、安装火箭发动机的 X - 1 实验机,在 12 800 m 高空,以 1 078 km/h(约 1.015 倍声速)的飞行速度首次突破音障,实现了航空史上的又一次飞跃。1964 年,美国 SR - 71"黑鸟"侦察机创造了飞行速度 3 529 km/h(约 3.2 倍声速)的纪录。1967 年 10 月,美国国家航空航天局(National Aeronautics and Space Administration, NASA)采用火箭发动机为动力的 X - 15 飞行器创下了 7 274 km/h(约 6.7 倍声速)的纪录,从此人类进入了高超声速飞行的新时代。2004 年 10 月 16 日,以超燃冲压发动机为动力的飞行器 X - 43A,飞行速度达到了11 500 km/h(约 10 倍声速),创造了吸气式发动机飞行速度的世界纪录。以上飞行器对速度上限的不断突破,正是人类超越自身能力边界、不断进取的现实例证。

通常的高超声速飞行是指长时间在大气层或跨大气层,飞行速度大于马赫数5 的空气动力参与操纵飞行器的飞行[1, 2]。飞船返回舱、航天飞机、弹道式导弹等传统的空间再入飞行器,在大气层内停留时间较短,暂不属于高超声速飞行器的范畴。目前常见的高超声速飞行器有以下四种:高超声速滑翔飞行器、高超声速巡航飞行器、水平起降高超声速飞行器和水平起降空天往返飞行器。

高超声速滑翔飞行器依靠火箭动力将其助推到一定的高度和速度,与助推器分离后,在大气层内做长时间的依靠空气动力操纵的飞行。飞行能量源自滑翔飞行器分离初始时的动能和势能,为了延缓飞行器能量的损耗速率,在满足一

图 1.1 HTV2 高超滑翔飞行器[3]

定升力条件时,减小飞行器的阻力,即增大飞行器的可用升阻比,成为高超声速滑翔飞行器气动设计的核心。高超滑翔飞行器的典型代表为美国的 HTV2,如图 1.1 所示。

高超声速巡航飞行器依靠火箭动力,将其助推到巡航马赫数,与助推器分离后,依靠超燃冲压动力,在大气层内开展长时间的巡航飞行。该类飞行器的布局特点是在满足飞行器总体约束后,为获得更好的飞行性能,一方面需要飞行器的可用升阻比尽量高,另一方面需要飞行器的比冲足够大。飞行器的升阻比和发动机的比冲,往往是一对矛盾指标,同时超燃冲压发动机的进排气部件占整个飞行器迎风面的比例较传统超声速吸气式飞行器大为增加(可达 50% 以上),这就需要机体推进一体化设计,综合权衡,获得最优的飞行性能。这类飞行器的典型代表为美国的 X‐43A 飞行器,如图 1.2 所示。

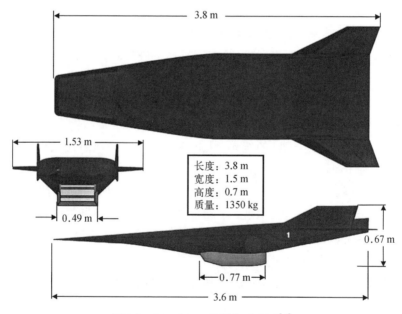

长度: 3.8 m
宽度: 1.5 m
高度: 0.7 m
质量: 1350 kg

图 1.2 X‐43A 飞行器气动布局[4]

水平起降高超声速飞行器采用组合动力发动机,可从常规机场零速起飞,加速到马赫数 3~4 后,转换至双模态超燃冲压发动机动力,加速至马赫数 6 左右巡航飞行,飞行结束后可在常规机场水平降落。该类飞行器的气动布局在满足飞行器总体约束基础上,除了机体推进一体化的考虑,还应考虑宽速域和空域的飞行需求,需兼顾低速起飞大升力和高速巡航高升阻比的需求。该类飞行器还处于研发阶段,典型代表为美国的 SR‑72,如图 1.3 所示。

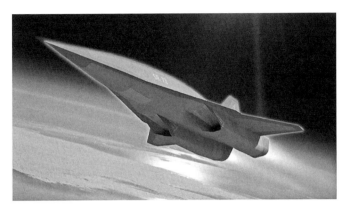

图 1.3　SR‑72 高超声速无人侦察机布局概念图[5]

水平起降空天往返飞行器,主要用来完成空间载荷投送的任务,分为单级入轨型和两级入轨型,目前都处于概念论证阶段,根据不同的动力形式,飞行器的气动布局差异很大。空天往返飞行器是加速型飞行器,其起飞需要大升力,在加速段气动阻力应尽可能小,同时由于发动机流道捕获面积占比较大,机体推进一体化的布局需求仍然强烈。该类飞行器的典型代表有采用协同吸气式火箭发动机("佩刀"发动机)的英国"云霄塔"(Skylon)空天飞机,如图 1.4 所示。

图 1.4　"云霄塔"(Skylon)空天飞机概念图[6]

以上介绍的 4 类飞行器,依据文献信息,高超声速滑翔飞行器和高超声速巡航飞行器已经经过飞行试验的考核[3, 4],水平起降高超声速飞机和水平起降空天往返飞行器还处在概念设计论证研发阶段[5, 6]。

1.2　高超声速气动布局的需求

随着飞行速度的增加,飞行器的外形也发生了巨大变化,由低速时的平直大展弦比构型,向收缩紧促构型转变,人们想方设法减少飞行器高速飞行时与周围大气相互作用所产生的阻滞力及由此带来的气动加热;同时发动机推进流道占整个飞行器迎风面积的比例,也随着飞行速度的增加不断扩大,飞行器布局不得不考虑和发动机流道的一体化融合设计。高超飞行器的气动外形究竟应该如何设计,应建立哪些设计理论及方法,以获得飞行性能优良的气动布局方案,成为高速空气动力学者亟待回答的问题。在回答这些问题之前,首先要厘清高超飞行对气动布局的需求。

1.2.1　可用高升阻比的需求

在飞行速域内获得较高的升阻比,是任何飞行器布局追求的目标,对高超飞行器显得尤为迫切。高超声速滑翔飞行器远距离无动力飞行,其飞行性能的保持源自高升阻比的能量维持优势,使其初始动能和势能的损耗尽可能慢。对吸气式高超声速飞行器而言,高的可用升阻比,意味着较小的飞行阻力,可以有效减小对本不富裕的发动机推力的需求,以使飞行器获得更远的航程。

要获得较高的升阻比,就要对飞行器与大气接触的机体表面进行精细设计。由于高超声速飞行,速度极高,任何不符合气动压缩规律的物面形状,均会产生较强的阻力和热流,对飞行器的气动性能产生较大的负面影响。飞行器的气动外形设计,需要建立诸如最小阻力旋成体、最小阻力锥乘波、流面追踪等先进设计技术,减小由于压缩气体而产生的阻力和热流,以获得良好的气动性能。

1.2.2　机体推进一体化的需求

随着飞行速度的增加,发动机流道的捕获面积占整机迎风面积的比重不断增加。图 1.5 给出了三种飞行器的迎风面积与进气道迎风面积比较[7],分别是波音 747、SR - 71 和 X - 43A,其设计马赫数依次由亚声速马赫数 0.8 到超声速马赫数 3,再到高超声速马赫数 10。可以看到巡航马赫数 0.8 的波音 747 飞机只需要 25% 的迎风面积捕获空气,而工作马赫数 3 的 SR-71 侦察机的进气道迎风面积增加到飞行器迎风面积的 40%;X-43A 可以在马赫数 10 工作,其用来捕获空气的进气道迎风面积达到了飞行器迎风面积的 80%,堪称"飞行的发动机"。吸气式高超声速飞行器如果仍然采用常规超声速飞行器的布局形式,那么与机体相分离的发动机吊舱占飞行器捕获面积的比例将会很大,会产生很大的阻力,同时发动机吊舱产生的激波与机体产生的激波互相干涉,会使飞行器气动性能剧烈下降。因此,吸气式高超声速飞行器发动机必须共用前体压缩面和后体喷管膨胀面,进行推进系统与机体的一体化设计(propulsion airframe integration, PAI),以减小飞行阻力,降低飞行器重量[8],获得满足飞行器总体约束的高效飞行性能。

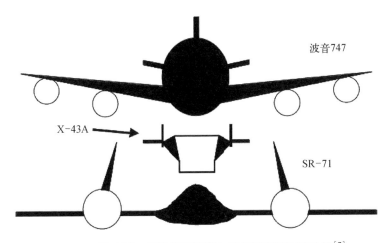

图 1.5 不同速域飞行器迎风面积与进气道迎风面积比较[7]

1.2.3 宽域高性能的需求

当前高超声速飞行器技术,正在由小尺度向中大尺度,由临近空间高超声速飞行向水平起降宽速域、大空域飞行发展。对飞行器的气动布局而言,提出了新的更高挑战。飞行器宽域飞行,水平起降时需要大翼面产生高升力,而巡航飞行时需要产生较小升力的小翼面,以增大巡航攻角,从而提高巡航升阻比。在升力的产生机制方面,由以低速时的环量为主变到高速时的压缩升力为主[9]。高低速匹配的气动布局设计难度大为增加。同时飞行器采用吸气式组合动力发动机,载荷/动力/设备/燃油的高容积需求产生额外阻力,与宽速域低阻力气动布局设计的矛盾突出,同时气动/动力/控制高度耦合,大空域、宽速域俯仰配平、铰链力矩等约束极为严苛,都为总体可行的高性能飞行器布局方案的设计增加了难度。

实际上以上几点是相互关联的,好的气动布局能不同程度地满足以上需求,本书着重介绍作者开展的针对满足前两个需求的相关气动布局的研究工作。

1.3 本书的构架

本书围绕高超声速气动布局,系统阐述了作者在高超声速外流、内流、内外流一体化及机体推进一体化布局方面开展的设计理论方法研究工作,同时还介绍了运用建立的设计理论方法,开展的高超构型设计、仿真及地面试验研究等工作,书中还穿插介绍了高超声速气动布局研究中所采用的仿真优化等工具。本书的体系构架如图 1.6 所示。

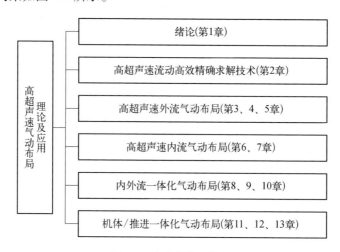

图 1.6　本书的体系构架

第 1 章为绪论,介绍高超飞行器的分类、高超声速气动布局的需求及本书的构架,引出了本书的研究对象和研究目标。

第 2 章介绍本书在高超气动优化中常态化使用的空间推进求解抛物化 N-S 方程的相关研究工作。超声速占主导的流场,采用空间推进求解抛物化 N-S 方程,可在十几秒内获得典型二元流场的准确气动力、热结果及较为精细的流场结构,可为高超声速气动布局的优化设计提供高效可靠的数值仿真工具。

第 3 章介绍高超外流的经典设计技术即最小阻力旋成体的相关研究工作。对最小阻力旋成体的研究,是高超声速气动布局设计技术的起点,该章首先介绍前人采用经典理论获取的最小阻力封闭体、前体及管状前体的研究成果,然后介绍了作者采用数值优化方法求解最小阻力旋成体的研究内容。

第 4 章介绍采用多类圆锥直激波基准流场,生成多类乘波体的研究工作,其中包括了锥乘波体、密切锥乘波体、密切内锥乘波体及密切曲面锥乘波体的设计方法及验证确认工作,介绍的方法拓展了乘波体的设计边界,为乘波体的设计创新提供了借鉴参考。

第 5 章首先介绍等熵有旋特征线方法求解最小阻力旋成体基准流场的方法,之后介绍基于最小阻力旋成体基准流场,采用密切方法,生成最小阻力锥乘波体的研究工作,并开展最小阻力锥乘波体参数化建模及设计优化工作,同密切锥乘波体的设计优化结果进行比较,结果体现了最小阻力锥乘波体的容积和升阻比优势。

第 6 章介绍采用等熵无旋特征线方法,设计高超声速可控消波二元进气道的研究工作,生成的二元进气道,可实现内通道消除激波反射,出口马赫数定制等特定需求,该类进气道在高超声速飞行器中有广泛应用,形成的一体化轴对称前体进气道,也为第 8 章的一体化流线追踪外锥乘波前体进气道的设计提供基准流场输入。

第 7 章介绍三维内转式进气道的相关研究工作。在基准流场方面,介绍Busemann 进气道、轴对称等熵逆置喷管、可控消波内转式基准流场这三类高性能基准流场的设计方法,在内转式进气道流线追踪方面,介绍一种微修型流线融合方转圆进气道的设计方法,并基于改进的微修型流线融合方法完成一个水滴状内转进气道的设计分析和地面试验研究。

第 8 章介绍一体化曲外锥乘波体/进气道的相关研究工作,基于内外流匹配的轴对称曲外锥前体进气道基准流场,采用密切轴对称和一体化流线追踪的设计思想,获得内外流一体化的全流面曲外锥乘波体/进气道压缩型面,完成理论仿真分析后,进一步完成该类一体化前体进气道的数值仿真和风洞试验工作。

第 9 章介绍一体化曲内锥乘波前体/进气道的研究工作,包括内外流匹配轴对称内收缩基准流场的设计方法,一体化曲内锥乘波前体进气道的设计方法以及开展的数值仿真和风洞试验研究工作。

第 10 章介绍一体化最小阻力锥乘波体/三维内转式进气道的研究工作。首先介绍最小阻力锥乘波体和三维内转式进气道的一体化设计方法,然后介绍针对该新型一体化前体进气道开展的数值仿真和风洞试验研究工作。

第 11 章介绍双模态冲压发动机的一维数值模拟方法及算例考核验证,为机体推进一体化高超声速飞行器的设计、评估、优化提供冲压燃烧室的快速准确模拟评估手段。

第 12 章介绍内外流耦合高超飞行器后体尾喷管的相关研究工作,首先介绍高超飞行器后体尾喷管设计优化的相关研究工作,然后介绍变比热比后体尾喷管内外流耦合地面试验模拟相似准则及开展的试验研究工作。

第 13 章集合高超进气道、燃烧室、尾喷管及机体上下表面的参数化建模及仿真过程,搭建高超前体进气道及机体推进一体化二维飞行器的设计优化平台,对不同来流马赫数、攻角及燃料情况下的一体化飞行器的升阻比和比冲进行多目标优化,探明可信的飞行器/发动机性能边界,为复杂高超飞行器的一体化设计提供规律性指导和借鉴,并完成一个高超声速飞行器的一体化布局设计示例。

参考文献

[1] Heiser W H, Pratt D T. Hypersonic airbreathing propulsion [M]. Washigton: AIAA Education Series, 1993.

[2] Lu F K, Marren D E. Advanced hypersonic test facilities[M]. Washigton: AIAA Progress in Astronautics and Aeronautics, 2002.

[3] John A. DARPA releases video of HTV‒2 hypersonic glider flight[OL]. https://phys.org/news/2011-08-darpa-video-htv-hypersonic-glider.html[2011‒08‒25].

[4] Voland R T, Huebner L D, McClinton C R. X‒43A hypersonic vehicle technology development[J]. Acta Astronautica, 2006, 59(1): 181‒191.

[5] 胡晓煜,陈玉春.SR‒72 高超飞机发展前景分析[J].国际航空,2014(3): 13‒16.

[6] 刘晓明.详解佩刀发动机在高超声速领域的应用[Z].北京: 北京海鹰科技情报研究所,2016.

[7] Ketsdeve A D, Young M P, Mossman J B, et al. Overview of advanced concepts for space access[J]. Journal of Spacecraft and Rockets, 2010, 47(2): 238‒250.

[8] Witte D W, Huebner L D, Trexler C A, et al. Propulsion-airframe integration test techniques for hypersonic airbreathing configurations at NASA Langley Research Center[C]. Huntsville: 39th AIAA/ASME/SAE/ASEE Joint Propulsion Conference, 2003.

[9] 李宪开,王霄,柳军,等.水平起降高超声速飞机气动布局技术研究[J].航空科学技术,2020,31(11): 7‒13.

第 2 章

高超声速流动的空间推进求解

    本章首先介绍作者团队自主开发的空间推进求解抛物化 N-S 方程的数值求解工具,其具有高效准确的特点,是本书后续开展多类高超声速先进构型设计优化的基础。超声速占主导的流场可以采用抛物化 N-S 方程描述,抛物化 N-S 方程可沿流向采用空间推进的方式求解,与常规时间迭代数值求解方法相比,相同求解精度条件下,效率比时间迭代求解方法提升 1~2 个数量级。

    本章采用空间推进伪时间迭代方法求解抛物化 N-S 方程,并针对超声速无黏、层流、湍流流动及量热、热完全气体和化学反应流动,开发了用于超声速二维、轴对称和三维流动求解的空间推进求解数值软件 SMPNS(Space March Parabolic Navier Stokes equations)[1]。2.1 节介绍含多组分化学反应和湍流流动的 N-S 方程组;2.2 节介绍对应的抛物化 N-S 方程组;2.3 节介绍抛物化 N-S 方程组的伪时间迭代推进求解方法以及空间离散方法;2.4 节对超声速层流、湍流的空间推进求解进行了验证和确认;2.5 节是本章的结论。

2.1 多组分化学反应 N-S 方程组

    为更好地理解和引入抛物化 N-S 方程组,本节先介绍描述多组分化学反应的 N-S 方程组。

2.1.1 直角坐标系下的多组分化学反应 N-S 方程组

    在直角坐标系下,三维守恒形式的包括两方程 $k-\omega$ 湍流模型和多组分有限速率化学反应气体模型的 N-S 方程组具有如下形式:

$$\frac{\partial \boldsymbol{Q}}{\partial t} + \frac{\partial \boldsymbol{E}}{\partial x} + \frac{\partial \boldsymbol{F}}{\partial y} + \frac{\partial \boldsymbol{G}}{\partial z} = \frac{\partial \boldsymbol{E}^v}{\partial x} + \frac{\partial \boldsymbol{F}^v}{\partial y} + \frac{\partial \boldsymbol{G}^v}{\partial z} + \boldsymbol{S} \tag{2.1}$$

其中,

$$
\boldsymbol{Q} = \begin{bmatrix} \rho \\ \rho u \\ \rho v \\ \rho w \\ \rho E \\ \rho c_1 \\ \vdots \\ \rho c_{ns-1} \\ \rho k \\ \rho \omega \end{bmatrix}
\quad
\boldsymbol{E} = \begin{bmatrix} \rho u \\ p + \rho u^2 \\ \rho uv \\ \rho uw \\ (p + \rho E)u \\ \rho c_1 u \\ \vdots \\ \rho c_{ns-1} u \\ \rho k u \\ \rho \omega u \end{bmatrix}
\quad
\boldsymbol{F} = \begin{bmatrix} \rho v \\ \rho uv \\ p + \rho v^2 \\ \rho vw \\ (p + \rho E)v \\ \rho c_1 v \\ \vdots \\ \rho c_{ns-1} v \\ \rho k v \\ \rho \omega v \end{bmatrix}
\quad
\boldsymbol{G} = \begin{bmatrix} \rho w \\ \rho uw \\ \rho vw \\ p + \rho w^2 \\ (p + \rho E)w \\ \rho c_1 w \\ \vdots \\ \rho c_{ns-1} w \\ \rho k w \\ \rho \omega w \end{bmatrix}
$$

$$
\boldsymbol{E}^v = \begin{bmatrix} 0 \\ \tau_{xx} \\ \tau_{xy} \\ \tau_{xz} \\ u\tau_{xx} + v\tau_{xy} + w\tau_{xz} + q_x + \sum_{s=1}^{ns} \rho D_s h_s \frac{\partial c_s}{\partial x} \\ \rho D_1 \frac{\partial c_1}{\partial x} \\ \vdots \\ \rho D_{ns-1} \frac{\partial c_{ns-1}}{\partial x} \\ \mu_k \frac{\partial k}{\partial x} \\ \mu_\omega \frac{\partial \omega}{\partial x} \end{bmatrix}
\quad
\boldsymbol{F}^v = \begin{bmatrix} 0 \\ \tau_{xy} \\ \tau_{yy} \\ \tau_{yz} \\ u\tau_{xy} + v\tau_{yy} + w\tau_{yz} + q_y + \sum_{i=1}^{ns} \rho D_s h_s \frac{\partial c_s}{\partial y} \\ \rho D_1 \frac{\partial c_1}{\partial y} \\ \vdots \\ \rho D_{ns-1} \frac{\partial c_{ns-1}}{\partial y} \\ \mu_k \frac{\partial k}{\partial y} \\ \mu_\omega \frac{\partial \omega}{\partial y} \end{bmatrix}
$$

$$
G^{v} = \begin{bmatrix} 0 \\ \tau_{xz} \\ \tau_{yz} \\ \tau_{zz} \\ u\tau_{xz} + v\tau_{yz} + w\tau_{zz} + q_z + \sum_{s=1}^{ns} \rho D_s h_s \frac{\partial c_s}{\partial z} \\ \rho D_1 \frac{\partial c_1}{\partial z} \\ \vdots \\ \rho D_{ns-1} \frac{\partial c_{ns-1}}{\partial z} \\ \mu_k \frac{\partial k}{\partial z} \\ \mu_\omega \frac{\partial \omega}{\partial z} \end{bmatrix} \quad
S = \begin{bmatrix} 0 \\ 0 \\ 0 \\ 0 \\ 0 \\ s_1 \\ \vdots \\ s_{ns-1} \\ s_k \\ s_\omega \end{bmatrix}
$$

这里，u、v、w 分别为 x、y、z 方向的速度，p、ρ、c_1，$\cdots$，c_{ns-1} 分别代表气体的压力、密度和组分的质量分数，k 和 ω 分别代表 k-ω 两方程湍流模型中的湍动能和湍流耗散率。ns 为多组分气体的组分数。单位质量总内能为 $E = e + 0.5(u^2 + v^2 + w^2)$，$e$ 为单位质量比内能。D_1，$\cdots$，D_{ns-1}、h_1，$\cdots$，h_{ns-1} 为第 1，$\cdots$，$ns-1$ 种组分的扩散系数和单位质量绝对焓。s_1，$\cdots$，s_{ns-1} 为第 1，$\cdots$，$ns-1$ 组分的化学反应源项，s_k 和 s_ω 为两方程湍流模型源项。剪切应力张量项 τ 及热传导项 q 用下式计算：

$$
\tau_{xx} = (\mu_l + \mu_t)\left[-\frac{2}{3}(\nabla \cdot V) + 2\frac{\partial u}{\partial x} \right] \quad \tau_{yy} = (\mu_l + \mu_t)\left[-\frac{2}{3}(\nabla \cdot V) + 2\frac{\partial v}{\partial y} \right] \tag{2.2}
$$

$$
\tau_{zz} = (\mu_l + \mu_t)\left[-\frac{2}{3}(\nabla \cdot V) + 2\frac{\partial w}{\partial z} \right] \quad \nabla \cdot V = \frac{\partial u}{\partial x} + \frac{\partial v}{\partial y} + \frac{\partial w}{\partial z} \tag{2.3}
$$

$$
\tau_{xy} = \tau_{yx} = (\mu_l + \mu_t)\left(\frac{\partial u}{\partial y} + \frac{\partial v}{\partial x} \right) \quad \tau_{xz} = \tau_{zx} = (\mu_l + \mu_t)\left(\frac{\partial u}{\partial z} + \frac{\partial w}{\partial x} \right) \tag{2.4}
$$

$$\tau_{yz} = \tau_{zy} = (\mu_l + \mu_t)\left(\frac{\partial v}{\partial z} + \frac{\partial w}{\partial y}\right) \tag{2.5}$$

$$q_x = (K_l + K_t)\frac{\partial T}{\partial x}, \ q_y = (K_l + K_t)\frac{\partial T}{\partial y}, \ q_z = (K_l + K_t)\frac{\partial T}{\partial z} \tag{2.6}$$

其中，T 表示气体的温度；μ_l 为层流黏性系数；μ_t 为湍流黏性系数。层流热传导系数 $K_l = \dfrac{\mu_l}{Pr_l}c_p$，其中 c_p 为气体的定压比热。湍流热传导系数 $K_t = \dfrac{\mu_t}{Pr_t}c_p$，通常层流 $Pr_l = 0.72$，湍流 $Pr_t = 0.9$。$\mu_k = (\mu_l + \sigma_k\mu_t)$，$\mu_\omega = (\mu_l + \sigma_\omega\mu_t)$，$\sigma_k$、$\sigma_\omega$ 为湍流模型常数。

2.1.2 控制方程的无量纲化及坐标变换

选取给定的特征长度 L_∞、来流速度 V_∞、来流密度 ρ_∞、来流黏性系数 μ_∞ 和来流的气体常数 R_∞ 等变量作特征量对控制方程进行无量纲处理。上标带 $*$ 的变量为有量纲变量。无量纲量的定义为

$$x = \frac{x^*}{L_\infty}, \ y = \frac{y^*}{L_\infty}, \ z = \frac{z^*}{L_\infty}, \ u = \frac{u^*}{V_\infty}, \ v = \frac{v^*}{V_\infty}, \ w = \frac{w^*}{V_\infty}$$

$$p = \frac{p^*}{\rho_\infty V_\infty^2}, \ \rho = \frac{\rho^*}{\rho_\infty}, \ T = \frac{T^*}{V_\infty^2/R_\infty}, \ e = \frac{e^*}{V_\infty^2}, \ h_i = \frac{h_i^*}{V_\infty^2}$$

$$t = \frac{t^*}{L_\infty/V_\infty}, \ C_p = \frac{C_p^*}{R_\infty}, \ \mu = \frac{\mu^*}{\mu_\infty}, \ W_i = \frac{W^*}{W_\infty}, \ K = \frac{K^*}{\mu_\infty R_\infty} \tag{2.7}$$

$$D_s = \frac{D_s^*}{\mu_\infty/\rho_\infty}, \ k = \frac{k^*}{V_\infty^2}, \ \omega = \frac{\omega^*}{V_\infty/L_\infty}$$

经过无量纲化后的控制方程同原来的控制方程形式基本保持一致：

$$\frac{\partial \boldsymbol{Q}}{\partial t} + \frac{\partial \boldsymbol{E}}{\partial x} + \frac{\partial \boldsymbol{F}}{\partial y} + \frac{\partial \boldsymbol{G}}{\partial z} = \frac{1}{Re_\infty}\left(\frac{\partial \boldsymbol{E}^v}{\partial x} + \frac{\partial \boldsymbol{F}^v}{\partial y} + \frac{\partial \boldsymbol{G}^v}{\partial z}\right) + \hat{\boldsymbol{S}} \tag{2.8}$$

式中，$Re_\infty = (\rho_\infty V_\infty L_\infty)/\mu_\infty$。$\boldsymbol{Q}$、$\boldsymbol{F}$、$\boldsymbol{G}$、$\boldsymbol{E}$、$\boldsymbol{F}^v$、$\boldsymbol{G}^v$、$\boldsymbol{E}^v$ 的表达式同有量纲时完全相同。无量纲后的湍流黏性系数计算公式为 $\mu_t = \dfrac{\rho k}{\omega}Re_\infty$，源项 $\hat{\boldsymbol{S}}$ 为

$$\hat{S} = \begin{bmatrix} 0 \\ \vdots \\ 0 \\ \dfrac{L_\infty}{\rho_\infty V_\infty} s_1 \\ \vdots \\ \dfrac{L_\infty}{\rho_\infty V_\infty} s_{ns-1} \\ \dfrac{P_k}{Re_\infty} - \beta_k \rho \omega k \\ \dfrac{P_\omega}{Re_\infty} - \beta_\omega \rho \omega^2 + \sigma_d \dfrac{\rho}{\omega} \max(\nabla k \cdot \nabla \omega, 0) \end{bmatrix} \tag{2.9}$$

在实际的流场数值模拟中,计算区域较为复杂,需要生成物面贴体网格,并对部分流场区域进行必要的局部网格加密。为便于直接利用在笛卡儿坐标系、等距网格条件下得到的数值计算格式,可将控制方程从笛卡儿坐标系(x, y, z)转换到计算坐标系(ξ, η, ζ)。它们之间的变换关系为

$$\xi = \xi(x, y, z), \quad \eta = \eta(x, y, z), \quad \zeta = \zeta(x, y, z) \tag{2.10}$$

坐标变换后的控制方程有如下形式:

$$\frac{\partial \tilde{Q}}{\partial t} + \frac{\partial \tilde{E}}{\partial \xi} + \frac{\partial \tilde{F}}{\partial \eta} + \frac{\partial \tilde{G}}{\partial \zeta} = \frac{1}{Re_\infty} \left(\frac{\partial \tilde{E}^v}{\partial \xi} + \frac{\partial \tilde{F}^v}{\partial \eta} + \frac{\partial \tilde{G}^v}{\partial \zeta} \right) + \hat{S} \tag{2.11}$$

式中,

$$\tilde{Q} = \frac{1}{J} \bar{Q}$$

$$\tilde{E} = \frac{1}{J}(\xi_x E + \xi_y F + \xi_z G) \quad \tilde{E}^v = \frac{1}{J}(\xi_x E^v + \xi_y F^v + \xi_z G^v)$$

$$\tilde{F} = \frac{1}{J}(\eta_x E + \eta_y F + \eta_z G) \quad \tilde{F}^v = \frac{1}{J}(\eta_x E^v + \eta_y F^v + \eta_z G^v)$$

$$\tilde{G} = \frac{1}{J}(\zeta_x E + \zeta_y F + \zeta_z G) \quad \tilde{G}^v = \frac{1}{J}(\zeta_x E^v + \zeta_y F^v + \zeta_z G^v)$$

其中,$J = \left| \dfrac{\partial(\xi, \eta, \zeta)}{\partial(x, y, z)} \right|$ 是两个坐标系之间的体积变换系数(Jacobian 矩阵行列式);ξ_x 等为对应的网格变换导数。

2.2 多组分化学反应抛物化 N‑S 方程组

在计算坐标系内若以 ξ 方向作为流动的主流方向,抛物化 N‑S 方程组(parabolized Navier-Stokes equations)是通过对 N‑S 方程组 ξ 方向的无黏通量作 Vigneron[2, 3] 修正及丢掉 ξ 方向的黏性项和耗散项得到的。

在计算坐标系内,含多组分化学反应及湍流模型的 N‑S 方程组同式(2.11),为

$$\frac{\partial \tilde{Q}}{\partial t} + \frac{\partial \tilde{E}}{\partial \xi} + \frac{\partial \tilde{F}}{\partial \eta} + \frac{\partial \tilde{G}}{\partial \zeta} = \frac{1}{Re_\infty}\left(\frac{\partial \tilde{E}^v}{\partial \xi} + \frac{\partial \tilde{F}^v}{\partial \eta} + \frac{\partial \tilde{G}^v}{\partial \zeta}\right) + \hat{S} \tag{2.12}$$

其中,

$$\tilde{Q} = \frac{1}{J}\begin{bmatrix} \rho \\ \rho u \\ \rho v \\ \rho w \\ \rho E \\ \rho c_1 \\ \vdots \\ \rho c_{ns-1} \\ \rho k \\ \rho \omega \end{bmatrix} \quad \tilde{E} = \frac{|\nabla \xi|}{J}\begin{bmatrix} \rho U \\ \rho u U + \hat{\xi}_x p \\ \rho v U + \hat{\xi}_y p \\ \rho w U + \hat{\xi}_z p \\ (p + \rho E) U \\ \rho c_1 U \\ \vdots \\ \rho c_{ns-1} U \\ \rho k U \\ \rho \omega U \end{bmatrix}$$

$$\tilde{F} = \frac{|\nabla \eta|}{J}\begin{bmatrix} \rho V \\ \rho u V + \hat{\eta}_x p \\ \rho v V + \hat{\eta}_y p \\ \rho w V + \hat{\eta}_z p \\ (p + \rho E) V \\ \rho c_1 V \\ \vdots \\ \rho c_{ns-1} V \\ \rho k V \\ \rho \omega V \end{bmatrix} \quad \tilde{G} = \frac{|\nabla \zeta|}{J}\begin{bmatrix} \rho W \\ \rho u W + \hat{\zeta}_x p \\ \rho v W + \hat{\zeta}_y p \\ \rho w W + \hat{\zeta}_z p \\ (p + \rho E) W \\ \rho c_1 W \\ \vdots \\ \rho c_{ns-1} W \\ \rho k W \\ \rho \omega W \end{bmatrix}$$

$$\tilde{E}^v = \frac{\mid \nabla\xi \mid}{J}\begin{bmatrix} 0 \\ \hat{\xi}_x\tau_{xx} + \hat{\xi}_y\tau_{xy} + \hat{\xi}_z\tau_{xz} \\ \hat{\xi}_x\tau_{xy} + \hat{\xi}_y\tau_{yy} + \hat{\xi}_z\tau_{yz} \\ \hat{\xi}_x\tau_{xz} + \hat{\xi}_y\tau_{yz} + \hat{\xi}_z\tau_{zz} \\ \hat{\xi}_x e_v + \hat{\xi}_y f_v + \hat{\xi}_z g_v \\ \rho D_1\dfrac{\partial f_1}{\partial x_j}\hat{\xi}_{x_j} \\ \vdots \\ \rho D_{ns-1}\dfrac{\partial f_{ns-1}}{\partial x_j}\hat{\xi}_{x_j} \\ \dfrac{\partial k}{\partial x_j}\hat{\xi}_{x_j} \\ \dfrac{\partial \omega}{\partial x_j}\hat{\xi}_{x_j} \end{bmatrix} \qquad \tilde{F}^v = \frac{\mid \nabla\eta \mid}{J}\begin{bmatrix} 0 \\ \hat{\eta}_x\tau_{xx} + \hat{\eta}_y\tau_{xy} + \hat{\eta}_z\tau_{xz} \\ \hat{\eta}_x\tau_{xy} + \hat{\eta}_y\tau_{yy} + \hat{\eta}_z\tau_{yz} \\ \hat{\eta}_x\tau_{xz} + \hat{\eta}_y\tau_{yz} + \hat{\eta}_z\tau_{zz} \\ \hat{\eta}_x e_v + \hat{\eta}_y f_v + \hat{\eta}_z g_v \\ \rho D_1\dfrac{\partial f_1}{\partial x_j}\hat{\eta}_{x_j} \\ \vdots \\ \rho D_{ns-1}\dfrac{\partial f_{ns-1}}{\partial x_j}\hat{\eta}_{x_j} \\ \dfrac{\partial k}{\partial x_j}\hat{\eta}_{x_j} \\ \dfrac{\partial \omega}{\partial x_j}\hat{\eta}_{x_j} \end{bmatrix}$$

$$\tilde{G}^v = \frac{\mid \nabla\zeta \mid}{J}\begin{bmatrix} 0 \\ \hat{\zeta}_x\tau_{xx} + \hat{\zeta}_y\tau_{xy} + \hat{\zeta}_z\tau_{xz} \\ \hat{\zeta}_x\tau_{xy} + \hat{\zeta}_y\tau_{yy} + \hat{\zeta}_z\tau_{yz} \\ \hat{\zeta}_x\tau_{xz} + \hat{\zeta}_y\tau_{yz} + \hat{\zeta}_z\tau_{zz} \\ \hat{\zeta}_x e_v + \hat{\zeta}_y f_v + \hat{\zeta}_z g_v \\ \rho D_1\dfrac{\partial \tilde{f}_1}{\partial x_j}\hat{\zeta}_{x_j} \\ \vdots \\ \rho D_{ns-1}\dfrac{\partial \tilde{f}_{ns-1}}{\partial x_j}\hat{\zeta}_{x_j} \\ \dfrac{\partial k}{\partial x_j}\hat{\zeta}_{x_j} \\ \dfrac{\partial \omega}{\partial x_j}\hat{\zeta}_{x_j} \end{bmatrix} \qquad \hat{S} = \begin{bmatrix} 0 \\ 0 \\ 0 \\ 0 \\ 0 \\ \dfrac{L_\infty}{\rho_\infty V_\infty}s_1 \\ \vdots \\ \dfrac{L_\infty}{\rho_\infty V_\infty}s_{ns-1} \\ \dfrac{P_k}{Re_\infty} - \beta_k\rho\omega k \\ \dfrac{P_\omega}{Re_\infty} - \beta_\omega\rho\omega^2 + \sigma_d\dfrac{\rho}{\omega}\max(\nabla k\cdot\nabla\omega,\,0) \end{bmatrix}$$

上式中各符号的含义为

$$\frac{\partial}{\partial x_j}\hat{\xi}_{x_j} = \frac{\partial}{\partial x}\hat{\xi}_x + \frac{\partial}{\partial y}\hat{\xi}_y + \frac{\partial}{\partial z}\hat{\xi}_z$$

$$\frac{\partial}{\partial x_j}\hat{\eta}_{x_j} = \frac{\partial}{\partial x}\hat{\eta}_x + \frac{\partial}{\partial y}\hat{\eta}_y + \frac{\partial}{\partial z}\hat{\eta}_z$$

$$\frac{\partial}{\partial x_j}\hat{\zeta}_{x_j} = \frac{\partial}{\partial x}\hat{\zeta}_x + \frac{\partial}{\partial y}\hat{\zeta}_y + \frac{\partial}{\partial z}\hat{\zeta}_z$$

$$U = \hat{\xi}_x u + \hat{\xi}_y v + \hat{\xi}_z w$$

$$V = \hat{\eta}_x u + \hat{\eta}_y v + \hat{\eta}_z w$$

$$W = \hat{\zeta}_x u + \hat{\zeta}_y v + \hat{\zeta}_z w$$

$$e_v = u\tau_{xx} + v\tau_{xy} + w\tau_{xz} + q_x + \sum_{s=1}^{ns}\rho D_s h_s \frac{\partial c_s}{\partial x}$$

$$f_v = u\tau_{xy} + v\tau_{yy} + w\tau_{yz} + q_y + \sum_{i=1}^{ns}\rho D_s h_s \frac{\partial c_s}{\partial y}$$

$$g_v = u\tau_{xz} + v\tau_{yz} + w\tau_{zz} + q_z + \sum_{s=1}^{ns}\rho D_s h_s \frac{\partial c_s}{\partial z}$$

$$|\nabla\alpha| = (\alpha_x^2 + \alpha_y^2 + \alpha_z^2)^{1/2},\ \hat{\alpha}_x = \frac{\alpha_x}{|\nabla\alpha|},\ \hat{\alpha}_y = \frac{\alpha_y}{|\nabla\alpha|},\ \hat{\alpha}_z = \frac{\alpha_z}{|\nabla\alpha|}$$

其中，$\alpha = \xi$、η、ζ。

为了空间推进求解，必须对 N-S 方程组在推进方向上的对流项和黏性耗散项进行处理，以使控制方程在流向具有抛物-双曲性质。

推进方向上的对流项的处理是通过分裂动量方程中的压力项来实现的。在流场的超声速区域压力项保留不变，在流场的亚声速区域对压力项进行分裂，舍去部分压力项或对其作相应的修改[4,5]，以减小在亚声速区域内逆向压力梯度的影响。对黏性耗散项舍去所有沿推进方向上的偏导数项。

通过这样的处理，控制方程在推进方向上达到抛物-双曲性质，推进面后的流场信息不对推进面及推进面之前的流场造成影响，就具备了空间推进求解的物理基础。若推进求解沿着 ξ 增加的方向进行，经过抛物化处理后的控制方程为

$$\frac{\partial \tilde{Q}}{\partial t} + \frac{\partial \tilde{E}}{\partial \xi} + (\omega_v - 1)\frac{\partial \tilde{E}^p}{\partial \xi} + \frac{\partial \tilde{F}}{\partial \eta} + \frac{\partial \tilde{G}}{\partial \zeta} = \frac{1}{Re_\infty}\left(\frac{\partial \tilde{F}^{*v}}{\partial \eta} + \frac{\partial \tilde{G}^{*v}}{\partial \zeta}\right) + \hat{S} \quad (2.13)$$

$$\tilde{E}^p = \frac{|\nabla \xi|}{J} [0 \quad \hat{\xi}_x p \quad \hat{\xi}_y p \quad \hat{\xi}_z p \quad 0 \quad 0 \quad \cdots \quad 0 \quad 0 \quad 0]^T \tag{2.14}$$

$$\omega_v = \min \left[1, \frac{\sigma \gamma Ma_\xi^2}{1 + (\gamma - 1) Ma_\xi^2} \right] \quad Ma_\xi^2 = \frac{U^2}{\gamma p / \rho} \tag{2.15}$$

σ 为略小于 1 的安全系数。式(2.13)与式(2.12)比较,增加了对 ξ 方向对流通量的修正项 $(\omega_v - 1) \dfrac{\partial \tilde{E}^p}{\partial \xi}$, ω_v 和 $\tilde{E}^p$ 的表达式在式(2.14)和式(2.15)中给出,式(2.15)中 γ 为冻结比热比。式(2.13)还省去了 ξ 方向的黏性耗散项,$\tilde{F}^{*v}$、$\tilde{G}^{*v}$ 的表达式与 $\tilde{F}^v$、$\tilde{G}^v$ 相比,在计算耗散项时,省略去了所有沿 ξ 方向的偏导数 $\left(\dfrac{\partial \alpha}{\partial \xi} = 0 \right)$:

$$\frac{\partial \alpha}{\partial x} = \frac{\partial \alpha}{\partial \eta} \eta_x + \frac{\partial \alpha}{\partial \zeta} \zeta_x, \quad \frac{\partial \alpha}{\partial y} = \frac{\partial \alpha}{\partial \eta} \eta_y + \frac{\partial \alpha}{\partial \zeta} \zeta_y, \quad \frac{\partial \alpha}{\partial z} = \frac{\partial \alpha}{\partial \eta} \eta_z + \frac{\partial \alpha}{\partial \zeta} \zeta_z \tag{2.16}$$

其中,α 表示 u, v, w, T, c_1, $\cdots$, c_{ns-1}, k, ω 等。

现对式(2.13)ξ 方向对流通量进行特征值分析。首先 ξ 方向对流通量的 Jacobian 矩阵 $\boldsymbol{A}^*$ 为

$$\boldsymbol{A}^* = \frac{\partial \boldsymbol{E}}{\partial \boldsymbol{Q}} + (\omega_v - 1) \frac{\partial \boldsymbol{E}^p}{\partial \boldsymbol{Q}} =$$

$$\begin{bmatrix}
0 & \hat{\xi}_x & \hat{\xi}_y & \hat{\xi}_z & 0 & 0 \\
-Uu + \hat{\xi}_x \omega_v p_\rho & U + \hat{\xi}_x (u + \omega_v p_{\rho u}) & \hat{\xi}_y u + \hat{\xi}_x \omega_v p_{\rho v} & \hat{\xi}_z u + \hat{\xi}_x \omega_v p_{\rho w} & \hat{\xi}_x \omega_v p_{\rho E} & \hat{\xi}_x \omega_v p_{\rho_{s1}} \\
-Uv + \hat{\xi}_y \omega_v p_\rho & \hat{\xi}_x v + \hat{\xi}_y \omega_v p_{\rho u} & U + \hat{\xi}_y (v + \omega_v p_{\rho v}) & \hat{\xi}_z v + \hat{\xi}_y \omega_v p_{\rho w} & \hat{\xi}_y \omega_v p_{\rho E} & \hat{\xi}_y \omega_v p_{\rho_{s1}} \\
-Uw + \hat{\xi}_z \omega_v p_\rho & \hat{\xi}_x w + \hat{\xi}_z \omega_v p_{\rho u} & \hat{\xi}_y w + \hat{\xi}_z \omega_v p_{\rho v} & U + \hat{\xi}_z (w + \omega_v p_{\rho w}) & \hat{\xi}_z \omega_v p_{\rho E} & \hat{\xi}_z \omega_v p_{\rho_{s1}} \\
-U(H + p_\rho) & \hat{\xi}_x H + U p_{\rho u} & \hat{\xi}_y H + U p_{\rho v} & \hat{\xi}_z H + U p_{\rho w} & U(1 + p_{\rho E}) & U p_{\rho_{s1}} \\
-Uc_s & c_s \hat{\xi}_x & c_s \hat{\xi}_y & c_s \hat{\xi}_z & 0 & U\delta_{s, s1}
\end{bmatrix}$$

$$\tag{2.17}$$

其中,下标 s 和 $s1$ 代表组分在行和列的下标。关于压力 p 的各项偏导数可以由下面的式子求解:

$$dp = p_{\rho E} [d(\rho E) - u d(\rho u) - v d(\rho v) - w d(\rho w)]$$

$$+ \left[p_{\rho E} \left(\frac{u^2 + v^2 + w^2}{2} - e_{ns} \right) + \frac{T}{M_{ns}} \right] d\rho - \sum_{s=1}^{ns-1} \left[p_{\rho E} (e - e_{ns}) + \frac{T}{M_s} - \frac{T}{M_{ns}} \right] d\rho_s \tag{2.18}$$

无量纲形式的 $p_{\rho E} = \dfrac{\sum\limits_{s=1}^{ns} \dfrac{\rho_s}{M_s}}{\rho c_v}$，其中 M_s 为对应的 s 组分的无量纲分子量，$\rho_s = \rho c_s$，

c_v 为无量纲的定容比热。对于完全 N-S 方程的 $\dfrac{\partial \boldsymbol{E}}{\partial \boldsymbol{Q}}$ 可令 $\omega_v = 1$ 得到。式(2.17)

对应的特征值为[4, 5]

$$\lambda_{1,2,3}^* = U,\ \lambda_{4,5}^* = \frac{1}{2}\left[(b+1)U \pm \sqrt{(b-1)^2 U^2 + 4\omega_v c^2}\right],\ \lambda_{6,\cdots,ns}^* = U$$

$$(2.19)$$

其中，$b = \omega_v + \gamma(1-\omega_v)$；$\gamma = 1 + p_{\rho E}$ 为气体的冻结比热比；$c = \sqrt{\gamma p / \rho}$ 表示冻结声速。对于式(2.19)，当 $U > 0$ 时，$\lambda^* > 0$，流动在沿流向无分离时，式(2.13)具有双曲性质。

在推进方向 ξ 上对黏性特征值的分析表明，黏性特征值也为正的实数[6]，这表明式(2.13)为双曲型方程组，可以进行推进求解。

抛物化 N-S 方程组是对完全 N-S 方程组在"超声速沿主流方向占主导且在主流方向上无/弱分离的超声速流动"中的一种近似，相比较完全的 N-S 方程组，用于空间推进的抛物化 N-S 方程组舍弃了所有沿空间推进方向的黏性耗散偏导数项，并对亚声速区域的流向无黏通量的压力偏导数项做了局部的 Vigneron 修正。文献[7]对抛物化 N-S 方程组的舍去项和保留项的量级做了一些估计，结果表明，在"超声速沿主流方向占主导且在主流方向上无/弱分离的超声速流动"中，抛物化 N-S 方程组是对完全 N-S 方程组的一种合理近似。

2.3 抛物化 N-S 方程组的伪时间迭代推进求解

目前有两类空间推进方法求解抛物化 N-S 方程组。

一类是直接空间推进求解定常的控制方程，这种方法要求空间推进的步长很小，在一个推进面上直接求解流动变量，在每个推进面上无须迭代求解。小的空间推进间距使得推进求解面多，且求解的稳定性和健壮性较差[4, 5]。

另一类方法是 Newsome 等提出的伪时间推进求解方法（pseudo-temporal scheme for solving PNS equations）[8-10]，这类方法是在每个推进面上迭代求解非

定常的抛物化 N-S 方程组,如式(2.13)。在每个推进面上达到收敛,把得到的收敛结果作为初值赋给下一个推进面,然后进入下一个推进面迭代求解。这种方法虽然要求在每个推进面上迭代求解,但是空间推进步长可以取得较大,求解同样的问题与第一种方法比较只需要求解较少的推进面,且这类方法的健壮性和稳定性优于第一种方法,采用这种求解方法可以继承和借鉴现有的时间迭代程序,并使空间推进求解 PNS 方程和时间迭代求解 N-S 方程相互兼容于一个CFD 程序当中,便于空间推进求解和时间迭代求解的结合运用。本书将介绍伪时间迭代的空间推进方法来求解包含多组分化学反应和湍流流动的抛物化N-S 方程组。

2.3.1　推进面上的伪时间迭代方法

对式(2.13)进行离散,并令 $E^* = E + (\omega_v - 1)E^p$ (为书写方便,省略上标 ~),得

$$Q^{n+1} = Q^n + \left[\frac{\partial(-E^*)}{\partial \xi} + \frac{\partial\left(-F + \dfrac{F^{*v}}{Re_\infty}\right)}{\partial \eta} + \frac{\partial\left(-G + \dfrac{G^{*v}}{Re_\infty}\right)}{\partial \zeta} + S \right]^{n+1} \Delta t + O\left[(\Delta t)^2\right]$$

(2.20)

对式(2.20)进行线性化处理,并注意到对已经在 i 平面上进行的推进求解,在 $i-1$ 和 $i+1$ 平面上,ΔQ 始终是 0,这就剔除了完全 N-S 方程组 LU-SGS 求解中[11],$A^{*\pm}_{i\pm1,j,k}$ 对迭代过程的贡献。采用修正的 LU-SGS 方法求解式(2.20)[11]:

$$LD^{-1}U\Delta Q_{ijk} = \frac{\Delta t}{vol}(RHS)^n_{i,j,k}$$

(2.21)

$$D = \left[1 + \frac{\Delta t}{vol}(\lambda^{A^*}_{max} + \lambda^B_{max} + \lambda^C_{max} + 2\lambda^v_B + 2\lambda^v_C) \right] I$$

(2.22)

$$L = D + \Delta t\Omega - \frac{\Delta t}{vol}(B^{+n}_{i,j-1,k} + C^{+n}_{i,j,k-1})$$

(2.23)

$$U = D + \frac{\Delta t}{vol}(B^{-n}_{i,j+1,k} + C^{-n}_{i,j,k+1})$$

(2.24)

$$\Delta \boldsymbol{Q}_{ijk} = \boldsymbol{Q}_{ijk}^{n+1} - \boldsymbol{Q}_{ijk}^{n} \tag{2.25}$$

$$(\boldsymbol{RHS})_{i,j,k}^{n} = - \left[\left(\frac{\partial \boldsymbol{E}^{*}}{\partial \xi} + \frac{\partial \boldsymbol{F}}{\partial \eta} + \frac{\partial \boldsymbol{G}}{\partial \zeta} + \boldsymbol{S} \right)^{n} - \frac{1}{Re_{\infty}} \left(\frac{\partial \boldsymbol{F}^{*v}}{\partial \eta} + \frac{\partial \boldsymbol{G}^{*v}}{\partial \zeta} \right)^{n} \right]$$

$$\tag{2.26}$$

其中，$\lambda_{\max}^{A^{*}}$ 为 $\boldsymbol{A}^{*}$ 矩阵的最大特征值。这样就得到了在一个推进平面上的伪时间迭代方法。应用上述方法，在一个推进面上时间迭代求解，直至收敛，把得到的计算结果作为初值赋给下一个推进面，计算在下一个推进面上进行至收敛，循环迭代直至求解完整个流场。在初始推进面上，初值给定自由来流值。

2.3.2　抛物化 N‑S 方程组的空间离散方法

在对式（2.26）的对流项的空间离散中，除 $\dfrac{\partial \boldsymbol{E}^{*}}{\partial \xi}$ 项外，其他各项的空间离散和完全 N‑S 方程组的离散方法一致[11]。在展向和法向的无黏项采用三阶精度的 MUSCL 插值和 AUSMPW+通量构造格式；黏性项采用中心格式离散，网格交界面上的黏性偏导数采用 Gauss 定理的积分方法来计算，所不同的是不再计算黏性耗散项中关于 ξ 方向的偏导数，如式（2.16）所示。N‑S 方程组的无黏项和黏性项的详细差分构造方法可参考文献[11]，这里不再详述。对于 $\dfrac{\partial \boldsymbol{E}^{*}}{\partial \xi}$ 项的离散，可采用迎风格式构造：

$$\frac{\partial \boldsymbol{E}^{*}}{\partial \xi} = \frac{\partial \boldsymbol{E}}{\partial \xi} + (\omega_v - 1) \frac{\partial \boldsymbol{E}^{p}}{\partial \xi} = \boldsymbol{E}_{i+1/2}(\boldsymbol{Q}_{i+1/2,j,k}^{L}) + (\omega_v - 1) \boldsymbol{E}_{i+1/2}^{p}(p_{i+1/2,j,k}^{L})$$
$$- \boldsymbol{E}_{i-1/2}(\boldsymbol{Q}_{i-1/2,j,k}^{L}) - (\omega_v - 1) \boldsymbol{E}_{i-1/2}^{p}(p_{i-1/2,j,k}^{L})$$

$$\tag{2.27}$$

其中，ω_v 由位于推进面的网格中心的物理及几何变量构造。式（2.27）若采用一阶精度离散，就采用一阶迎风插值的方法来构造网格界面上的变量：

$$\boldsymbol{Q}_{i+1/2,j,k}^{L} = \boldsymbol{Q}_{i,j,k} ; \quad p_{i+1/2,j,k}^{L} = p_{i,j,k}^{L} \tag{2.28}$$

若式（2.27）采用二阶精度离散，可通过二阶单边迎风插值的方法，构造网格界面上的变量，这类似 MUSCL 全单边插值的做法：

$$\boldsymbol{Q}_{i+1/2,j,k}^{L} = \boldsymbol{Q}_{i,j,k} + \frac{1}{2}(\boldsymbol{Q}_{i,j,k} - \boldsymbol{Q}_{i-1,j,k}) ; \quad p_{i+1/2,j,k}^{L} = p_{i,j,k} + \frac{1}{2}(p_{i,j,k} - p_{i-1,j,k})$$

$$\tag{2.29}$$

计算表明,采用流向二阶精度离散时,计算结果将略好于流向一阶精度离散。

对于推进过程中源项的计算,在用到 ξ 方向的偏导数时,采用迎风插值方法或直接省略,计算表明两种处理方法对计算结果的影响不是很明显,这是由于变量在推进方向 ξ 上的梯度不大,甚至可以忽略。

2.3.3　空间推进步长的选取方法

对于空间推进求解定常抛物化 N‒S 方程组而言,所有的求解方法都需要限定最大的推进步长,一般的表达式为[4]

$$\Delta x \leqslant \frac{\Delta d}{\dfrac{\Delta d}{2\min(\Delta r,\ \Delta s)Ma_{\xi}\sqrt{\gamma(1-\sigma)}} + \dfrac{2\mu}{\rho u \Delta d Re_{\infty}}} \quad \Delta d = \frac{\Delta r \Delta s}{\sqrt{\Delta r^2 + \Delta s^2}}$$

(2.30)

其中,Δr、Δs 为 η 和 ζ 方向的网格间距;Ma_{ξ} 为沿 ξ 方向的马赫数;σ 一般取 0.95。采用这种步长推进,一般的流动要推进数千步才能解算完成。然而对于采用伪时间迭代方法推进求解,没有对推进步长采用式(2.30)那样严格的限制,一般的推进求解和时间迭代求解采用同一套网格。在实际应用中,式(2.30)可以作为伪时间迭代推进方法所采用的空间推进步长的参考值,一般要求空间推进步长在 $100\Delta x$ 以内,可保证每个推进面上的结果快速收敛。

2.4　空间推进方法验证确认

本节对基于上文方法开发的空间推进 CFD 程序 SMPNS[1] 在求解超声速层流、湍流中的准确性和高效性进行详细的验证和比对。

2.4.1　空间推进求解超声速层流流动的验证与分析

2.4.1.1　超声速层流平板的推进求解

首先验证空间推进方法对超声速平板附面层内物理信息的准确模拟。超声速平板附面层流动条件[4, 12, 13]:马赫数 $Ma_{\infty} = 2.0$,雷诺数 $Re_{\infty}/L = 1.65 \times 10^6 \text{ m}^{-1}$;来流温度和壁面温度为:$T_{\infty} = T_w = 221.6 \text{ K}$,比热比 $\gamma = 1.4$,层流流动,平板长度为 1 m,层流普朗特数 $Pr = 0.72$。计算区域的高度为 0.8 m,网格数 201×

121,壁面网格间距 2×10^{-5} m。

把空间推进的结果和边界层理论的结果进行了比较,包括物面的热流 $\left[c_h = \dfrac{q_w}{\rho_\infty u_\infty (h_\infty - h_w)}, \ q_w \ \text{为物面热} \right.$

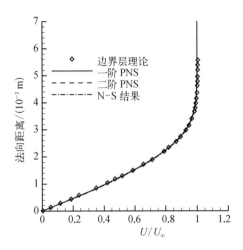

图 2.1 0.914 4 m 截面上的速度型的比较

流,h_∞ 和 h_w 为来流总焓和物面焓值$\left. \vphantom{\dfrac{q_w}{\rho}} \right]$ 及 0.914 4 m 截面上的温度型和速度型分布。图 2.1 为流向一阶推进格式、流向二阶推进格式及时间迭代 N-S 方程的结果在 0.914 4 m 截面上的速度型分布和边界层理论结果的对比。图 2.2 为对应的温度型分布。图 2.3 为流向一阶推进格式、流向二阶推进格式及时间迭代 N-S 方程的壁面热流结果和边界层理论结果的比较。从这些结果可

以看出,流向一阶推进格式和流向二阶推进格式都能得到较好的结果。在每个推进面上及相应的时间迭代求解收敛到 $\max(\mathrm{d}\rho/\rho) \leqslant 10^{-6}$。

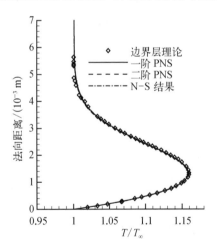

图 2.2 0.914 4 m 截面上的温度型的比较

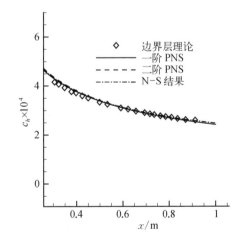

图 2.3 物面热流分布的比较

2.4.1.2 绕楔二维超声速层流的推进求解

绕楔的二维超声速层流流动包含激波、边界层、诱导激波等多种流动形态的相互干扰、作用。楔的倾角为 15°,流动条件如下[4, 12, 13]:来流马赫数 $Ma_\infty =$

14.1，基于参考长度的雷诺数 $Re_{\infty L} = 1.04 \times 10^5$，层流普朗特数为：$Pr = 0.72$，来流温度 $T_\infty = 72.2$ K，物面温度 $T_w = 297$ K，楔前缘平直段长度为参考长度 $L = 0.439$ m。计算网格为 201×45（粗网格）和 201×91（密网格）。图 2.4 为流动的结构示意图。图 2.5 为计算区域的网格分布和空间推进结果的压力等值线分布图，从图中可以清楚地看到激波交汇处的波系结构。图 2.6 为压力系数的分布与试验的比

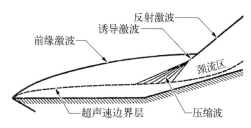

图 2.4　流动的结构示意图

较。图 2.7 为摩擦阻力系数的分布与试验的比较。图 2.8 为热流系数的分布与试验的比较。从计算结果看，时间迭代方法和空间推进方法都能较好地获得物面的压力、摩阻和热流的信息。由于在压缩拐角附近有较强的逆向压力梯度，空间推进方法在这个区域精度有所损失。图 2.9 为时间迭代求解完全 N-S 方程

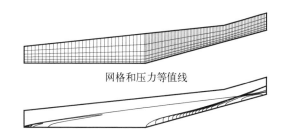

图 2.5　计算区域的网格分布以及推进结果的压力等值线

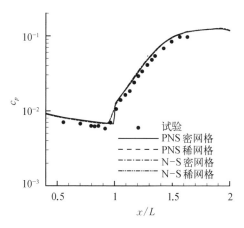

图 2.6　压力系数的分布与试验比较

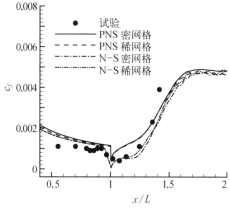

图 2.7　摩擦阻力系数分布与试验比较

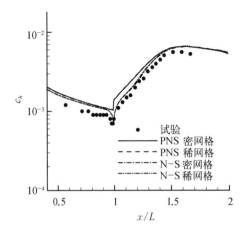

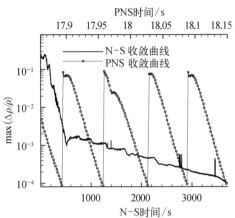

图 2.8　热流系数的分布与试验比较　　　图 2.9　时间迭代和空间推进的收敛曲线

和空间推进求解 PNS 方程在密网格上的收敛曲线,空间推进方法在一个推进面上收敛后,又转至下一个推进面,图中展示了在最后几个推进面上的收敛情况。空间推进方法在一个推进面上一般迭代几十次以内就可收敛,收敛后转到下一个推进面迭代求解。时间迭代花费 3 704.6 s,空间推进方法花费 18.15 s,空间推进方法比时间迭代方法速度提高了 204 倍。无量纲系数定义为: $c_p = \dfrac{p}{\rho_\infty U_\infty^2}$、$c_f =$

$\dfrac{\tau_w}{\rho_\infty U_\infty^2}$、$c_h = \dfrac{q_w}{\rho_\infty U_\infty (H_\infty - H_w)}$。

2.4.1.3　三维有攻角绕圆锥超声速流动的推进求解

高超声速圆锥绕流是一个半角为 10° 的圆锥在 8°、16°、24° 攻角下的超声速层流流动,圆锥的长度为 $L = 0.102$ m。来流以及物面条件为[14, 15]: $Ma_\infty = 7.95$、$Re_L = 4.2 \times 10^5$、$T_\infty = 55.4$ K、$T_w = 309.8$ K。计算的网格数为流向 101、法向 51、展向 61。图 2.10 是圆锥在 24° 绕流时表面热流分布及其在 $x/L = 1$ 截面上的马赫数云图,从图中可以看出,虽然流动沿流向没有出现分离,但在展向已经出现了分离,采用空间推进的方法能够准确地捕捉到流动的展向分离。图 2.11 为背风区表面摩擦阻力线及物面热流云图,左半部分为空间推进方法的结果,右半部分为时间迭代方法的结果,两者比较,得到的流动结构很相近。图 2.12 和图 2.13 是在三种攻角下空间推进结果在 $x/L = 1$ 的物面截面上的压力系数和热流系数与试验的对比,为了和时间迭代方法比较还给出了 24° 攻角,时间迭代方法的计算结果。可以看出,压力系数在三种攻角下与试验值符合得很好;热流系

数在 8° 的攻角下与试验符合得很好,在 16°、24° 攻角下流动在展向出现了分离,
热流系数在分离区以外与试验符合得很好,在分离区计算得到的热流系数比试
验值偏高。在 24° 的情况下把空间推进求解 PNS 方程的结果与时间迭代求解
N-S 方程的结果作了比较,发现两种方法计算的压力和热流是一致的。本例中
有 30 万网格的计算量,采用空间推进的方法求解 24° 攻角来流的例子,推进求解
100 个推进面,采用 2.8 GHz 的 CPU,需要 927.9 s(≈0.26 h)完成计算。而采用
时间迭代的方法需要 21 306 s(≈6 h),时间迭代方法在这个算例中耗时是空间
推进方法的 23 倍左右。图 2.14 是时间迭代方法的收敛曲线与空间推进方法的
收敛曲线的对照图。空间推进方法在一个推进面上收敛后,又转至下一个推进
面,图中展示了空间推进方法在最后几个推进面上的收敛情况。

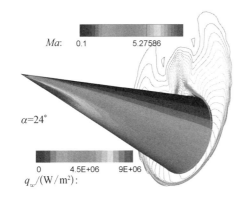

图 2.10　锥面热流及截面马赫数云图

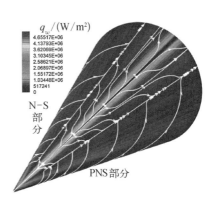

图 2.11　背风区表面摩阻力线及
出口截面马赫数云图

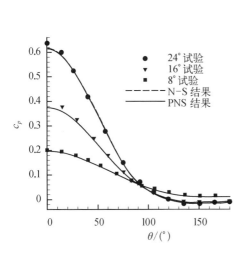

图 2.12　压力系数延展向分布(x/L=1)

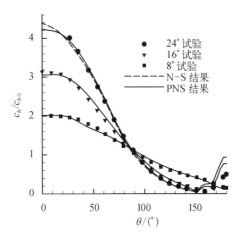

图 2.13　热流延展向分布(x/L=1)

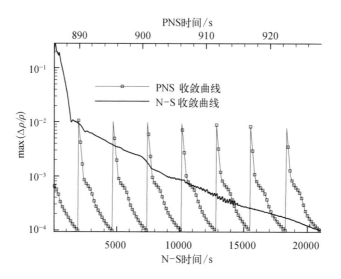

图 2.14　空间推进和时间迭代收敛历程

在计算中压力系数和热流系数分别定义为：$c_p = \dfrac{p - p_\infty}{\rho_\infty U_\infty^2}$、$c_h = \dfrac{q_w}{q_{w0}}$，$q_{w0}$ 是在 0°攻角时相应点的热流值。

2.4.2　空间推进求解超声速湍流流动的验证与分析

2.4.2.1　超声速等温壁湍流平板的推进求解

流动的参数与 2.4.1.1 小节相同，网格在壁面加密大约为 10^{-6} m。图 2.15 是空间推进方法得到的平板表面摩阻与理论结果及时间迭代方法结果的比较，图 2.16 为相应的热流结果比较，图 2.17 为空间推进方法得到的速度型（$x/L = 1$ 处）与理论速度型（对数律）以及时间迭代方法结果的比较，图 2.18 为相应的温度型面的比较。从计算的结果看，空间推进方法在求解湍流超声速等温平板时和时间迭代方法准确性相近，和理论结果符合得较好。

2.4.2.2　超声速无分离湍流压缩拐角的推进求解

超声速无分离的压缩拐角的几何形状如图 2.19 所示，拐角的角度为 30°，拐角前的平板长 0.56 m。计算区域沿流动方向划分 401 个网格，沿法向划分 101 个网格，采用 $k-\omega$ 两方程湍流模型及 Sarkar[16] 的可压缩修正。采用了壁面函数边界条件[17]，对计算得到的物面热流和摩阻值进行了修正，壁面第一层网格的距离为 10^{-5} m，此时对应的壁面最大 y^+ 在 20 左右。来流及物面的参数为[18, 19]：

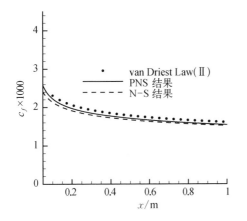

图 2.15　平板表面摩阻与理论值比较

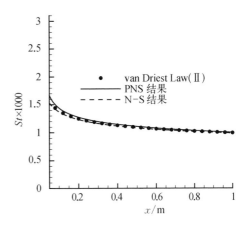

图 2.16　平板表面热流与理论值比较

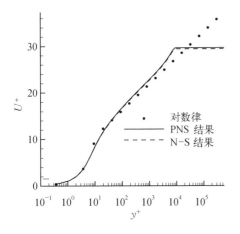

图 2.17　空间推进结果的速度型

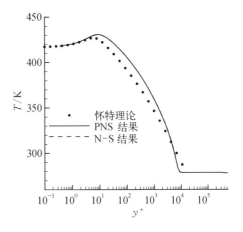

图 2.18　空间推进结果的温度型

$Ma_\infty = 9.22$，$T_\infty = 59.4\,\mathrm{K}$，$p_\infty = 2\,608\,\mathrm{Pa}$，$T_w = 294\,\mathrm{K}$。图 2.20 为空间推进方法和时间迭代方法的收敛曲线比较，图中只显示了空间推进方法在最后几个推进面上的收敛情况。空间推进求解沿流动方向推进求解 400 个推进面，总共耗时 57.67 s，而采用时间迭代方法迭代求解 10^4 步，得到稳定的壁面压力和热流分布，需要耗时 9 328 s，是空间推进方法耗时的 164 倍。图 2.21 是空间推进方法和时间迭代方法得到的物面压力分布与试验结果的比较，图 2.22 是空间推进方法和时间迭代方法得到的物面热流分布与试验结果的比较。压力和热流都采用拐角前对应的压力和热流值进行无量纲处理。从计算结果看空间推进方法和时间迭代方法在求解高超声速压缩拐角流动时具有相同的准确度，都能较好地求解出这类流动物面摩阻和热流的分布。空间推进方法与时间迭代方法相比,求解速度提高了两个数量级,这是空间推进方法明显的优势。

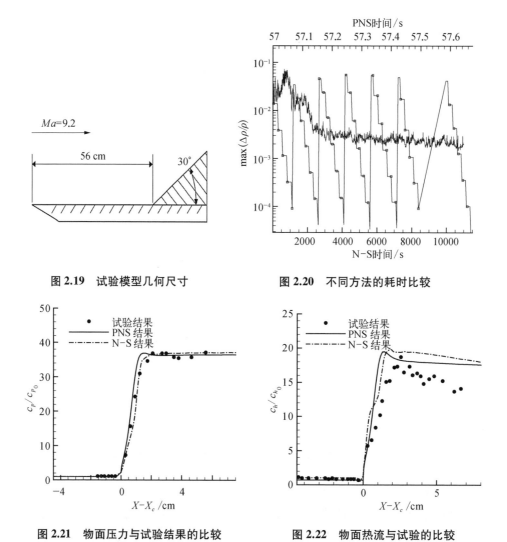

图 2.19   试验模型几何尺寸   图 2.20   不同方法的耗时比较

图 2.21   物面压力与试验结果的比较   图 2.22   物面热流与试验的比较

2.5   本章小结

本章完成了空间推进求解超声速流动的研究工作的介绍,包括抛物化 N-S 方程的控制方程组、空间推进数值求解方法及典型算例的验证确认。开发的空间推进 CFD 软件 SMPNS 可以对超声速二维、轴对称和三维流动进行快速高效的空间推进求解,具备对量热完全气体、热完全气体和化学反应流动的空间推进求解能力。书中验证和确认了开发的 CFD 软件在推进求解超声速层流、湍流流动中的能力。空间推进方法得到了准确的物体表面的压力、摩擦阻力以及热流的分布。在求解速度方面,二元算例空间推进方法较时间迭代方法,求解速度提高 2 个数量级以上。空间推进数值求解方法可靠和快速的特性,奠定了其在高超声速气动构型优化中的良好应用基础。

参考文献

[1] 空天技术研究所.空间推进求解抛物化 NS 方程 CFD 软件[简称:SMPNS]V1.0[P]. 5009233, 2020.

[2] Morrison J H, Korte J J. Implementation of Vigneron's streamwise pressure gradient approximation in the parabolized Navier-Stokes equations[J]. AIAA Journal, 1992, 30 (11): 2774 - 2776.

[3] White J A, Morrison J H. A Pseudo-temporal multi-grid relaxation scheme for solving the parabolized Navies-stokes equations[C]. Norfolk: 14th AIAA Computational Fluid Dynamics Conference, 1999.

[4] Lawrence S L. Parabolized Navier-Stokes methods for hypersonic flows[R]. Brussels: von Karman Institute for Fluid Dynamics, 1991.

[5] John J K. An explicit upwind algorithm for solving the parabolized Navier-Stokes equations [R]. Washington: NASA Technical Paper 3050, 1991.

[6] 傅德熏.流体力学数值模拟[M].北京:国防工业出版社,1993.

[7] 高智.高雷诺数流动的控制方程体系和扩散抛物化 Navier - Stokes 方程组的意义和用途 [J].力学进展,2005,35(3):427 - 438.

[8] Tannehill J C, Anderson D A, Pletcher R H. Computational fluid mechanics and heat transfer[M]. 2nd edition. Washington: Taylor and Francis, 1997.

[9] Newsome R W, Walters R W, Thomas J L. An efficient iteration strategy for upwind/ relaxation solutions to the thin-layer Navier-Stokes equations[C]. Honolulu: 8th Computational Fluid Dynamics Conference, 1987.

[10] Greene F A. An upwind-biased space marching algorithm for supersonic viscous flow[R]. Washington: NASA Technical Paper 3068, 1991.

[11] 贺旭照.高超声速飞行器气动力气动热数值模拟和超声速流动的区域推进求解[D].绵阳:中国空气动力研究与发展中心,2007.

[12] 贺旭照,乐嘉陵.空间推进方法求解抛物化 Navier - Stokes 方程及其验证[J].空气动力学学报,2007,2(26):189 - 193.

[13] 贺旭照,乐嘉陵.空间推进求解超声速流动的通量分裂方法及应用[C].绵阳:第十一届全国激波与激波管学术会议,2004.

[14] Chang C L, Merkle C L. The relation between flux vector splitting and parabolized schemes

[J]. Journal of Computational Physics, 1989, 80(1): 344-361.

[15] Lawrence S L, Chanssee D S, Tannehill J C. Application of an upwind algorithm to the three dimensional PNS equations[C]. Honolulu: 8th Computational Fluid Dynamics Conference, 1987.

[16] Wilcox D C. Turbulence modeling for CFD[M].2nd edition. La Canada Flintridge: DCW Industries, 1998.

[17] 贺旭照, 赵慧勇, 乐嘉陵. 考虑可压缩与热传导的壁面函数边界条件及其应用[J]. 空气动力学学报, 2006, 4(24): 450-453.

[18] Craddock C S, Jacobs P A. A space marching compressible flow solver with chemistry and optimization SM3DPLUS [D]. Brisbane: Department of Mechanical Engineering, The University of Queensland, 1998.

[19] Coleman G T, Stollery J L. Heat transfer in hypersonic turbulent separated flow[R]. London: Department of Aeronautics, Imperial College of Science and Technology, 1972.

第 3 章

最小阻力旋成体构型

最小阻力旋成体是高速飞行器气动布局的基础性构型,被广泛应用在了高超声速飞行器机头、尾端等部位,也可以被用为先进乘波体的基准流场,产生新的气动布局方案。针对最小阻力旋成体构型,前人进行了广泛研究,具有理论表达式的最小阻力构型,都是采用简化气动理论,获得旋成体的阻力泛函表达式,然后采用变分技术获得最小阻力旋成体构型的理论表达式;采用数值优化的最小阻力旋成体构型,多采用参数化建模、数值求解及优化的策略获得。

本章首先介绍采用线性化理论求解超声速最小阻力旋成体的问题。基于超声速线性理论求解最小压阻旋成体构型,是一个经典的变分问题。本章给出三类典型最小阻力构型的结果: ① 封闭体;② 前体;③ 管状前体,即中空的管状构型的外型面。②类最小阻力问题最早是冯·卡门[1]研究的,他的结果是后续研究的基础。开展后续研究的有 Ferrari[2-4]、Haack[5]、Lighthill[6]、Sears[7]、Adams[8]、Parker[9, 10]、Harder 和 Rennemann[11]、Heaslet[12]、Heaslet 和 Fuller[13]等。在此之后介绍作者团队采用数值优化方法获得的最小阻力型线,并与相关近似理论型线进行了对比。

3.1 节和 3.2 节简要介绍了需要用到的线性超声速空气动力学的公式及气动阻力的表达式;3.3 节介绍了最小阻力封闭体问题的求解;3.4 节介绍了最小阻力前体问题的求解;3.5 节介绍了最小阻力管状前体问题的求解;3.6 节介绍采用数值优化方法求解最小阻力旋成体的问题;最后是本章小结。

3.1 流函数

考虑笛卡儿坐标系 Oxy , xy 平面与构型的子午面一致, x 和 y 分别代表

以流场特征长度 l 为测量尺度的轴向坐标和径向坐标,其中流场特征长度 l 为封闭体、前体或管状前体的轴向长度。在这个坐标系下,真实流动的流函数(stream function)ψ_* 和扰动流动的退化流函数(reduced stream function)ψ 满足关系:

$$\psi_* = \rho U l^2 (\psi - y^2/2) \tag{3.1}$$

式中,ρ 是自由流密度;U 是自由流速度。相应地,退化流函数与轴向扰动速度的轴向分量 u 和径向分量 v 解析相关,如果这些分量以自由流速度来度量,并有如下关系:

$$u = (1/\beta^2 y)\psi_y, \quad v = (1/y)\psi_x \tag{3.2}$$

其中,$\beta = \sqrt{Ma^2 - 1}$,Ma 为自由流马赫数。当由物体带来的扰动被沿轴线上一段(比如 $0 \leqslant x \leqslant 1$),且强度为 $f(x)$ 的源项分布所代替后,退化的流函数可写为

$$\psi = \int_0^z [(x - \xi)f(\xi)/g(\xi, x, y)]\mathrm{d}\xi, \quad z \leqslant 1$$
$$\psi = \int_0^1 [(x - \xi)f(\xi)/g(\xi, x, y)]\mathrm{d}\xi, \quad z \geqslant 1 \tag{3.3}$$

其中,$z = x - \beta y$,函数 g 为

$$g(\xi, x, y) = \sqrt{(x - \xi)^2 - (\beta y)^2} \tag{3.4}$$

然后,如果 $f(0) = 0$,扰动速度的无量纲分量为

$$u = -\int_0^z [\dot{f}(\xi)/g(\xi, x, y)]\mathrm{d}\xi, \qquad z \leqslant 1$$
$$v = (1/y)\int_0^z [(x - \xi)\dot{f}(\xi)/g(\xi, x, y)]\mathrm{d}\xi, \quad z \leqslant 1 \tag{3.5}$$

其中,函数上的点表示关于自变量的导数。对于 $z \geqslant 1$ 成立的表达式可通过假设式(3.5)中的积分上边界为 1 时获得。同时,由于流函数 ψ_* 沿着流线是常数,因此流动的流线方程为

$$-y^2/2 + \int_0^z [(x - \xi)f(\xi)/g(\xi, x, y)]\mathrm{d}\xi = \mathrm{Const}, \quad z \leqslant 1 \tag{3.6}$$

3.2　气动阻力

本节给出封闭体、前体、管状前体的气动阻力解析表达式。

3.2.1　封闭体气动阻力

封闭体的气动阻力,可以通过积分包含封闭体且半径为 y_c 的圆柱上的扰动速度分量的乘积获得[图 3.1, $\alpha = \arcsin(1/Ma)$,表示马赫角]。

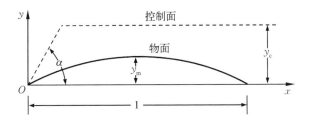

图 3.1　封闭体的坐标系和控制面

如果 $q = \rho U^2/2$ 表示自由流的动压,下面的关系式成立:

$$D = -4\pi q l^2 y_c \int_{\beta y_c}^{\infty} u(x, \ y_c) v(x, \ y_c) \, \mathrm{d}x \tag{3.7}$$

另外,如果 y_m 是物体的参考半径(通常取最大半径),则阻力系数定义为

$$C_D = D/(\pi q l^2 y_m^2) \tag{3.8}$$

进一步推导得

$$C_D = -(4y_c/y_m^2) \int_{\beta y_c}^{\infty} u(x, \ y_c) v(x, \ y_c) \, \mathrm{d}x \tag{3.9}$$

结合式(3.5)和式(3.9),并在确定式(3.9)右端当 $y_c \to 0$ 的极限后,获得如下关系:

$$C_D y_m^2/2 = -\int_0^1 \int_0^1 \dot{f}(\xi) \dot{f}(\eta) \ln |\xi - \eta| \, \mathrm{d}\xi \mathrm{d}\eta \tag{3.10}$$

其中,源项分布为

$$f(0) = 0, \quad f(1) = 0 \tag{3.11}$$

这个结果最早由冯·卡门[1]获得,并建立起了物体的波阻(wave drag of a body)和机翼诱导阻力(induced drag of a wing)的类比关系。

3.2.2 前体

为了确定前体的阻力,我们考虑一个控制面,其圆柱段的底部和前体的底部一致(图 3.2)。由于控制面底部半径 y_c 和前体底部半径 y_b 一致,气动阻力和相应的阻力系数为

$$D = -4\pi q l^2 y_b \int_{\beta y_b}^1 u(x, y_b) v(x, y_b) \mathrm{d}x$$

$$C_D = -(4/y_b) \int_{\beta y_b}^1 u(x, y_b) v(x, y_b) \mathrm{d}x$$

(3.12)

当考虑速度分量式(3.5),并对 x 进行积分,阻力系数变为

$$C_D y_b^2 / 2 = \int_0^{z_b} \int_0^{z_b} \dot{f}(\xi) \dot{f}(\eta) \operatorname{arcosh} \left| \frac{(1-\xi)(1-\eta) - (\beta y_b)^2}{\beta y_b(\xi - \eta)} \right| \mathrm{d}\xi \mathrm{d}\eta \quad (3.13)$$

这里 $z_b = 1 - \beta y_b$。 式(3.12)首次被 Ferrari[2] 应用,但是式(3.13)的推导是由 Parker [9, 10] 完成的。

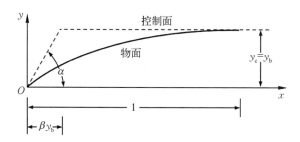

图 3.2 前体的坐标系和控制面

3.2.3 管状前体

对于这个问题,我们考虑一个控制面,其圆柱面的底部与管状前体的底部一致(图 3.3)。

如果 y_i 和 y_b 分别表示进口和底部的半径,阻力系数可写为

$$C_D = -(4/y_b) \int_{\beta y_b}^{1+\beta y_i} u(x, y_b) v(x, y_b) \mathrm{d}x \quad (3.14)$$

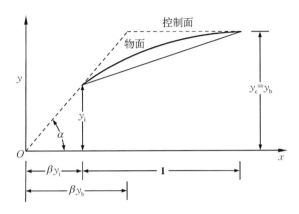

图 3.3　管状前体的坐标系和控制面

用式(3.5)来表示速度的分量,采用 Parker[9, 10]的方法,获得如下结果:

$$C_D y_{\mathrm{b}}^2/2 = \int_0^{\Delta z} \int_0^{\Delta z} \dot{f}(\xi)\dot{f}(\eta)\,\mathrm{arcosh}\left|\frac{(1+\beta y_{\mathrm{i}}-\xi)(1+\beta y_{\mathrm{i}}-\eta)-(\beta y_{\mathrm{b}})^2}{\beta y_{\mathrm{b}}(\xi-\eta)}\right|\mathrm{d}\xi\mathrm{d}\eta$$

$$(3.15)$$

其中, $\Delta z = z_{\mathrm{b}} - z_{\mathrm{i}} = 1 - \beta(y_{\mathrm{b}} - y_{\mathrm{i}})$。

3.3　最小阻力封闭体

本节首先求解给定体积且子午线通过初始点、终点和给定中间点的最小阻力锥构型;然后,详细考虑去除体积约束和中间点约束的特殊情况。

物体的子午线为一流线,由式(3.6)表示,此时式(3.6)右侧的常数为 0。在物体封闭的条件($x=0$ 和 $x=1$ 时, $y=0$)下,导出如下约束:

$$\int_0^1 f(\xi)\,\mathrm{d}\xi = 0 \tag{3.16}$$

若子午线通过中间点 x_0 和 y_0 ,式(3.6)满足补充条件:

$$\int_0^{z_0}[(x_0-\xi)f(\xi)/g(\xi, x_0, y_0)]\mathrm{d}\xi - y_0^2/2 = 0 \tag{3.17}$$

其中, $z_0 = x_0 - \beta y_0$。 最后,如果体积 V 以长度的三次方无量纲化,则下面的关系成立:

$$V = 2\pi \int_0^1 \int_0^z \left[(x - \xi) f(\xi) / g(\xi, x, y) \right] \mathrm{d}x \mathrm{d}\xi \tag{3.18}$$

通过置换积分的顺序,对 x 进行积分,利用假设 $(\beta y)^2 \ll 1$,可以获得

$$\int_0^1 (1 - \xi) f(\xi) \mathrm{d}\xi - V/2\pi = 0 \tag{3.19}$$

考虑到前述关系,确定使阻力最小的源项分布的问题可表述为:如果方程 $f(\xi)$ 满足端点条件式(3.11)和约束式(3.16)、式(3.17)和式(3.19),找到使积分式(3.10)最小的特定函数。显然,这个问题等价于最小化如下方程:

$$\begin{aligned}
I = & -\int_0^1 \int_0^1 \dot{f}(\xi) \dot{f}(\eta) \ln|\xi - \eta| \, \mathrm{d}\xi \mathrm{d}\eta \\
& + 2\int_0^1 \left[\lambda_1 + \lambda_2 A(\xi)(x_0 - \xi)/g(\xi, x_0, y_0) + \lambda_3(1 - \xi) \right] f(\xi) \mathrm{d}\xi
\end{aligned} \tag{3.20}$$

这里 λ_1、λ_2、λ_3 表示待定的常数拉格朗日乘子,$A(\xi)$ 代表阶跃函数:

$$\begin{aligned}
A(\xi) = 1, \quad \xi \leqslant z_0 \\
A(\xi) = 0, \quad \xi > z_0
\end{aligned} \tag{3.21}$$

式(3.20)的一阶变分写为

$$\begin{aligned}
\delta I = & -2\int_0^1 B(\xi) \tilde{\delta} \dot{f}(\xi) \mathrm{d}\xi \\
& + 2\int_0^1 \left[\lambda_1 + \lambda_2 A(\xi)(x_0 - \xi)/g(\xi, x_0, y_0) + \lambda_3(1 - \xi) \right] \tilde{\delta} f(\xi) \mathrm{d}\xi
\end{aligned} \tag{3.22}$$

其中,$\tilde{\delta} f(\xi)$ 和 $\tilde{\delta} \dot{f}(\xi)$ 表示源项的变分和它在固定 ξ 位置的导数,这里 $B(\xi)$ 代表方程:

$$B(\xi) = \int_0^1 \dot{f}(\eta) \ln|\xi - \eta| \, \mathrm{d}\eta \tag{3.23}$$

利用分部积分定理和边界条件式(3.11),下面的关系成立:

$$\int_0^1 B(\xi) \tilde{\delta} \dot{f}(\xi) \mathrm{d}\xi = -\int_0^1 C(\xi) \tilde{\delta} f(\xi) \mathrm{d}\xi \tag{3.24}$$

其中,

$$C(\xi) = \int_0^1 [\dot{f}(\eta)/(\xi - \eta)] \mathrm{d}\eta \qquad (3.25)$$

于是一阶变分式(3.22)可写为

$$\delta I = 2\int_0^1 [C(\xi) + \lambda_1 + \lambda_2 A(\xi)(x_0 - \xi)/g(\xi, x_0, y_0) + \lambda_3(1 - \xi)]\tilde{\delta} f(\xi)\mathrm{d}\xi$$

$$(3.26)$$

在极值处,对于变分 $\tilde{\delta} f(\xi)$ 的每个分布都有 $\delta I = 0$。于是,欧拉方程在每个横坐标 ξ 都满足:

$$C(\xi) + \lambda_1 + \lambda_2 A(\xi)(x_0 - \xi)/g(\xi, x_0, y_0) + \lambda_3(1 - \xi) = 0 \qquad (3.27)$$

根据定义式(3.25),我们发现上式和著名的翼型积分方程一致,首次被 Soehngen 在文献[14]中求解(也可见文献[15])。这个积分方程满足关系 $f(0) = f(1)$ 的解为

$$\dot{f}(\xi) = [(1/\pi^2) \sqrt{\xi(1 - \xi)}][\lambda_1 I_1(\xi) + \lambda_2 I_2(\xi) + \lambda_3 I_3(\xi)] \qquad (3.28)$$

其中,

$$I_1(\xi) = \int_0^1 [\sqrt{\eta(1 - \eta)}/(\xi - \eta)]\mathrm{d}\eta$$

$$I_2(\xi) = \int_0^{z_0} [\sqrt{\eta(1 - \eta)}/(\xi - \eta)][(x_0 - \eta)/g(\eta, x_0, y_0)]\mathrm{d}\eta \qquad (3.29)$$

$$I_3(\xi) = \int_0^1 [\sqrt{\eta(1 - \eta)}/(\xi - \eta)](1 - \eta)\mathrm{d}\eta$$

求解式(3.29)获得如下关系:

$$\dot{f}(\xi) = [1/\sqrt{\xi(1 - \xi)}][a_1(2\xi - 1) + a_2 p(\xi) - a_3(8\xi^2 - 12\xi + 3)]$$

$$(3.30)$$

其中,常数 a_1、a_2、a_3 为

$$a_1 = \lambda_1/2\pi$$

$$a_2 = (\lambda_2/\pi^2) \sqrt{(x_0 + \beta y_0)(1 - x_0 + \beta y_0)} \qquad (3.31)$$

$$a_3 = \lambda_3/8\pi$$

$p(\xi)$ 定义为

$$p(\xi) = (1 - x_0 + \beta y_0)\left[F(\pi/2, k) - (x_0 + \beta y_0)E(\pi/2, k)\right]$$
$$- 2(1 - x_0 - \xi)\Pi(\pi/2, m, k) + 2(x_0 - \xi)\Pi(\pi/2, n, k)$$

$$(3.32)$$

在此关系式中，F、E、Π 代表第一类、第二类和第三类完全椭圆积分[16, 17]，模量 k 定义为

$$k^2 = \frac{x_0 - \beta y_0}{x_0 + \beta y_0}\frac{1 - x_0 - \beta y_0}{1 - x_0 + \beta y_0} \tag{3.33}$$

更进一步，出现在第三类椭圆积分中的参数分别为

$$m = (x_0 - \beta y_0)/(1 - x_0 + \beta y_0), \quad n = -m(1 - \xi)/\xi \tag{3.34}$$

对式(3.30)的右端对 ξ 进行积分，可以确定最优的源项分布。如果对于任何与端点条件相容的变分分布 $\delta f(\xi)$，都有二阶变分

$$\delta^2 I = -\int_0^1\int_0^1 \tilde{\delta}\dot{f}(\xi)\tilde{\delta}\dot{f}(\eta)\ln|\xi - \eta| \, \mathrm{d}\xi\mathrm{d}\eta \tag{3.35}$$

为正，则这个源项分布将使得泛函式(3.20)取最小值。

3.3.1 给定长度和体积

如果长度和体积给定，中间点放开，只有约束式(3.16)和式(3.19)需要施加于子午线上。由于乘子 λ_2 消失，所以有 $a_2 = 0$，式(3.30)退化为

$$\dot{f}(\xi) = \left[1/\sqrt{\xi(1 - \xi)}\right]\left[a_1(2\xi - 1) - a_3(8\xi^2 - 12\xi + 3)\right] \tag{3.36}$$

该式积分可得

$$f(\xi) = -2\left[a_1 + a_3(3 - 2\xi)\right]\sqrt{\xi(1 - \xi)} \tag{3.37}$$

将这个源分布代入到封闭条件式(3.16)，可以获得关系：

$$a_1 + 2a_3 = 0 \tag{3.38}$$

于是，源分布可以改写为

$$f(\xi)/a_1 = (1 - 2\xi)\sqrt{\xi(1 - \xi)} \tag{3.39}$$

这个解是 Sears 在文献[7]中获得的。式(3.39)中的 a_1 可以通过体积条件

（3.19）获得，其值为

$$a_1 = 32V/\pi^2 \tag{3.40}$$

按照细长体理论，子午线的几何外形可以表达为

$$y = \sqrt{4a_1/3}\,[\,x(1-x)\,]^{3/4} \tag{3.41}$$

对应的形状称为 Sears-Haack 体（Sears-Haack body）。这个子午面关于 $x = 1/2$ 线对称，其最大半径为

$$y_m = \sqrt{a_1/6} \tag{3.42}$$

经过转换

$$y/y_m = [\,4x(1-x)\,]^{3/4} \tag{3.43}$$

最终，阻力系数为

$$C_D = 24V \tag{3.44}$$

3.3.2　给定长度和中间点

如果长度给定，并要求子午线通过中间某点，而体积放开，只需要考虑约束式（3.16）和式（3.17）。由于乘子 λ_3 消失，所以有 $a_3 = 0$，式（3.30）退化为

$$\dot{f}(\xi) = [\,1/\sqrt{\xi(1-\xi)}\,][\,a_1(2\xi-1) + a_2 p(\xi)\,] \tag{3.45}$$

积分后得

$$f(\xi) = -2a_1\sqrt{\xi(1-\xi)} + a_2 q(\xi) \tag{3.46}$$

这里，

$$q(\xi) = \int_0^\xi [\,p(\eta)/\sqrt{\eta(1-\eta)}\,]\,\mathrm{d}\eta \tag{3.47}$$

由于有封闭条件式（3.16），可以获得下面的关系：

$$a_1 - Ka_2 = 0 \tag{3.48}$$

其中，

$$K = (4/\pi)\int_0^1 q(\xi)\,\mathrm{d}\xi \tag{3.49}$$

所以最优的源项分布可以写为

$$f(\xi)/a_2 = q(\xi) - 2K\sqrt{\xi(1-\xi)} \tag{3.50}$$

于是,子午线满足如下方程:

$$y^2/2a_2 = \int_0^z [(x-\xi)/g(\xi, x, y)][q(\xi) - 2K\sqrt{\xi(1-\xi)}]\mathrm{d}\xi \tag{3.51}$$

通过中间点的条件演变为

$$y_0^2/2a_2 = \int_0^{z_0} [(x_0-\xi)/g(\xi, x_0, y_0)][q(\xi) - 2K\sqrt{\xi(1-\xi)}]\mathrm{d}\xi \tag{3.52}$$

这样就可获得常数 a_2。

如果假设 $\beta y_0 \leqslant 1$,并且 $x_0 = 1/2$,式(3.50)的源项分布退化为[6]

$$f(\xi)/y_0^2 = 2(1-2\xi)\mathrm{arcosh}\,|\,1/(1-2\xi)\,| \tag{3.53}$$

更进一步,式(3.51)变为

$$(y/y_0)^2 = 2\sqrt{x(1-x)} - (1-2x)^2\mathrm{arcosh}\,|\,1/(1-2x)\,| \tag{3.54}$$

对应的阻力系数为

$$C_D = 4\pi y_0^2 \tag{3.55}$$

式(3.54)描述的物体称为 Lighthill 体,其在 $x=1/2$ 处的斜率为 0, y_0 为指定中间点的高度。

3.4 最小阻力前体

本节首先研究给定长度、直径和体积约束下的最小阻力前体;然后,对一个体积无约束的问题进行详细阐述。

前体的子午线由常数为 0 的式(3.6)表示。如果 y_b 表示底部半径, $z_b = 1 - \beta y_b$,给定的直径条件由下式表达:

$$\int_0^{z_b} [(1-\xi)f(\xi)/g(\xi, 1, y_b)]\mathrm{d}\xi - y_b^2/2 = 0 \tag{3.56}$$

对其进行分部积分,等价于

$$\int_0^{z_b} \dot{f}(\xi) g(\xi,\ 1,\ y_b) \mathrm{d}\xi - y_b^2/2 = 0 \tag{3.57}$$

封闭前体的体积可写为

$$V = 2\pi \int_0^1 \int_0^z \big[(x - \xi) f(\xi) / g(\xi,\ x,\ y)\big] \mathrm{d}x \mathrm{d}\xi \tag{3.58}$$

经过分部积分得

$$V = 2\pi \int_0^1 \int_0^z \dot{f}(\xi) g(\xi,\ x,\ y) \mathrm{d}x \mathrm{d}\xi \tag{3.59}$$

通过改变积分顺序,采用 $y = y_b x$ 近似,关于 x 进行积分,并且忽略量级为 $(\beta y_b)^2 \ln(\beta y_b)$ 的项,得

$$\int_0^{z_b} (1 - \xi) \dot{f}(\xi) g(\xi,\ 1,\ y_b) \mathrm{d}\xi - V/\pi = 0 \tag{3.60}$$

考虑到前述关系,确定最小阻力源项分布的问题可以表述为:在满足初始条件 $f(0) = 0$ 和条件式(3.57)和式(3.60)的一系列函数 $f(\xi)$ 中,找到一个特殊的函数使得积分式(3.13)最小。显然,这个问题等价于最小化下式:

$$\begin{aligned} I = & \int_0^{z_b} \int_0^{z_b} \dot{f}(\xi) \dot{f}(\eta) \operatorname{arcosh} \left| \frac{(1 - \xi)(1 - \eta) - (\beta y_b)^2}{\beta y_b (\xi - \eta)} \right| \mathrm{d}\xi \mathrm{d}\eta \\ & + 2 \int_0^{z_b} \big[\lambda_1 + \lambda_2(1 - \xi)\big] \dot{f}(\xi) g(\xi,\ 1,\ y_b) \mathrm{d}\xi \end{aligned} \tag{3.61}$$

其中,λ_1、λ_2 表示待定的拉格朗日常数。

泛函(3.61)的一阶变分为

$$\delta I = 2 \int_0^{z_b} \big\{ E(\xi) + \big[\lambda_1 + \lambda_2(1 - \xi)\big] g(\xi,\ 1,\ y_b) \big\} \tilde{\delta} \dot{f}(\xi) \mathrm{d}\xi \tag{3.62}$$

其中,$E(\xi)$ 代表方程:

$$E(\xi) = \int_0^{z_b} \dot{f}(\eta) \operatorname{arcosh} \left| \frac{(1 - \xi)(1 - \eta) - (\beta y_b)^2}{\beta y_b (\xi - \eta)} \right| \mathrm{d}\eta \tag{3.63}$$

因为对于与初始条件 $\tilde{\delta} f(0) = 0$ 相容的任意变分分布 $\tilde{\delta} f(\xi)$,都有 $\delta I = 0$,所以可导出如下的 Euler 方程的首次积分:

$$E(\xi) + \big[\lambda_1 + \lambda_2(1 - \xi)\big] g(\xi,\ 1,\ y_b) = \mathrm{Const} \tag{3.64}$$

由于在终点的源强度无约束,积分常数消失。由分部积分定理,下面的关系成立:

$$E(\xi) = - g(\xi, 1, y_b) F(\xi) \tag{3.65}$$

其中,

$$F(\xi) = \int_0^{z_b} [f(\eta)/(\xi - \eta) g(\eta, 1, y_b)] d\eta \tag{3.66}$$

于是式(3.64)可重写为

$$F(\xi) - \lambda_1 - \lambda_2(1 - \xi) = 0 \tag{3.67}$$

对于该积分方程,满足初始条件 $f(0) = 0$ 的解,已经由 Parker 在文献[9]及 Harder 和 Renneman 在文献[11]中给出:

$$f(\xi) = (a_1 + a_2\xi) \sqrt{\xi(1 + \beta y_b - \xi)} \tag{3.68}$$

其中,常数 a_1、a_2 为

$$a_1 = - \lambda_1/\pi - (\lambda_2/2\pi)(3 - \beta y_b), \quad a_2 = \lambda_2/\pi \tag{3.69}$$

泛函式(3.61)的二阶变分为

$$\delta^2 I = \int_0^{z_b} \int_0^{z_b} \tilde\delta\dot f(\xi) \tilde\delta\dot f(\eta) \operatorname{arcosh} \left| \frac{(1 - \xi)(1 - \eta) - (\beta y_b)^2}{\beta y_b(\xi - \eta)} \right| d\xi d\eta \tag{3.70}$$

如果源项分布式(3.68)使阻力最小,该式需为正。为了辨别二阶变分的符号,考虑 $\beta y_b \ll 1$ 的特殊情况,并注意到

$$
\begin{aligned}
&\operatorname{arcosh} \left| \frac{(1 - \xi)(1 - \eta) - (\beta y_b)^2}{\beta y_b(\xi - \eta)} \right| \\
&\cong \ln(1 - \xi)(1 - \eta) - \ln| \xi - \eta | - \ln(\beta y_b/2)
\end{aligned} \tag{3.71}
$$

于是,如果极值解与在终点附近具有相同源强度的曲线相当,即如果 $\delta f(z_b) = 0$,二阶变分式(3.70)退化为式(3.35)的右端项,并且是正值。

3.4.1　子午线和阻力系数

下一步是将未知常数 a_1、a_2 和给定的直径和体积联系起来。通过结合源项分布式(3.68)和直径条件式(3.57),获得如下关系:

$$4y_b^2/\pi = a_1(1 - \beta y_b)(1 + 3\beta y_b) + (a_2/2)(1 - \beta y_b)^2(1 + 5\beta y_b) \quad (3.72)$$

同时体积条件(3.60)导致:

$$8V/\pi^2 = a_1(1 - \beta y_b)(1 + \beta y_b)^2 + (a_2/8)(1 - \beta y_b)^2(3 + 10\beta y_b + 11\beta^2 y_b^2)$$
$$(3.73)$$

由这些方程获得

$$a_1 = -(4y_b^2/\pi)H_1 + (8V/\pi^2)K_1$$
$$a_2 = +(4y_b^2/\pi)H_2 - (8V/\pi^2)K_2$$
$$(3.74)$$

其中,H_1、K_1、H_2、K_2是βy_b的函数,表示为

$$H_1 = \varphi_1/(\varphi_2\psi_1 - \varphi_1\psi_2), \quad K_1 = \psi_1/(\varphi_2\psi_1 - \varphi_1\psi_2)$$
$$H_2 = \varphi_2/(\varphi_2\psi_1 - \varphi_1\psi_2), \quad K_2 = \psi_2/(\varphi_2\psi_1 - \varphi_1\psi_2)$$
$$(3.75)$$

这里,

$$\varphi_1 = (1/8)(1 - \beta y_b)^2(3 + 10\beta y_b + 11\beta^2 y_b^2)$$
$$\psi_1 = (1/2)(1 - \beta y_b)^2(1 + 5\beta y_b)$$
$$\varphi_2 = (1 - \beta y_b)(1 + \beta y_b)^2$$
$$\psi_2 = (1 - \beta y_b)(1 + 3\beta y_b)$$
$$(3.76)$$

当常数 a_1、a_2 确定后,可以通过下式获得给定直径和体积的子午线型线:

$$y^2/2 = \int_0^z [(x - \xi)/g(\xi, x, y)](a_1 + a_2\xi)\sqrt{\xi(1 + \beta y_b - \xi)}\,\mathrm{d}\xi \quad (3.77)$$

阻力系数为

$$C_D y_b^2/\pi = \int_0^{z_b} [2a_1 + a_2(1 - \beta y_b + 2\xi)]\dot{f}(\xi)g(\xi, 1, y_b)\,\mathrm{d}\xi \quad (3.78)$$

上式可以通过数值积分的方式求解。

3.4.2　给定长度和直径

如果长度和直径给定,体积自由,乘子 λ_2 消失,且 $a_2 = 0$。于是,最优的源分布式(3.68)可以写为

$$f(\xi)/a_1 = \sqrt{\xi(1 + \beta y_b - \xi)} \quad (3.79)$$

这里，

$$a_1 = 4y_b^2/\pi(1 - \beta y_b)(1 + 3\beta y_b) \tag{3.80}$$

源项分布是横坐标在 $0 \leqslant \xi \leqslant 1 - \beta y_b$ 区间，半径为 $(1 + \beta y_b)/2$ 的半圆。对应的给定长度和直径的子午线型线满足如下关系：

$$y^2/2a_1 = \int_0^z \left[(x - \xi)/g(\xi, x, y) \right] \sqrt{\xi(1 + \beta y_b - \xi)} \, \mathrm{d}\xi \tag{3.81}$$

其中，$z = x - \beta y$；$g(\xi, x, y) = \sqrt{(x - \xi)^2 - (\beta y)^2}$，通过满足式(3.81)条件，获得对应 x 坐标的 y 值。最终，阻力系数为

$$\beta^2 C_D = 4(\beta y_b)^2/(1 - \beta y_b)(1 + 3\beta y_b) \tag{3.82}$$

此曲线即为 Parker 最小阻力曲线，需要通过数值积分的方式求解。图 3.4 给出了不同 βy_b 值的 Parker 最小阻力曲线型线。

3.4.3   冯·卡门曲线

如果 $\beta y_b \ll 1$ 成立，源项分布式(3.79)简化为

$$f(\xi)/a_1 = \sqrt{\xi(1 - \xi)} \tag{3.83}$$

其中，

$$a_1 = 4y_b^2/\pi \tag{3.84}$$

源项分布为在区间 $0 \leqslant \xi \leqslant 1$ 上与马赫数无关的一个圆。更进一步，圆的半径与 βy_b 无关且值为 $1/2$。子午线(3.81)的形状退化为

$$(y/y_b)^2 = (2/\pi) \left[\arcsin\sqrt{x} - (1 - 2x) \sqrt{x(1 - x)} \right] \tag{3.85}$$

对应的物体为冯·卡门体。最终阻力系数(3.82)退化为

$$C_D = 4y_b^2 \tag{3.86}$$

图 3.4 给出了冯·卡门曲线和不同 βy_b 值的 Parker 最小阻力曲线，可以看出，冯·卡门曲线最为饱满，随着 βy_b 的减小，Parker 曲线的饱满程度增加。

Harder 和 Rennemann[11]考虑了阻力积分中的高阶项，重新研究了最小阻力船型体的构型，消除了在旋成体尾部斜率为零的限制，获得的构型具有更优的阻力。在给定体积、末端截面积及长度条件下，采用下式确定 Harder 和 Rennemann

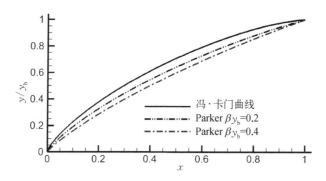

图 3.4 冯·卡门及 Parker 最小阻力曲线的对比

的最小阻力外形：

$$A(x) = \frac{l^2}{(1+c)^2} \left\{ \frac{A}{2} \left[t\sqrt{1-t^2} + \cos^{-1}(-t) \right] - \frac{B}{3}(1-t^2)^{3/2} \right\} \quad (3.87)$$

其中，$\dfrac{x}{l} = \dfrac{1+t}{1+c}$；$c = \dfrac{1-\beta R(l)}{1+\beta R(l)}$；$B = \dfrac{l+\beta R(l)}{2}b$；$A = a + \dfrac{l+\beta R(l)}{2}b$；$-1 \leqslant t \leqslant c$。

底部面积为

$$A(l) = \frac{l^2}{(1+c)^2} \left\{ \frac{A}{2} \left[c\sqrt{1-c^2} + \cos^{-1}(-c) \right] - \frac{B}{3}(1-c^2)^{3/2} \right\} \quad (3.88)$$

体积为

$$V = \frac{l^3}{2(1+c)^3} \left\{ A \left[c\cos^{-1}(-c) + \sqrt{1-c^2} - \frac{1}{3}(1-c^2)^{3/2} \right] \right.$$
$$\left. - \frac{B}{4} \left[\frac{2c}{3}(1-c^2)^{3/2} + c\sqrt{1-c^2} + \cos^{-1}(-c) \right] \right\} \quad (3.89)$$

在求解此最小阻力曲线过程中，给定来流马赫数，获得 $\beta = \sqrt{Ma^2-1}$ 值；给定底部半径 $R(l)$，可获得 c 值和底部面积 $A(l)$；给定体积 V 后，可通过式（3.88）和式（3.89）联立求解出 B 和 A，相关参数代入式（3.87），就可获得最小阻力船型体在每个 x 站位的面积 $A(x)$，通过 $A(x) = \pi R^2(x)$ 即可求出 $R(x)$。图 3.5 为马赫数 2，底部半径 0.1，无量纲体积 0.015 和 0.02 时的 Harder 和 Rennemann 最小阻力曲线构型。Harder 和 Rennemann 最小阻力曲线，生成方法较为简洁，可以通过不同底部半径和体积灵活生成，相同底部半径时，可以通过调节体积

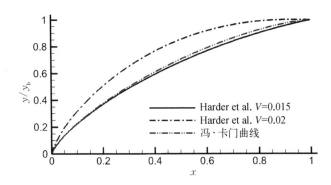

图 3.5　不同体积系数下的 Harder 和 Rennemann 最小阻力船型体曲线图

调控曲线的饱满程度。

3.5　最小阻力管状前体

本节首先研究给定唇口、底部半径和体积约束,管状前体的最小阻力构型,然后给出体积不受约束条件下的结果。

由于唇口和底部的半径给出,子午线必须通过点 $(\beta y_i, y_i)$ 和 $(1 + \beta y_i, y_b)$(图 3.3)。式(3.6)的右端常数项为 $-y_i^2/2$。于是,给定直径条件表述为

$$\int_0^{\Delta z} \left[(1 + \beta y_i - \xi) f(\xi) / g(\xi, 1 + \beta y_i, y_b) \right] \mathrm{d}\xi - (y_b^2 - y_i^2)/2 = 0 \quad (3.90)$$

这里 $\Delta z = z_b - z_i = 1 - \beta(y_b - y_i)$。采用分步积分可得式(3.90)等价于

$$\int_0^{\Delta z} \dot{f}(\xi) g(\xi, 1 + \beta y_i, y_b) \mathrm{d}\xi - (y_b^2 - y_i^2)/2 = 0 \quad (3.91)$$

此外,采用 3.4 节类似的方法,可以近似获得由进口截面、底部截面和外部型线组成的封闭体的体积为

$$\int_0^{\Delta z} (1 + \beta y_i - \xi) \dot{f}(\xi) g(\xi, 1 + \beta y_i, y_b) \mathrm{d}\xi - (V/\pi - y_i^2) = 0 \quad (3.92)$$

由前述的关系式,确定最优源项分布的问题可表述为:在满足初始条件 $f(0) = 0$ 和条件式(3.91)和式(3.92)的一系列函数 $f(\xi)$ 中,找到一个特殊的函数使得积分式(3.15)最小。显然,这个问题等价于最小化方程:

$$I = \int_0^{\Delta z} \int_0^{\Delta z} \dot{f}(\xi) \dot{f}(\eta) \operatorname{arcosh} \left| \frac{(1 + \beta y_i - \xi)(1 + \beta y_i - \eta) - (\beta y_b)^2}{\beta y_b(\xi - \eta)} \right| \mathrm{d}\xi \mathrm{d}\eta$$

$$+ 2 \int_0^{\Delta z} [\lambda_1 + \lambda_2(1 + \beta y_i - \xi)] \dot{f}(\xi) g(\xi, 1 + \beta y_i, y_b) \mathrm{d}\xi$$

$$(3.93)$$

采用与 3.4 节一致的方法, 由此得到如下关系:

$$G(\xi) - \lambda_1 - \lambda_2(1 + \beta y_i - \xi) = 0 \qquad (3.94)$$

这里,

$$G(\xi) = \int_0^{\Delta z} [f(\eta)/(\xi - \eta) g(\eta, 1 + \beta y_i, y_b)] \mathrm{d}\eta \qquad (3.95)$$

满足 $f(0) = 0$ 条件的该积分方程的解为

$$f(\xi) = (a_1 + a_2\xi) \sqrt{\xi(1 + \beta y_i + \beta y_b - \xi)} \qquad (3.96)$$

这里与 λ_1、λ_2 相关的常数 a_1、a_2 满足下式:

$$a_1 = -\lambda_1/\pi - (\lambda_2/2\pi)(3 + \beta y_i - \beta y_b), \qquad a_2 = \lambda_2/\pi \qquad (3.97)$$

关于二阶变分的符号, 前述的相关考虑仍然有效, 仍满足 $\delta^2 I > 0$ 的要求。

3.5.1   子午线和阻力系数

和通常一样, a_1, a_2 的值可以通过满足式(3.91)和式(3.92)来获得。由此推断:

$$(4/\pi)(y_b^2 - y_i^2) = a_1(1 + \beta y_i - \beta y_b)(1 + \beta y_i + 3\beta y_b)$$

$$+ (a_2/2)(1 + \beta y_i - \beta y_b)^2(1 + \beta y_i + 5\beta y_b)$$

$$(8/\pi^2)(V - \pi y_i^2) = a_1(1 + \beta y_i - \beta y_b)(1 + \beta y_i + \beta y_b)^2 \qquad (3.98)$$

$$+ (a_2/8)(1 + \beta y_i - \beta y_b)^2[(1 + y\beta_i)$$

$$(3 + 3\beta y_i + 10\beta y_b) + 11(\beta y_b)^2]$$

由这些方程可得

$$a_1 = -(4/\pi)(y_b^2 - y_i^2)H_1 + (8/\pi^2)(V - \pi y_i^2)K_1$$

$$a_2 = +(4/\pi)(y_b^2 - y_i^2)H_2 - (8/\pi^2)(V - \pi y_i^2)K_2$$

$$(3.99)$$

这里, H_1、K_1、H_2、K_2 由式 (3.75) 确定, 其中,

$$\varphi_1 = (1/8)(1 + \beta y_i - \beta y_b)^2 \left[(1 + \beta y_i)(3 + 3\beta y_i + 10\beta y_b) + 11(\beta y_b)^2 \right]$$

$$\psi_1 = (1/2)(1 + \beta y_i - \beta y_b)^2 (1 + \beta y_i + 5\beta y_b)$$

$$\varphi_2 = (1 + \beta y_i - \beta y_b)(1 + \beta y_i + \beta y_b)^2$$

$$\psi_2 = (1 + \beta y_i - \beta y_b)(1 + \beta y_i + 3\beta y_b)$$

$$(3.100)$$

当 a_1、a_2 确定后, 子午线可以通过如下关系获得:

$$(y^2 - y_i^2)/2 = \int_0^z \left[(x - \xi)/g(\xi, x, y) \right] (a_1 + a_2\xi) \sqrt{\xi(1 + \beta y_i + \beta y_b - \xi)} \, \mathrm{d}\xi$$

$$(3.101)$$

阻力系数为

$$C_D y_b^2 / \pi = \int_0^{\Delta z} \left[2a_1 + a_2(1 - \beta y_i - \beta y_b + 2\xi) \right] \dot{f}(\xi) g(\xi, 1 + \beta y_i, y_b) \, \mathrm{d}\xi$$

$$(3.102)$$

3.5.2 给定长度和直径

如果长度和直径给定, 体积自由, 乘子 λ_2 消失, $a_2 = 0$。 于是源项分布可写为

$$f(\xi)/a_1 = \sqrt{\xi(1 + \beta y_i + \beta y_b - \xi)} \tag{3.103}$$

这里常数 a_1 为

$$a_1 = \left[4(y_b^2 - y_i^2)/\pi \right] (1 + \beta y_i - \beta y_b)(1 + \beta y_i + 3\beta y_b) \tag{3.104}$$

子午线的形状由如下关系给出:

$$(y^2 - y_i^2)/2a_1 = \int_0^z \left[(x - \xi)/g(\xi, x, y) \right] \sqrt{\xi(1 + \beta y_i + \beta y_b - \xi)} \, \mathrm{d}\xi$$

$$(3.105)$$

其中, $z = x - \beta y$; $\beta = \sqrt{Ma^2 - 1}$; $g(\xi, x, y) = \sqrt{(x - \xi)^2 - (\beta y)^2}$, 对应的阻力系数为

$$C_D = 4(y_b^2 - y_i^2)/(1 + \beta y_i - \beta y_b)(1 + \beta y_i + 3\beta y_b) \tag{3.106}$$

取如下两组参数,外形如图 3.6 所示。

$$
\begin{aligned}
&(a)\ \beta = 1, \qquad y_i = 1/3, \quad y_b = 7/12 \\
&(b)\ \beta = 5/3, \quad y_i = 1/5, \quad y_b = 7/20
\end{aligned}
\tag{3.107}
$$

对应的阻力系数,对于(a), $C_D = 0.396$,对于(b), $C_D = 0.142$。

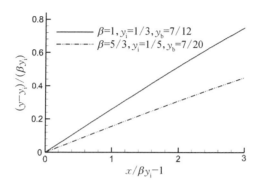

图 3.6　给定长度和直径的最小阻力管状前体子午线

3.6　数值优化最小阻力旋成体

在低阻旋成体数值寻优方面,Zandbergen[18]假定旋成体头部为锥形,采用特征线法计算外形阻力,优化型线分布。Powers[19]基于牛顿撞击理论的低阻外形,结合球形头部半径和扰动多项式,采用特征线法计算压阻系数,获得的最小阻力构型与 3/4 幂指数体近似。Fink[20]采用高超声速小扰动近似和激波膨胀波法[21],通过数值优化方法,获得了以 25 个离散点表征的低高超声速低阻旋成体外形。Mason 和 Lee[22]对马赫数 4~8、长细比 3 和 5 的最小阻力外形进行了分析,结果表明幂指数 0.69(对应长细比 3)和 0.7(对应长细比 5)时的阻力比理论外形(幂指数 0.75 或 0.66)更小,并证实黏性效应和气体模型对结论的影响不明显。Sahai 等[23]采用改进的 Newtonian 理论用于计算表面压力,采用贝塞尔曲线描述旋成体外形,采用最速下降法优化阻力曲线,表明小长细比时最优外形为钝头体,而大长细比时为尖头,临界长细比约为 3。Brahmachary 等[24]针对长细比为 1 的旋成体构型,开展了基于改进的 Newtonian 理论和 CFD 仿真的最小阻力混合优化问题研究,旋成体采用三阶贝塞尔曲线参数化,结果表明基于贝塞尔曲线的结果比基于幂指数曲线的结果的阻力更小,不同马赫数($Ma = 2$ 、3、4、

5)时最优外形是相同的。Lamar 和 Brett[25]考察了 Karman 拱形线、幂指数体、锥形体,在长细比 2~4,攻角 0°~10°,马赫数 3、4.5、6 时的气动性能,指出在测试条件下 0.7 的幂指数体性能优于大部分几何外形。唐伟等[26]分别计算了锥形、圆弧形、抛物形、指数形和 Karman 拱形线 5 种母线线型旋成体弹头的气动特性并进行了对比分析。王唯和陈志华[27]使用未经修正的牛顿撞击理论,运用三次参数样条拟合旋成体母线获得了以特征点表示的母线方程,以最小化气动阻力为优化目标,完成了旋成体气动外形的优化设计。

本节采用数值寻优的方式寻找最优旋成体构型,优化目标是使波阻最小,暂不考虑摩阻、底阻和热流的影响,这样做的好处是便于和现有理论最优构型做对比。在马赫数 2~10、长细比 1~10 的跨速域、宽长细比条件下,选取两种参数化表达形式,开展最小阻力构型的优化。将优化结果同理论结果进行对比,证实理论最小阻力构型还有进一步优化的空间;采用的 g_1 参数化曲线[28],可获得比指数曲线更小的阻力;给出宽速域、宽长细比的最优构型的数据表,为精细化最小阻力构型的获取提供依据。

数值优化策略的基石是高效、高可信度的气动分析方法、高效优化软件、优化外形的合理参数化描述及数值求解网格的自动生成技术。下面针对各部分内容分别进行介绍。

3.6.1 优化流程构建

本节采用第 1 章介绍的基于 PNS 方程的超声速流动空间推进 CFD 软件 SMPNS 作为数值评估工具,该软件的可靠性和高效性得到了充分验证[29, 30],且可在时间迭代和空间推进解算方式上进行按需切换。

本节使用成熟的 NSGA - Ⅱ 遗传算法,全称为 Non-dominated Sorting Genetic Algorithm - Ⅱ。该算法是 Deb 等[31]对 NSGA 遗传算法做的改进,被认为是目前最有效的多目标遗传算法之一,获得了广泛的应用[32],作者也成功将该方法应用于高超声速飞行器后体尾喷管等问题的研究中,并取得良好效果[33-35]。本节对旋成体进行最小阻力优化设计,其中种群规模取为 20,进化代数为 10。

气动外形优化中的一个重要环节是外形的参数化,即用一个特定的表达式和有限个控制参数来描述所优化的外形,一方面控制参数应尽可能少,以降低优化过程的工作量;另一方面,随着参数的变化,所用表达式应该能描述更多的几何外形,以提高设计空间的可达性。目前,文献中常用的参数化方法有 Hicks - Hennet[36]型函数方法、CST 参数化方法[37, 38]等,它们在翼型的优化中得到了广泛应用。

本节采用如下两种参数化方式来表达旋成体。一种是幂次型表达式,即

$$y/y_b = x^n \tag{3.108}$$

研究表明[39],对于同样的长细比 $\lambda = l/d$,在最大容积的情况下,带有指数 $n = 0.6 \sim 0.75$ 的幂次型旋成体,比起等价的锥体、卡门头部和尖头的抛物线形体或卵体,具有更小的阻力,但指数具体的数值,随来流参数、长细比及相关的优化方法,有所不同。

另一种参数化曲线方法采用文献[28]中的 g_1 曲线:

$$y/y_b = \left[1 - (1-x)^f\right]^e \left[1 - b + (b-a)x\right] + ax \tag{3.109}$$

上述外形的控制参数范围为 $a \in [0, 3]$,$b \in [0, 2]$,$e \in [0.6, 2]$,$f \in [0.8, 3]$,图 3.7 为底部半径为 0.1,不同控制参数对应的 g_1 曲线形状,可见通过参数调节,g_1 曲线可以获得较为丰富的曲线样本空间。

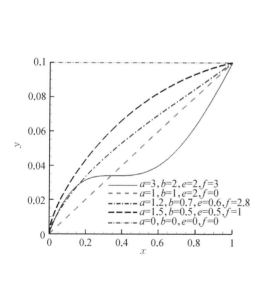

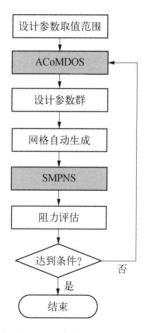

图 3.7　不同设计参数时的 g_1 曲线构型　　图 3.8　最小阻力旋成体优化平台框架示意图

作者基于自主开发的高效、高可信度空间推进 CFD 数值模拟软件 SMPNS、多目标优化软件 ACoMDOS[40]、旋成体参数化方案及网格自动生成程序,搭建了高效高可信度最小阻力旋成体设计优化平台,如图 3.8 所示。在目前流行单机

环境下,十数秒完成一次自动设计循环,相较传统时间迭代 CFD 设计效率显著提高,相较传统代理模型等设计优化策略,可信度高,设计流程直观简洁。

3.6.2　优化流程测试

首先针对网格无关性进行了测试。针对 $y/y_b = x^n$ 参数化构型,取 $y_b = 0.1$,$n = 0.75$,来流马赫数 $Ma_\infty = 6$,采用自研 SMPNS 软件开展不同疏密度网格的流场计算,使用参数 $C'_D = C_D \times (l/d)^2$ 作为归一化的无量纲阻力系数,$C_D = F_x/(0.5\rho v^2 A)$,$A$ 为旋成体底部面积,结果如表 3.1 所示。从结果来看,计算网格无关性较好,评估误差不超过 0.2%。本节选取中等规模网格开展设计优化。

表 3.1　优化平台阻力评估网格无关性测试

网　格　规　模	阻　力　系　数
101×101	0.559 4
151×151	0.558 8
201×201	0.559 5

本小节给出一个优化收敛的例子。图 3.9 给出了马赫数 6、长细比 5 时,最小阻力 x^n 曲线优化收敛过程中指数 n 的收敛过程及对应的阻力系数,可以看出第 1 代到第 2 代收敛很快,随后收敛平缓,第 5 代就已经接近收敛了,第 10 代时

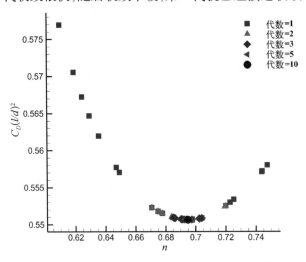

图 3.9　马赫数 6、长细比 5 时的最小阻力幂指数优化结果

指数 n 已收敛到最小阻力值。

3.6.3　不同马赫数的优化结果

表 3.2 给出了长细比 $l/d = 8$ 时, 不同来流马赫数的最小阻力曲线的阻力对比, 从表中可以看出, 随着马赫数的增加, 阻力系数都是减小的, x^n 指数在不同马赫数时的数值为 $0.638 \sim 0.696$, 且随马赫数的增加, 指数增大。综合来看, 冯·卡门曲线在各最小阻力曲线中的阻力是最大的, 最小阻力 g_1 曲线在各马赫数下的阻力最小, 表 3.3 给出了最小阻力 g_1 曲线对应的型线参数。图 3.10 为长细比 8 时, 各个最小阻力曲线的阻力系数随马赫数的变化关系, 在高马赫数段, x^n 优化结果和 g_1 曲线优化结果比较接近, 在低马赫数段, g_1 曲线阻力更优。

表 3.2　不同最小阻力型线阻力特性对比 (固定长细比 $l/d=8$)

Ma	冯·卡门曲线	Parker 曲线	x^n $n = 3/4$	x^n $n = 2/3$	x^n 优化	g_1曲线
2	0.876 8	0.883 5	0.941 8	0.887 1	0.881 7 $n = 0.638$	0.824 5
4	0.782 9	0.716 9	0.743 1	0.723 0	0.722 4 $n = 0.670 7$	0.708 7
6	0.720 5	0.651 1	0.651 0	0.642 0	0.639 9 $n = 0.685$	0.635 3
8	0.674 6	0.611 8	0.593 8	0.589 2	0.585 9 $n = 0.693$	0.584 5
10	0.639 8	0.572 1	0.554 1	0.551 3	0.547 4 $n = 0.696$	0.546 9

表 3.3　长细比 $l/d=8$ 时 g_1 曲线最终优化的参数

Ma	a	b	e	f
2	0.991 4	0.368 5	0.563 3	0.610 5
4	0.325 2	0.563 1	0.641 8	2.291

Ma	a	b	e	f
6	0.352 7	0.647 4	0.605 4	2.728
8	0.698 8	0.653 2	0.568 7	1.883
10	1.277 9	0.777 1	0.449 1	1.334 4

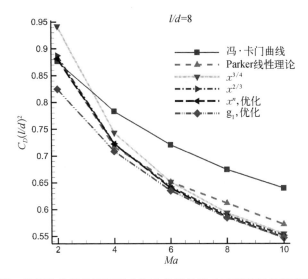

图 3.10　长细比 8 时的不同最小阻力曲线的阻力系数随马赫数变化关系

　　表 3.4 为 $l/d = 5$ 时不同最小阻力曲线阻力系数的对比,表 3.5 为优化得到的对应 g_1 最小阻力曲线的参数,图 3.11 为长细比 5 时的各最小阻力曲线阻力系数随马赫数的变化关系。可以看出,优化 g_1 曲线的性能综合最优,冯·卡门曲线在各马赫数下的阻力相对较大。

表 3.4　不同最小阻力曲线阻力特性对比(固定长细比 $l/d = 5$)

Ma	冯·卡门曲线	Parker曲线	x^n $n = 3/4$	x^n $n = 2/3$	x^n优化	g_1曲线
2	0.817 4	0.762 0	0.815 0	0.781 4	0.778 8 $n = 0.646$	0.751 7
4	0.704 3	0.632 7	0.637 7	0.626 5	0.624 9 $n = 0.679\ 6$	0.617 5

续 表

Ma	冯·卡门曲线	Parker曲线	x^n $n = 3/4$	x^n $n = 2/3$	x^n优化	g_1曲线
6	0.640 2	0.566 6	0.558 8	0.553 8	0.550 7 $n = 0.695\ 4$	0.547 1
8	0.598 5	0.524 8	0.512 4	0.509 4	0.505 6 $n = 0.696\ 2$	0.502 5
10	0.570 0	0.496 4	0.482 0	0.479 4	0.475 6 $n = 0.697\ 1$	0.472 4

表 3.5 长细比 $l/d = 5$ 时 g_1 曲线最终优化的参数

Ma	a	b	e	f
2	0.087 0	0.507 3	0.618 5	2.354 6
4	1.424 4	0.787 2	0.368 7	0.998 1
6	0.457 9	0.701 2	0.535 5	2.919 7
8	0.789 4	0.730 6	0.504 5	2.576 2
10	0.976 4	0.755 7	0.496 4	2.540 6

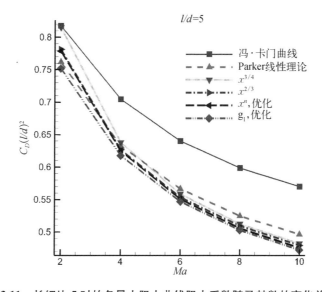

图 3.11 长细比 5 时的各最小阻力曲线阻力系数随马赫数的变化关系

3.6.4　不同长细比的优化结果

表 3.6 给出了马赫数 2，长细比从 10 到 1 的最小阻力曲线阻力系数的变化关系。表 3.7 为马赫数为 2 时 g_1 曲线最终优化的参数。图 3.12 为马赫数为 2 时各最小阻力曲线阻力系数随长细比的变化关系。

表 3.6　不同最小阻力曲线阻力特性对比（$Ma=2$）

长细比	冯·卡门曲线	Parker曲线	x^n $n=3/4$	x^n $n=2/3$	x^n优化	g_1曲线
10	0.899 8	0.861 9	1.002	0.937 2	0.929 0 $n=0.635$	0.850 2
8	0.876 8	0.833 5	0.941 8	0.887 1	0.881 7 $n=0.638$	0.824 5
5	0.817 4	0.762 0	0.815 0	0.781 4	0.778 8 $n=0.647$	0.751 7
4	0.778 5	0.724 2	0.760 4	0.728 8	0.726 8 $n=0.648$	0.707 9
2	0.629 4	0.600 0	0.589 5	0.567 9	0.564 0 $n=0.627$	0.552 0
1	0.428 6	0.498 6	0.421 1	0.396 6	0.383 6 $n=0.611$	—

表 3.7　$Ma=2$ 时 g_1 曲线最终优化的参数

长细比	a	b	e	f
10	1.030 6	0.406 9	0.585 8	0.723 3
8	0.991 4	0.368 5	0.566 3	0.610 5
5	0.870 8	0.507 3	0.618 5	2.354 6
4	0.956 9	0.426 9	0.514 1	0.595 0
2	9.25×10^{-5}	0.619 4	0.387 0	2.690 5

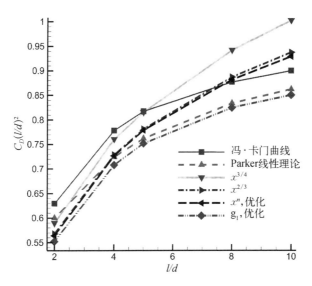

图 3.12　各最小阻力曲线阻力系数随长细比的变化关系（$Ma=2$）

表 3.8 给出了马赫数 6，长细比从 10 到 1 的最小阻力曲线阻力系数的变化关系。表 3.9 为马赫数为 6 时 g_1 曲线最终优化的参数。图 3.13 为马赫数为 6 时各最小阻力曲线随长细比的变化关系。从图中可以看出，优化 g_1 曲线的阻力性能还是综合最优的，冯·卡门曲线在高马赫数时的效果欠佳。表中的斜杠表示在长细比 1 时，无法取得有效的结果。

表 3.8　不同最小阻力型线阻力特性对比（$Ma=6$）

长细比	冯·卡门 曲线	Parker 曲线	x^n $n=3/4$	x^n $n=2/3$	x^n优化	g_1曲线
10	0.756 8	0.686 2	0.699 2	0.686 8	0.684 8 $n=0.682$	0.676 1
8	0.720 5	0.651 1	0.651 0	0.642 0	0.639 9 $n=0.685$	0.635 3
5	0.642 0	0.591 3	0.558 8	0.553 8	0.550 7 $n=0.695$	0.547 1
4	0.597 2	0.576 5	0.520 1	0.515 9	0.513 1 $n=0.692$	0.508 1

长细比	冯·卡门曲线	Parker曲线	x^n $n=3/4$	x^n $n=2/3$	x^n优化	g_1曲线
2	0.493 1	0.679 9	0.427 1	0.413 0	0.412 3 $n=0.670$	0.404 1
1	0.369 8	1.633 9	0.335 5	0.318 6	/	/

表 3.9　$Ma=6$ 时 g_1 曲线最终优化的参数

长细比	a	b	e	f
10	0.350 1	0.612 7	0.637 2	2.547 6
8	0.352 7	0.647 4	0.605 4	2.728 3
5	0.457 9	0.701 2	0.535 5	2.919 7
4	1.130 7	0.743 1	0.428 5	1.344 3
2	1.434 4	0.783 9	2.802 1	1.465 6

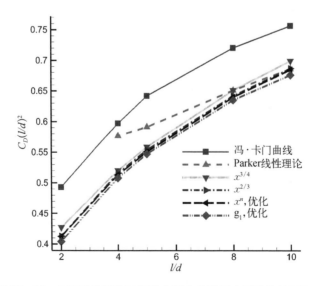

图 3.13　$Ma=6$ 不同长细比时各最小阻力曲线阻力系数比较($Ma=6$)

　　图 3.14 给出了 $Ma=6$、长细比 5 时不同最小阻力构型外形的比较,可见冯·卡门曲线最为饱满,Parker 曲线较消瘦,x^n 优化构型 g_1 曲线优化构型比较接近,

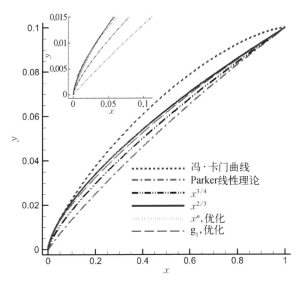

图 3.14　$Ma=6$、长细比 5 时不同最小阻力构型外形比较

在头部放大区域可看出 g_1 曲线要更加饱满些。

综合来讲,冯·卡门曲线只适合低超声速、大长细比,只在 $Ma=2$、长细比 8 和 10 时性能优于 x^n 的优化结果,其余效果较差。Parker 线化理论给出的曲线也适合低超声速,大长细比,在马赫数 $Ma=2$、4 且大长细比时,性能优于 x^n 的优化结果,随着马赫数增大,长细比减小,性能降低。两条曲线的表现是由于它们都是在超声速小扰动线化理论下推导出的,Parker 理论更精细,所以适用范围比冯·卡门曲线稍广。

幂指数曲线 $x^{2/3}$ 和 $x^{3/4}$ 适合高超声速大长细比,并且前者性能优于后者,这是由于两者都是基于牛顿撞击理论推导出来的,只不过 $x^{2/3}$ 使用了 Busemann 修正的牛顿理论,考虑了头部激波弯曲带来的离心力的影响。

x^n 曲线优化的结果较 $x^{2/3}$ 略优,一方面验证了理论结果的可靠性,另一方面证实理论结果还有一定优化空间。g_1 曲线优化结果在考察的所有马赫数和长细比范围内性能最好。

3.7　本章小结

最小阻力构型理论是高速飞行器布局设计技术的理论起点,自 20 世纪 30~

40 年代以来,研究人员分别在超声速、低高超声速、高超声速等速域范围内,采用近似流动理论、数值仿真、变分或数值优化等技术,获得了各速域范围内的多类最小阻力构型。当前,高速飞行技术成为学术和工程界研究的热点,多种新型乘波体、乘波体与进气道的一体化、高超一体化气动布局等技术被研究人员提出并加以研究,大大丰富了高速飞行器的布局设计手段,为新型高速飞行器的创新发展提供了先进布局和创新方法支撑。然而越是此时,越应该回到高速飞行器设计技术的理论起点,详细审视最小阻力体构型的发展历程和技术细节,回顾和消化吸收面向高速气动布局设计的最小阻力技术的理论基础,为更多高速气动布局设计理论的创新打牢根基。因此本章介绍了最小阻力封闭体、最小阻力前体/最小阻力船型体、最小阻力管状前体的理论设计方法,这些最小阻力构型的设计都采用了线化超声速理论,基于旋成体阻力表达的泛函,采用变分技术,获得最小阻力构型的数学表达式。由于在求解最小阻力问题中,采用了诸多近似,例如流动线性化的近似、阻力表达式的近似等,应该讲获得的构型是在一定近似假设下的最小阻力型线。并且只有少数最小阻力问题,如 Sears‐Haack 体、Lighthill 体、冯·卡门曲线等,可以获得较为简单的解析表达,其他的最小阻力型线都需要采用数值积分来获得相应型线构型。本章进一步基于参数化建模及 CFD 仿真的优化技术,对 x^n 和 g_1 曲线描述的型线进行了优化研究,在精细数值仿真的加持下,可以获得比近似最小阻力理论阻力更小的旋成体型线,可为基于最小阻力型线的高超声速气动布局设计提供更优的基本构型基础。

参考文献

[1] von Karman T. The problem of resistance in compressible fluids [C]. Roma: Reale Accademia d'Italia, di Scienze Fisiche, Matematiche e Naturali sul tema: Le Alte in Aviazione, 1935: 210‐265.

[2] Ferrari C. On the determination of the projectile of minimum wave drag, parts 1 and 2 (in Italian) [J]. Atti della Reale Accademia delle Scienze di Torino, 1939: 74‐75.

[3] Ferrari C. On the problem of the fuselage and the ogive of minimum wave drag (in Italian) [J]. Atti della Accademia delle Scienze di Torino, 1949, 84: 50.

[4] Ferrari C. On the determination of the external form of the axisymmetric duct of minimum drag in linearized supersonic flow for given conditions imposed on the meridian contour (in Italian) [R]. Memorie della Accademia delle Scienze di Torio, 1955.

[5] Haack W. Projectile shape for smallest wave drag [M]. Ohio: U. S. Air Materiel Command, 1948.

[6] Lighthill M J. Supersonic flow past bodies of revolution [R]. London: Report Memoranda Aeronautical Research Coucil No. 2003, 1945.

[7] Sears W R. On projectiles minimum wave drag[J]. Quarterly of Applied Mathematics, 1947, 4(4) : 361 - 366.

[8] Adams M C. Determination of shape of boattail bodies of revolution for minimum drag[R]. NACA - TN - 2550, 1951.

[9] Parker H M. Minimum-drag ducted and pointed bodies of revolution based on linearized supersonic theory[R]. NACA - TR - 1213, 1955.

[10] Parker H M. Minimum-drag ducted and closed three-point body of revolution based on linearized supersonic theory[R].NACA - TN - 3704, 1956.

[11] Harder K C, Rennemann C Jr. On Boattail bodies of revolution having minimum wave drag [R]. NACA - TR - 1271, NACA - TN - 3478, 1956.

[12] Heaslet M A. The minimization of wave drag for wings and bodies with given base area or volume[R]. NACA - TN - 3289, 1957.

[13] Heaslet M A, Fuller F B. Drag minimization for wings and bodies in supersonic flow[R]. NACA - TR - 1385, 1958.

[14] Soehngen H. The solutions of the integral equation and its application to wing theory (in German)[J]. Mathematische Zeitschrift, 1939, 45(2).

[15] Tricomi F G. On the finite hilbert transformation[J]. Quarterly Journal of Mathematics, 1951, 2(7) : 199 - 221.

[16] Tricomi F G. Elliptic functions (in Italian), Vol. 2 [M]. Bologna : Nicola Zanichelli Editore, 1950.

[17] Erdelyi A, Magnus W, Oberhettinger F, et al. Higher transcendental functions, Vol. 2[M]. New York : McGraw-Hill Book Company, 1953.

[18] Zandbergen P J. On the determination of optimum shapes with finite nose angles [R]. Amsterdam : National Aeronautical and Astronautical Research Institute, Report NLR - TR G. 30, 1964.

[19] Powers S A. Drag minimization using exact methods [J]. AIAA Journal, 1964, 2 (5) : 941 - 943.

[20] Fink M R. Hypersonic minimum-drag slender bodies of revolution[J]. AIAA Journal, 1966, 4 (10) : 1717 - 1724.

[21] Savin R C. Application of the generalized shock-expansion method to inclined bodies of revolution traveling at high supersonic airspeeds[R]. NACA - TN - 3349, 1955.

[22] Mason W H, Lee J. Minimum drag axisymmetric bodies in the supersonic /hypersonic flow regimes[J]. Journal of Spacecraft and Rockets, 1994, 31(3) : 406 - 413.

[23] Sahai A, John B, Natarajan G. Effect of fineness ratio on minimum-drag shapes in hypersonic flows[J]. Journal of Spacecraft and Rockets, 2014, 51(3) : 900 - 907.

[24] Brahmachary S, Natarajan G, Sahoo N. A Hybrid aerodynamic shape optimization approach for axisymmetric body in hypersonic flow[C]. Kanpur : 5th International Fluid Mechanics and Fluid Power, 2014.

[25] Lamar M, Brett W. Supersonic and hypersonic minimum drag for bodies of revolution[C]. Oriando : 21st Applied Aerodynamics Conference, 2003.

［26］唐伟,江定武,桂业伟,等.旋成体导弹头部母线线型的选择问题研究［J］.空气动力学报,2010,28(2)：218 - 221.

［27］王唯,陈志华.基于参数样条的旋成体局部气动外形优化设计［J］.弹箭与制导学报,2011,31(3)：177 - 179.

［28］Sobieczky H, Stroeve J. Generic supersonic and hypersonic configurations［C］. Baltimore：9th Applied Aerodynamics Conference, 1991.

［29］贺旭照,乐嘉陵,宋文艳.超声速化学反应流动的 LU - SGS 伪时间迭代空间推进求解［J］.航空动力学报,2010,25(5)：1043 - 1048.

［30］贺旭照,乐嘉陵.空间推进方法求解抛物化 Navier - Stokes 方程及其验证［J］.空气动力学学报,2007,26(2)：189 - 193.

［31］Deb K, Pratap A, Agarwal S, et al. A fast and elitist multiobjective genetic algorithm：NSGA - Ⅱ［J］. IEEE Transactions on Evolutionary Computation, 2002, 6(2)：182 - 197.

［32］黄轩晴.低雷诺数风力机翼型性能分析与优化研究［D］.湘潭：湘潭大学,2017.

［33］贺旭照,张勇,汪广元,等.高超声速飞行器单壁膨胀喷管的自动优化设计［J］.推进技术,2007,28(2)：148 - 151.

［34］周正,倪鸿礼,贺旭照,等.基于 Rao 方法的二维单壁膨胀喷管优化设计［J］.推进技术,2009,30(4)：451 - 456.

［35］贺旭照,倪鸿礼,周正,等.吸气式高超声速飞行器三维后体尾喷管优化设计［J］.推进技术,2009,30(6)：687 - 690.

［36］Raymond M H, Preston A H. Wing design by numerical optimization［J］. Journal of Aircraft, 1978, 15(7)：407 - 412.

［37］Brenda M K, John E B. Fundamental parametric geometry representations for aircraft component shapes［C］. Portsmouth：11th AIAA/ISSMO Multidisciplinary Analysis and Optimization Conference, 2006.

［38］Brenda M K. Universal parametric geometry representation method［J］. Journal of Aircraft, 2008, 45(1)：142 - 158.

［39］安复兴,于德宾.幂次形旋转体超音速空气动力学［M］.北京：国防工业出版社,1978.

［40］空天技术研究所.飞行器部件多目标优化设计软件［简称：ACoMDOS］V1.0［P］.5009039,2000.

第 4 章

密切直激波乘波体

在满足容积装载等工程约束下的升阻比是衡量飞行器气动性能的重要指标。乘波体是高超声速飞行器的理想气动布局方案,理论上乘波体的压缩下表面激波完全贴体,下表面的高压流动不会绕过前缘向上表面"溢流",下表面的高压流动产生很大的升力,因此产生较高的升阻比。根据已有超声速飞行器的最大升阻比数据,Kuchemann[1]外推出了高超声速飞行器的升阻比变化趋势为 $(L/D)_{max} = 4(Ma_\infty + 3)/Ma_\infty$,极限情况下的升阻比为 4,并认为常规气动布局存在高超声速升阻比"屏障"。但是乘波构型却打破了该升阻比的"屏障",使得极限升阻比可达 6 以上,$(L/D)_{max} = 6(Ma_\infty - 2)/Ma_\infty$,因此乘波构型具有很大的潜在应用前景。

乘波构型设计最重要的思想是认为在无黏流场中,无黏流线(面)可以等价替代无黏物面。乘波构型构造中,需要首先构造一个基准流场,然后在基准流场的激波面上选取一条曲线,形成乘波构型的前缘曲线,从前缘曲线出发向下游进行流线追踪至所需长度,所形成的流面就是乘波构型的下压缩表面。构造乘波体下压缩表面时,也可以先确定乘波体出口位置的压缩面底部型线,由底部型线出发向上游逆流动方向追踪流线至激波面,所得流线组合即可构造乘波构型的下压缩表面。乘波构型的上表面一般由通过前缘曲线的自由流面构成。

本章系统介绍基于直激波的乘波体设计方法和相应设计结果,包括直锥乘波体、密切直锥乘波体、密切内锥乘波体及密切曲面锥乘波体,用于这些乘波体设计的基准流场,都包含了一道直激波压缩结构。为便于乘波体设计概念的引入,本章首先介绍直锥乘波构型的设计方法及相关结果,然后介绍密切锥乘波体的设计方法及相关结果,进一步将直激波乘波体的设计方法拓展到内锥领域,介绍作者发展的密切内锥乘波体设计方法及相关结果,之后介绍作者发展的包含直激波、等熵压缩波及过渡区的密切曲锥乘波体的设计方法及相关结果,最后是本章小结。

4.1 直锥乘波体

直锥乘波构型的基准流场为无迎角圆锥流场,直锥乘波构型的前缘位于锥形激波面上,在基准流场中经过前缘线向下游追踪流线,流线形成的流面便是乘波构型的下表面。直锥乘波体上表面为经过前缘型线的自由流面,底面采用等流向站位截面封闭。

4.1.1 直锥流场求解

要设计直锥乘波体,首先要进行直锥流场的求解。锥形流动的控制方程,称为 Taylor – Maccoll 方程,具体形式为[2]

$$
\frac{\mathrm{d}\bar{u}^*}{\mathrm{d}\varphi} = \bar{v}^*
$$

$$
\frac{\mathrm{d}\bar{v}^*}{\mathrm{d}\varphi} = -\bar{u}^* + \frac{(a/a^*)^2(\bar{u}^* + \bar{v}^*\cot\varphi)}{(\bar{v}^*)^2 - (a/a^*)^2}
$$

$$(4.1)$$

式(4.1)是在球坐标系中的表达式,$\bar{u}^*$ 和 $\bar{v}^*$ 是无量纲速度,定义如下:

$$
\bar{u}^* \equiv \frac{\bar{u}}{a^*}, \quad \bar{v}^* = \frac{\bar{v}}{a^*}
$$

$$(4.2)$$

式中,a^* 是自由来流的临界速度,定义如下:

$$
\left(\frac{a}{a^*}\right)^2 = \frac{\gamma + 1}{2} - \frac{\gamma - 1}{2}Ma^{*2}, \quad Ma^{*2} = \left(\frac{V}{a^*}\right)^2 = \bar{u}^{*2} + \bar{v}^{*2}
$$

$$(4.3)$$

由式(4.1)可以看出锥型流场的特点的是,流场参数仅依赖球面角 φ,而与半径无关,也就是沿着从锥顶点出发的射线,其上的流动参数固定不变。锥形流的流场结构及相关参数如图 4.1 所示。

我们关心的问题是:给定自由来流速度 V_1、压力 p_1、温度 t_1 和半锥角 δ_c 时,来确定激波角 ε 和速度分布 $\bar{u}(\varphi)$、$\bar{v}(\varphi)$。然而,在这种情况中 $\bar{u}$、$\bar{v}$ 的初值在激波后面(由于 ε 是未知的)或锥面上都是不确定的。因此,为了确定这个解,要有一个迭代的过程,本书使用的迭代过程如下。

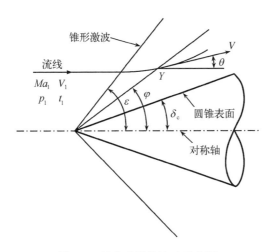

图 4.1　超声速圆锥流动示意图

（1）假定激波角 ε 第一次试算值。通常取为

$$\varepsilon^{(1)} = \delta_{\mathrm{c}} + \frac{\alpha_1}{2} \tag{4.4}$$

其中，α_1 是自由流马赫角，$\alpha_1 = \sin^{-1}(1/Ma_1)$。

（2）根据自由流参数及假定的激波角 ε 计算紧靠斜激波下游处的流动参数 $\bar{u}_{\mathrm{s}}^*$ 和 $\bar{v}_{\mathrm{s}}^*$（由斜激波关系式可以得到），具体如下：

$$
\begin{aligned}
Ma_1^* &= \left[\frac{(\gamma+1)Ma_1^2}{2+(\gamma-1)Ma_1^2} \right]^{1/2} \\[2mm]
\frac{\rho_1}{\rho_2} &= \frac{\tan\beta}{\tan\varepsilon} = \frac{2}{\gamma+1}\left(\frac{1}{Ma_1^2\sin^2\varepsilon} + \frac{\gamma-1}{2} \right) \\[2mm]
\frac{Ma_2^*}{Ma_1^*} &= \frac{\sin\varepsilon}{\sin\beta}\left[\frac{2}{(\gamma+1)Ma_1^2\sin^2\varepsilon} + \frac{\gamma-1}{\gamma+1} \right] \\[2mm]
\bar{u}_{\mathrm{s}}^* &= Ma_2^*\cos\beta \\[2mm]
\bar{v}_{\mathrm{s}}^* &= -Ma_2^*\cos\beta
\end{aligned}
\tag{4.5}
$$

其中，下标 2 表示紧靠激波后面的状态。

将由式（4.5）得到的 $\bar{u}_{\mathrm{s}}^*$ 和 $\bar{v}_{\mathrm{s}}^*$ 作为常微分方程式（4.1）积分的初始条件。

（3）由第（2）步得到的初始条件开始，利用四阶 Runge – Kutta 方法，从激波到锥面积分方程式（4.1），积分范围为从 $\varepsilon^{(1)}$ 到锥角 δ_c。锥面是锥形流中的一条射线，锥面上的速度必须平行于锥表面。因此，在锥面上必须有 $\bar{v}^*(\delta_c) = 0$。激波后面 $\bar{v}^*$ 的初始值是负的，在球面角由激波角减小到锥角的过程中，$\bar{v}^*$ 逐渐增加到 0。对于一个假定的激波角 $\varepsilon^{(i)}$，积分到锥面的 $\bar{v}^{*(i)}(\delta_c)$ 不一定等于零。欲得到 $\bar{v}^*(\delta_c) = 0$ 的对应的激波角 ε，需要进行迭代。

（4）上一步确定了相应于 $\varepsilon^{(i)}$ 的流场，然而，一般来说得到的 $\bar{v}^{*(i)}(\delta_c)$ 并不一定等于零。因此，必须修改假定的激波角 $\varepsilon^{(i)}$，再重复上述步骤。对假定 $\varepsilon^{(i)}$ 的第一次修订可以采用如下简单方式来确定：

$$
\begin{aligned}
\varepsilon^{(2)} &= \varepsilon^{(1)} + \delta_c, & \bar{v}^*(\delta_c) &< 0 \\
\varepsilon^{(2)} &= \varepsilon^{(1)} + (\delta_c - \delta_c^{(1)}), & \bar{v}^*(\delta_c) &\geqslant 0
\end{aligned}
\tag{4.6}
$$

其中，$\delta_c^{(1)}$ 为绝对值 $|\bar{v}^*|$ 最小对应的积分角 φ 值，若 $\bar{v}^*(\delta_c) \geqslant 0$，$\delta_c^{(1)} \geqslant \delta_c$。

$\varepsilon^{(i+1)}$ 以后的试算值可以对邻近的两组 $\varepsilon^{(i)}$ 和 $\bar{v}^{*(i)}(\delta_c)$ 使用割线法向后插值确定：

$$
\varepsilon^{(i+1)} = \varepsilon^{(i)} - \frac{\varepsilon^{(i)} - \varepsilon^{(i-1)}}{\left[\bar{v}^{*(i)}(\delta_c) - \bar{v}^{*(i-1)}(\delta_c)\right] + e_0} \bar{v}^{*(i)}(\delta_c)
\tag{4.7}
$$

其中，e_0 是一个很小的数，以保证分母不为零。

（5）根据新的激波角试算值，重复上述积分过程，直到积分到壁面时的 $\bar{v}^*(\delta_c)$ 值与 0 值在允许的误差范围内，迭代收敛。

上述迭代过程收敛后，在给定的锥面上 $\bar{v}^*(\delta_c) = 0$，并且得到了给定锥角对应的激波角，激波角 ε 到锥角 δ_c 之间的流场参数 $\bar{u}^*(\varphi)$、$\bar{v}^*(\varphi)$ 已知，其他流动参数采用如下公式求解：

$$
\begin{aligned}
Ma^* &= \sqrt{\bar{u}^{*2} + \bar{v}^{*2}} \\
u^* &= \bar{u}^* \cos\varphi - \bar{v}^* \sin\varphi \\
v^* &= \bar{u}^* \sin\varphi + \bar{v}^* \cos\varphi \\
\theta &= \tan^{-1}\left(\frac{v^*}{u^*}\right)
\end{aligned}
\tag{4.8}
$$

其中, θ 为流动偏转角, 流场中的压力 p 和密度 ρ 由下式得到:

$$\frac{p}{p_1} = \left(\frac{p}{p_0}\right)\left(\frac{p_{02}}{p_2}\right)\left(\frac{p_2}{p_1}\right) \qquad \frac{\rho}{\rho_1} = \left(\frac{\rho}{\rho_0}\right)\left(\frac{\rho_{02}}{\rho_2}\right)\left(\frac{\rho_2}{\rho_1}\right)$$

$$\frac{p}{p_0} = \left(1 - \frac{\gamma-1}{\gamma+1}Ma^{*2}\right)^{\gamma/(\gamma-1)} \qquad \frac{\rho}{\rho_0} = \left(1 - \frac{\gamma-1}{\gamma+1}Ma^{*2}\right)^{1/(\gamma-1)} \qquad (4.9)$$

$$\frac{p_2}{p_1} = \frac{2\gamma}{\gamma+1}\left(Ma_1^2\sin^2\varepsilon - \frac{\gamma-1}{2\gamma}\right)$$

其中, p_{02} 和 ρ_{02} 分别是激波后的滞止压力和密度; p_2 和 ρ_2 分别是激波后的静压和密度; p_0 和 ρ_0 分别是相应于 p 和 ρ 的滞止参数; 下标 1 表示来流参数; 下标 2 为紧贴激波后的参数; $\dfrac{\rho_2}{\rho_1}$ 参见式(4.5)。 $\dfrac{\rho_{02}}{\rho_2}$ 和 $\dfrac{p_{02}}{p_2}$ 为激波后参数关系式, 可由斜激波过后第一个点的 Ma^*, 代入式(4.9)中的 $\dfrac{\rho}{\rho_0}$ 和 $\dfrac{p}{p_0}$ 的关系式, 求倒数后获得。

　　图 4.2 和图 4.3 给出了马赫数 3、锥角 30°的圆锥流动激波后的流动参数随球面角 φ 的变化关系, 与参考文献[2]的结果进行了对比。Sims 给出了绕圆锥的超声速流动的大批表格[3], 表 4.1 给出了本节计算结果和 Sims 结果的对比。结果完全一致, 验证确认了本章求解方法及程序。

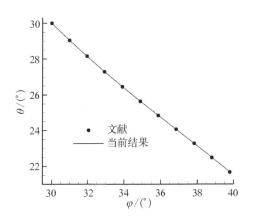

图 4.2　流动偏转角随积分角的变化

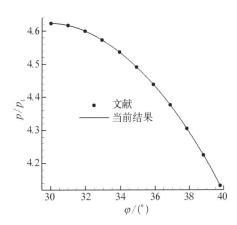

图 4.3　波后压力随积分角的变化

表 4.1 $Ma_\infty = 3$ 时的激波角与文献[3]的值对比

δ_c 锥角/(°)	激波角/(°)	
	本节结果	文献结果
5	19.716	19.715
10	21.715	21.715
15	25.259	25.259
20	29.615	29.615
25	34.490	34.490
30	39.784	39.784

4.1.2   直锥乘波流面追踪

乘波体压缩面使用流线追踪方法得到。锥形流的流线方程为

$$\frac{\mathrm{d}r}{\mathrm{d}\varphi} = r\frac{\bar{u}^*}{\bar{v}^*} \tag{4.10}$$

式(4.10)可以结合 Taylor - Maccoll 方程式(4.1)一同积分。在确定积分起始角度和终止角度后,就可积分出对应的流线。

要生成直锥乘波体,首先求解给定锥角和来流马赫数的直锥流场,在直锥流场的流向截面内,也是乘波体的后缘截面,定义乘波体的前缘型线(flow capture tube)至后缘的投影线,并沿着投影型线向前水平拉伸,与激波面相交的三维曲线即为乘波体前缘型线。沿着前缘型线在直锥流场内向后追踪流线,止于后缘截面,便获得了直锥乘波体的乘波压缩流面(即下表面),直锥乘波体的上表面采用沿前缘型线流向拉伸获得,底面采用下表面和上表面在后缘截面内的封闭曲面获得。

图 4.4 为在马赫数 6、7°直锥流场内,流线追踪直锥乘波体示意图,图中标出了直锥体、圆锥激波面、前缘型线等在三维流场空间及乘波体后缘截面的位置关系。

对设计的直锥乘波体进行数值仿真,并和理论设计结果进行对比,理论设计结果为采用流线追踪在直锥流场中追踪出的流线及流线上的流场参数结果获得。图 4.5 为直锥乘波体的 CFD 计算三维流场,图中展示了表面压力云图和等流向截面马赫数等值线,图 4.6 为乘波体的压缩面压力等值线的设计结果和CFD 仿真结果对比,图 4.7 为乘波体的对称面压力分布设计结果和 CFD 结果对

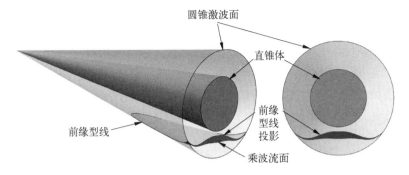

图 4.4　马赫数 6、7°直锥内生成的直锥乘波体

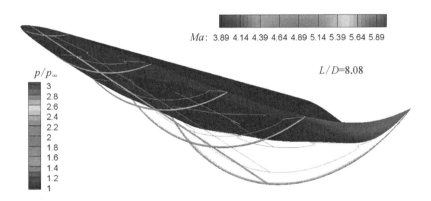

图 4.5　直锥乘波体的数值仿真三维流场

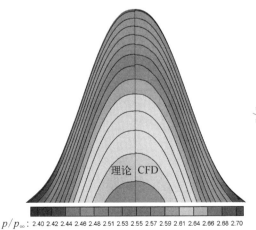

图 4.6　乘波体下表面压力等值线理论和数值仿真结果对比

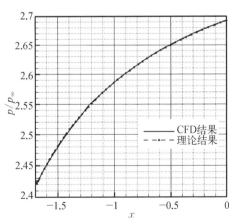

图 4.7　乘波体对称面压力分布理论和数值仿真结果对比

比。从图中可以看出,乘波体激波完全贴合下压缩面前缘,设计结果和数值仿真结果几乎一致。底部压力取来流压力,仿真无黏升阻比为 8.08,采用流线追踪结果的无黏升阻比为 8.09。该乘波体的体积系数 $V^{2/3}/S = 0.194\ 5$,其中 V 为乘波体的体积,S 为其展向平面内的投影面积。总的来说,在设计状态,设计结果和仿真结果几乎一致,既确认了流线追踪乘波体设计方法,也证实了目前设计软件的正确性。

4.2 密切锥乘波体

4.2.1 密切锥乘波体的设计

Sobieczky 最早提出了密切锥(osculating cone,OC)乘波体设计方法[4]。在乘波体的出口截面上,定义下凸的激波型线(inlet capture curve,ICC)和乘波体的前缘型线(flow capture tube,FCT)。在激波型线的每个点上,都可求出此点的曲率半径和曲率中心。以此点的曲率中心作为给定马赫数、激波角或锥角的圆锥流动的顶点,激波型线上的点以及曲率中心点(锥顶点)恰好构成了一个密切锥面,见图 4.8 所示的 AA' 面,曲率半径就是圆锥激波到锥型流动轴线的距离。

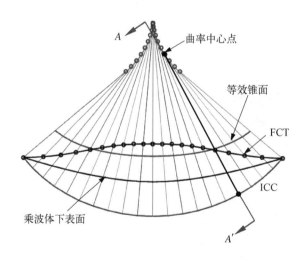

图 4.8　密切锥乘波体在出口截面的设计关系示意图

在一个密切锥面内,将基准直锥流场进行缩放与密切面内的对应关系进行匹配。在密切面内,沿着前缘型线水平向前投影,可以求出前缘型线和锥形激波的交点(前缘点),从前缘点出发,在锥形流场内追踪出一条直至出口的流线,这条流线就构成了在 AA' 平面内的乘波体下表面,如图4.9所示。

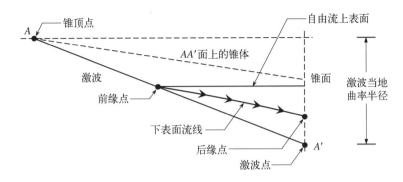

锥顶点

自由流上表面

A

AA' 面上的锥体

激波

锥面

激波当地
曲率半径

前缘点

下表面流线

后缘点

A'

激波点

图 4.9　密切锥乘波体在 AA' 密切平面内的设计示意图

在密切面内追踪出流线后,按照密切面及流线的三维位置关系,将流线转换到三维坐标系内。求得密切面内的流线坐标后,连接所有密切面内追踪出的流线,就构成了乘波体的下表面。图4.10为密切锥乘波体设计方法的三维示意图。

乘波体的上表面在初步设计中可定义为自由流面,在考虑到飞行器的力矩特性以及容积特性时,可采用其他构型。密切锥乘波体利用了气流在超声速流动中,沿展向的压力梯度及流动速度较小的特点,假设在每个密切锥面内的流动相互不形成干扰(这种假设在高马赫数流动中是成立的)[5],所以采用密切方法形成的气动外形是乘波的。

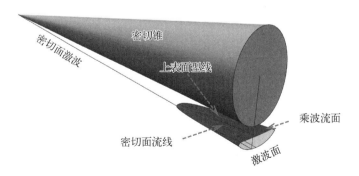

密切锥

密切面激波

上表面型线

乘波流面

密切面流线

激波面

图 4.10　密切锥乘波体设计方法的三维示意图

从上面的介绍可以看出,乘波体出口截面的激波型线、乘波体的前缘型线以及给定锥角或激波角的圆锥流动,就唯一确定了一个密切锥乘波体。ICC 要满足曲线的曲率连续,要保证曲线具有二阶连续偏导数。可以选用超椭圆函数描

述出口激波型线。超椭圆函数的形式为

$$x = \phi(\cos\theta)^{2/n} \quad y = (\sin\theta)^{2/n} \quad (4.11)$$

式中,ϕ 为超椭圆的长轴和短轴的比值;n 为超椭圆指数。$\phi = 1$、$n = 2$ 时表示为圆弧,n 越大越接近方形。图 4.11 给出了 $0 \leqslant \theta \leqslant \pi/2$ 范围内不同 ϕ 和 n 值对应的激波型线。可以看出,只要适当调整 θ、ϕ 和 n,总能得到满意的激波型线。

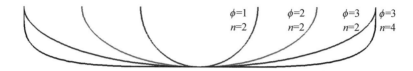

图 4.11　不同超椭圆参数对应的激波型线

对于激波型线,相应的曲率中心以及曲率半径的表达式为

$$x_c = x - \frac{\dot{y}(\dot{x}^2 + \dot{y}^2)}{\dot{x}\ddot{y} - \ddot{x}\dot{y}} \quad y_c = y + \frac{\dot{x}(\dot{x}^2 + \dot{y}^2)}{\dot{x}\ddot{y} - \ddot{x}\dot{y}} \quad R = x - \frac{(\dot{x}^2 + \dot{y}^2)^{\frac{3}{2}}}{\dot{x}\ddot{y} - \ddot{x}\dot{y}} \quad (4.12)$$

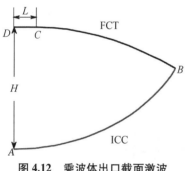

图 4.12　乘波体出口截面激波型线及前缘型线

为了保证乘波体的光滑,前缘型线(FCT)保证连续光滑即可。可以采用一段水平直线衔接一段二次曲线或五次曲线的形式来描述前缘型线。作为示例,前缘型线的定义方式为:直线段+五阶曲线,如图 4.12 所示。直线段长度为 L,前缘型线中点到激波型线中点的高度为 H。L 可用 AB 的水平距离无量纲化,H 采用 AB 的垂直距离无量纲化。

五阶曲线表示为

$$y = a_5 x^5 + a_4 x^4 + a_3 x^3 + a_2 x^2 + a_1 x + a_0 \quad (4.13)$$

给定前缘型线参数 H、L 和超椭圆激波型线参数 θ、ϕ 和 n 以后,则 B 点和 C 点坐标已知。还需给定几个参数来确定五阶曲线具体表达式,首先假定 C 点斜率和曲率为零,使直线段和五阶曲线光滑连接,然后给定 B 点的斜率和曲率。这样总共 6 个条件(B 点和 C 点的坐标、斜率、曲率),代入式(4.13),就可以确定五阶曲线多项式的 6 个系数。

4.2.2　密切锥乘波体的验证

对设计的一个来流马赫数为 6 的密切锥乘波体进行对比验证,以确认密切锥设计方法,并验证设计软件的可靠性。图 4.13 为乘波体流向截面上的马赫数等值线分布,从图中可以看出,激波都被封闭在了乘波体的下表面内。图 4.14 为密切锥乘波体下表面和出口截面的压力等值线分布后视图,图中左侧为 CFD 模拟结果,右侧为理论设计结果。从图中可以看出,理论设计得到的乘波体表面及出口截面的压力分布与 CFD 数值模拟得到的结果吻合,在 CFD 模拟中,由于网格离散及格式精度的限制,给出的压力等值线图不如理论设计的结果光滑。图 4.15 给出了密切锥乘波体下表面流线和密切面的对应位置关系,理论上密切锥乘波体的流线应该在密切面内,实际上乘波体表面流线和乘波体密切面略有差别,这是由于密切锥乘波体实际的流动沿密切面存在压力梯度,而采用密切方法设计乘波体时忽略了这种压力梯度。文献[5]研究了密切锥乘波体考虑沿密切面压力梯度时的修正设计方法,得出的结论是在高马赫数情况下($Ma > 3$),沿

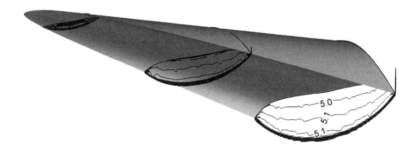

图 4.13　密切锥乘波体流向截面马赫数等值线分布图

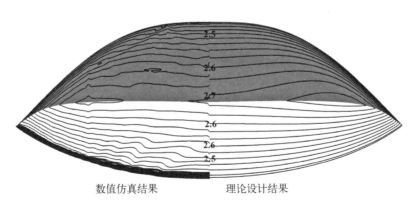

数值仿真结果　　　　　　理论设计结果

图 4.14　密切锥乘波体下表面和出口截面的压力(p/p_∞)等值线分布图

(左侧为数值仿真结果,右侧为理论设计结果)

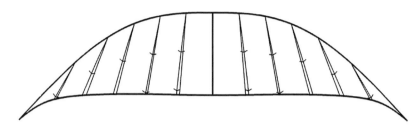

图 4.15   密切锥乘波体下表面流线和密切面的对应位置关系

密切面的压力梯度对乘波体设计结果影响很小,即使在低马赫数情况下,采用密切方法设计乘波体,沿密切面的压力梯度也可忽略。表 4.2 给出了密切锥乘波体气动参数设计结果和 CFD 无黏模拟结果的比较,从表中可以看出,理论设计的气动力和数值模拟的气动力吻合较好,积分气动力时,底部压力取 0。

表 4.2   密切锥乘波体气动参数设计结果和 CFD 模拟结果的比较

性　　能	理论设计	数值模拟	偏差/%
升力	193.9 N	193.4 N	0.26
阻力	38.7 N	38.7 N	0
升阻比	5.007 2	5.006 1	0.02

4.3   密切内锥乘波体

密切外锥乘波体设计方法可以根据飞行器尺寸、形状等特性灵活设计,成为当前乘波体设计的主流。内锥乘波体与外锥乘波体相比具有压缩能力强、升力系数较高、热流系数较小的优点[6],限制内锥乘波体进一步拓展应用的是,当前内锥乘波体仅能在物理实体流场中,采用流线追踪技术获得,不能根据飞行器尺寸、形状等特性灵活设计,有必要进一步发展内锥乘波体的设计技术,增加内锥乘波体设计的灵活性和适用性,进一步拓展内锥乘波体的应用领域。

作者发展了一种新的内锥乘波体设计方法——密切内锥方法[osculating inward turning cone(OIC)method][7],将密切方法引入到内锥乘波体的设计中,使得内锥乘波体设计更加灵活,本节详细介绍这种方法。

4.3.1　流线追踪内锥基准流场

直激波内锥流动(internal conical flow A, ICFA)[8]的变量沿轴向(r 方向)不变,流动变量只是角度 θ 的函数,流动的终止积分角 θ_e 由 Taylor – Maccoll 方程的奇性确定。图 4.16 为来流马赫数 5、初始激波角 θ_s = 140°、终止角 θ_e = 135.2° 的 ICFA 流动的示意图,包含了初始直激波、内收缩曲面压缩锥等。

ICFA 流动的控制方程为 Taylor – Maccoll 方程,该方程在 4.1 节已经介绍。求解 ICFA 流动,首先由初始激波角及斜激波关系求得直激波的波后参数,然后由初始激波角 θ_s 开始积分 4.1 节中的 Taylor – Maccoll 方程,获得流动参数沿积分角的对应关系。

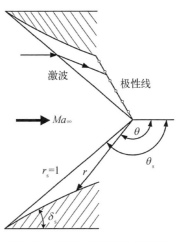

图 4.16　ICFA 流动结构示意图

图 4.17 为来流马赫数 5、初始激波角 140°、终止积分角 135.2° 的 ICFA 流动壁面压力和马赫数分布。图 4.18 和图 4.19 为 ICFA 流场马赫数和压力分布云图。从图中可以看出,ICFA 流场参数只随积分角 θ 变化,ICFA 流场为了保证初始激波为等强度的直线激波,物面压缩角是逐渐减小的。

图 4.17 可以看出,气流在激波后沿物面流向压力是降低的、马赫数则沿程增加,流动参数的变化梯度沿流向是增加的。从气动原理上看,这种基准流场的参数变化规律对生成的乘波体性能的有以下两点影响:① ICFA 流动沿着流向方向是膨胀的,初始压缩马赫数较低、压力较高,沿流

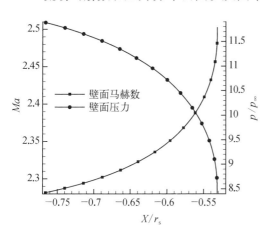

图 4.17　ICFA 流动壁面压力和马赫数分布图

向,马赫数增加,压力减小,这导致流动沿物面具有负的压力梯度;② 基于 ICFA 基准流场设计的密切内锥乘波体,乘波体表面压力沿流向是降低的。而密切外锥乘波体沿流向物面压力是增加的,在气动性能上,导致密切内锥乘波体压心要更靠前。

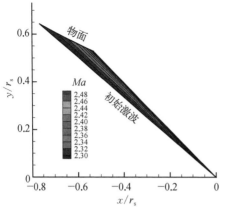

图 4.18 ICFA 流场马赫数分布云图

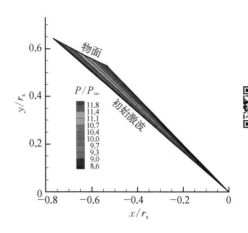

图 4.19 ICFA 流场压力分布云图

4.3.2 密切内锥乘波体设计

与外锥乘波体相比,内锥乘波体的出口 ICC 是上凸的,曲率中心位置在 ICC 的下方,和密切外锥的情况恰好相反,这导致密切内锥乘波体的密切方法和流线追踪方法相比于密切外锥乘波体的设计方法有很大的不同。

同密切外锥乘波体类似,密切内锥(OIC)乘波体的 ICC 采用超椭圆型线定义,如式(4.14)所示:

$$x = k\phi(\cos\theta)^{2/n} \quad y = k(\sin\theta)^{2/n} \tag{4.14}$$

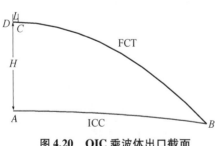

图 4.20 OIC 乘波体出口截面激波型线及前缘型线

FCT 曲线采用平直段和 2 次曲线形式构成。本次设计中,$\phi = 3$、$n = 2$、$\theta = 0.8$,k 为确定 ICC 宽度和高度的参数。本次设计确定 ICC 曲线半宽为 150 mm。FCT 曲线的平直段 DC 长 1.22 mm,AD 段的高度 H 为 101.42 mm,如图 4.20 所示。

OIC 乘波体的设计步骤为: 首先定义上凸的 ICC,保证具有连续的曲率中心;其次定义连续光滑的前缘捕获型线 FCT;沿着 ICC,生成 ICC 的曲率中心,曲率中心指向激波内凹的一面,例如在 ICC 的 B 点处,找到对应的曲率中心 A,如图 4.21 所示;ICC 的某点(B)和自身的曲率中心(*A*)就形成了密切面,如图 4.22 中的 *AB* 密切面。

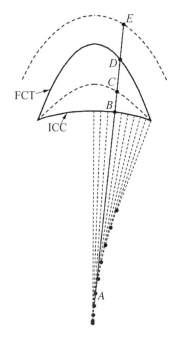

图 4.21　OIC 乘波体在出口
截面上的示意图

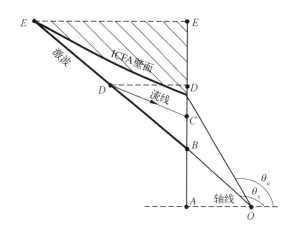

图 4.22　OIC 乘波体在 *AB* 密切
面内的设计示意图

来流马赫数及初始激波角 θ_s 和终止积分角 θ_e 确定后,ICFA 基准流场就唯一确定了。本次设计的来流马赫数为 6,初始积分角度 163°,终止积分角度 161.5°。在一个密切面内,将基准流场变换到密切面内,并将基准 ICFA 流场缩放,使图 4.22 中 *AB* 距离同图 4.21 中的 *AB* 的距离相等,那么,沿密切面 *AB* 中的激波 *BE* 同 FCT 的交点 *D*,向后追踪流线至 *C* 点,就在一个密切面内得到了乘波体的一条下表面型线 *DC*。

　　沿着 ICC 生成一系列的密切面,在每个密切面采用流线追踪技术就得到了乘波体的下表面。上表面型线一般采用自由流面。采用本书定义的设计参数及基准 ICFA 流场,设计生成了如图 4.23 所示的密切内锥乘波体。

图 4.23　OIC 乘波体三维视图

4.3.3　密切内锥乘波体流动分析

本小节采用 CFD 数值模拟方法对图 4.23 的密切内锥乘波体进行数值模拟。理论设计的流场变量分布是通过基准流场的流线上的参数插值得到的,仿真参数为来流马赫数 6、攻角 0°。

图 4.24 比较了马赫数等值线在 OIC 乘波体出口截面上的理论预测值和 CFD 数值模拟值。图 4.25 比较了压力等值线在 OIC 乘波体出口截面上的理论预测值和 CFD 数值模拟值。图 4.26 给出了密切内锥乘波体下表面压力 CFD 计算结果和理论设计结果的比较。从这三张图中可以看到,理论预测的激波位置及出口截面上的压力和马赫数等值线同 CFD 结果一致,说明密切内锥乘波体的设计方法是正确的。

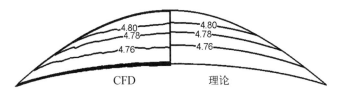

图 4.24　密切内锥乘波体出口截面马赫数等值线分布

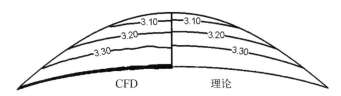

图 4.25　密切内锥乘波体出口截面压力等值线分布

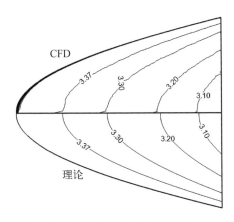

图 4.26　密切内锥乘波体表面压力(p/p_∞)等值线分布

图 4.27 给出了密切内锥下表面流线和密切面位置图。理论上讲,密切类方法设计乘波体时,忽略了密切面之间的压力梯度,密切乘波体下表面流线应和密切面重合,但是采用密切方法生成的实际乘波体,真实流动中密切面之间是存在压力梯度的,这就造成了乘波体下表面流线和密切面不完全重合的现象。

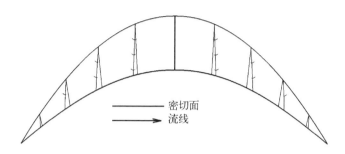

图 4.27　密切内锥乘波体表面流线和密切面

图 4.28 和图 4.29 给出了密切内锥乘波体流向截面及对称面上的无黏和黏性压力等值线图。从无黏结果中可以看出,沿流向的激波结构被完全封闭在乘波体下表面,密切内锥对称面上的流动结构和基准流场的一致,激波形状为直线。从黏性计算的结果可以看出激波略微溢出乘波体下表面,这是由于黏性边界层改变了乘波体下表面的实际形状,黏性边界层对下表面的流体有一定的排

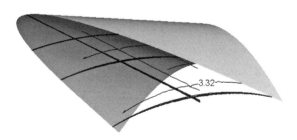

图 4.28　密切内锥乘波体对称面和沿流向截面的压力等值线(无黏结果)

图 4.29　密切内锥乘波体对称面和沿流向截面的压力等值线(黏性结果)

挤效果,黏性计算采用了 25 km 大气参数条件。

表 4.3 比较了乘波体的升力系数、阻力系数及升阻比的 CFD 模拟和理论预测结果。参考面积取 0.042 6 m²。从表中可以看出,理论预测和 CFD 无黏计算得到的乘波体气动性能几乎完全一致,从这一点也可说明乘波体的理论设计是正确的。在设计状态乘波体的无黏升阻比在 4.3 左右。在层流黏性状态下的乘波体的气动参数,与无黏状态相比,乘波体的升力系数变化较小,阻力系数增加较明显,在层流黏性状态下,乘波体的升阻比为 3.41。数值仿真中,乘波体底部压力取 0。

表 4.3 密切内锥乘波体理论预测和 CFD 模拟气动力比较

性　能	理论值	无黏 CFD 结果	黏性 CFD 结果
C_L	0.140 6	0.139 5	0.138 9
C_D	0.032 8	0.032 7	0.040 7
L/D	4.29	4.27	3.41

密切内锥乘波体将密切外锥的"密切轴对称"方法拓展到了内锥领域,使得内锥乘波体的设计也可按照飞行器尺寸、出口激波形状、流量捕获、前缘形状等限制进行灵活设计,为高超声速乘波飞行器设计提供了密切内锥乘波体的技术途径;同时密切内锥乘波体易于和基于内锥流场的内收缩三维压缩进气道进行一体化设计,将形成一体化密切内锥乘波体/内收缩三维进气道的设计技术,基于此,可进一步形成基于内锥压缩体系的新概念吸气式高超声速飞行器设计技术,这部分工作将在后续章节介绍。

4.4　密切曲面锥乘波体

密切锥乘波体虽然获得了广泛研究,但以密切锥方法生成的乘波前体存在两点不足: ① 密切锥乘波体的压缩量不易调节,其主要采用固定锥角的锥形流动来压缩高马赫数来流,这种流动经过一道斜激波压缩,流体质点沿流线不能得到足够的压缩,乘波体提供给飞行器进气系统的马赫数、速度等流动参数不能满足进气道需求;② 若要乘波前体满足一定的流量捕获要求,密切锥乘波体的下表面弯曲非常严重。如图 4.30 所示,在前体宽度不增加的情况下,乘波体的下表面随着乘波体捕获流量的增加而愈发弯曲。这不利于将该类乘波体运用到实际飞行器的设计。

为了克服密切锥乘波体的以上不足,作者提出采用曲面锥替代直锥进行乘波体设计,曲面锥采用直锥过后接等熵压缩面的组合形式,把流动持续压缩到预期的状态,本书称这种乘波体的设计为密切曲面锥(osculating curved cone, OCC)乘波体设计方法[9]。

本节主要研究密切曲面锥乘波体的设计方法以及性能分析。首先介绍密切曲面锥乘波体的设计思想,之后介绍采用特征线方法设计基准轴对称曲面锥流场的方法,然后验证"密切曲面锥"乘波体的乘波特性及设计结果和 CFD 分析的比较,最后对设计的 OCC 乘波体和 OC 乘波体在相同状态下的性能进行了对比分析。

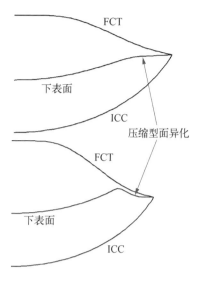

图 4.30　乘波体捕获流量增加导致压缩型面异化

4.4.1　密切曲面锥乘波体的设计方法

密切曲面锥乘波体的设计和密切锥乘波体设计类似,不同之处在于采用曲面压缩的曲锥代替了密切锥中的直锥,使得乘波前体的压缩能力进一步增强,且激波完全附体,但曲面锥是否会在乘波体展向产生较大的横向流动,其作为密切流场的适用性还需要进行严格的验证确认。

首先定义出口截面的激波形状(ICC)和前缘型线(FCT),沿激波型线上的每一点求出相应的曲率中心。曲率中心和对应的激波点就构成了密切面 AA',如图 4.31所示。

密切面上的轴对称流场是由

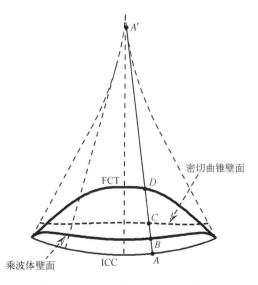

图 4.31　密切曲面锥乘波体设计方法在出口截面内的示意图

直锥衔接轴对称等熵压缩型面生成的,直锥激波和等熵波相交于同一激波点处,等熵段过后光滑衔接一过渡段。直锥段、等熵压缩段、过渡段形成一个完整的曲面锥流动,如图 4.32 所示。在密切面内,沿前缘线与曲锥激波的交点向后追踪流线,生成的流线就构成了 AA' 面内乘波体的下表面。对激波型线上的离散点重复以上操作,就生成了密切曲锥乘波体下表面。

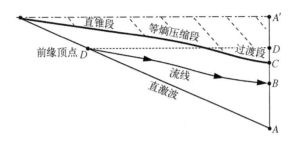

图 4.32 密切曲面锥乘波体设计方法在密切面内的示意图

4.4.2 曲面锥的特征线设计

曲面锥的设计是密切曲面锥乘波体设计的关键。曲面锥型线设计的目的是形成如图 4.33 所示的曲面锥流动结构。以自由流 $Ma = 6$ 为例,流动经过初始锥角为 α 的直锥压缩,马赫数降到 5;紧接直锥段,是一个曲面等熵压缩段,此段是设定压缩段尾端的马赫数 4 条件以及压缩波和激波交汇条件,采用特征线方法设计出的等熵压缩曲面;在等熵段末端光滑衔接一相切的过渡段,和直锥段、等熵段一起构成曲面锥的完整流场。

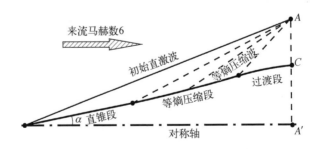

图 4.33 曲面锥流场结构示意图

曲面锥分为三个部分。第一段为直锥段,给定合适的锥角,在来流参数条件下,采用 4.1 节介绍的 Taylor - Maccoll 方程求解。

第二段为等熵压缩段,是通过流量匹配原理设计的。在锥形激波上选择一

O 点,如图 4.34 所示。

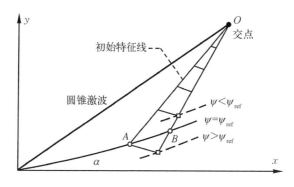

图 4.34　特征线方法设计曲锥示意图

从 O 点出发,以紧邻激波后的参数为初始值,在指定特征线间隔的条件下,沿着反向左行特征线 C_+,生成一条从 O 点出发,交锥面于 A 点的特征线,称为初始特征线。积分初始特征线上的流量,称为 ψ_{ref}。O 点为一极性点,在此点处设定出口马赫数 Ma_{out} 及间隔数 N,把波后马赫数与 Ma_{out} 之间 N 等份。对应每个间隔马赫数,采用反向 P-M 膨胀波关系式,求出每点对应的流动偏转角。P-M 膨胀波关系式为

$$\theta = \upsilon(Ma) = \sqrt{\frac{\gamma+1}{\gamma-1}} \tan^{-1} \sqrt{\frac{\gamma-1}{\gamma+1}(Ma^2-1)} - \tan^{-1}\sqrt{(Ma^2-1)}$$

(4.15)

对于任意两个马赫数 Ma_1 和 Ma_2,P-M 流动关系式可表示为

$$\Delta\theta = \theta_2 - \theta_1 = \upsilon(Ma_2) - \upsilon(Ma_1) \tag{4.16}$$

通过流动偏转角及对应点的马赫数,从 O 点的第一个间隔马赫数处出发,采用等熵特征线方法[10](在第 6 章详细介绍),求出从 O 点发出的反向左行特征线 C_+,与初始特征线上的右行特征线相交,求出第一条反向左行特征线上的点及流动参数,持续沿着从 O 点发出的反向左行特征线 C_+ 持续求解,在反向左行特征线网格的每一点处积分流量,若小于参考流量 ψ_{ref},继续求解下一个网格点的反向左行特征线,若流量大于参考流量 ψ_{ref},在本点和上点之间迭代,求出符合流量匹配条件的 B 点。重复以上过程,直至从 O 点发出的最后一条特征线的初始马赫数为 Ma_{out}。在该段求出的一系列点 B,就构成了基准曲面锥流场的等熵压缩面。

第三段型面为过渡段,是一条通过等熵压缩段末端,并与之相切的直线或曲线[11, 12],过渡区域的流动参数通过最后一条等熵压缩特征线上的参数和过渡段型面联合求出。

图 4.35 为设计的马赫数 4~6 的曲锥压缩系统,初始压缩角选定 10°,图中画出了特征线网格及采用锥形流 – 特征线方法计算得到的流场马赫数分布。图 4.36 为曲面锥出口截面马赫数和压升系数分布图,从图中可以看出,压升系数和马赫数的变化范围都较小,出口流动分布均匀,基准流场的压增为 9.5 左右,图中 R_s 为 A 点的半径。

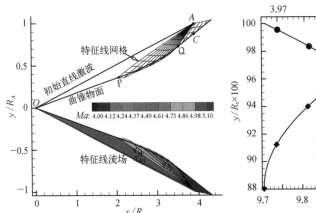

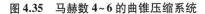

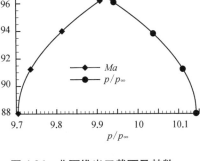

图 4.35　马赫数 4~6 的曲锥压缩系统　　图 4.36　曲面锥出口截面马赫数和压升系数分布

4.4.3　密切曲面锥乘波体设计分析

作为设计实例,密切曲面锥乘波体激波型线(ICC),采用式(4.11)定义的超椭圆型线 ICC, $\phi = 2$、$n = 2$、$\theta = 0.6$。曲面锥乘波体前缘型线(FCT)通过一段水平直线光滑衔接一段五次曲线定义,如式(4.13),直线段长度近似为 0,五次曲线与水平段衔接处的一阶导数定义为 0,曲率为 0;和 ICC 端点衔接处的一阶导数定义为 -1.0,曲率为 0.1。密切曲面锥乘波体的设计参数定义和 4.2 节中密切锥乘波体的设计参数一致。

图 4.37 给出了密切曲面锥乘波体出口截面上的密切面、ICC、FCT、乘波体下表面出口型线、激波型线的曲率中心和曲面锥面在出口截面的位置。

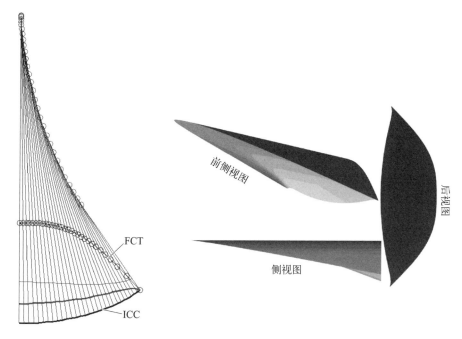

图 4.37 密切曲面锥乘波体
出口截面型线关系

图 4.38 密切曲面锥乘波体三维视图

　　图 4.38 给出了设计的曲面锥乘波体的三维视图。为了验证设计方法,对设计的乘波体进行了数值仿真,来流攻角为 0°,马赫数为 6。图 4.39 为对称面压力等值线图,图 4.40 为对称面马赫数等值线图。从图中可以看到,激波和等熵压缩波交汇到一点,对称面上的流动结构很好地复现了基准流场的流动结构。

图 4.39 密切曲面锥乘波体
对称面压力等值线

图 4.40 密切曲面锥乘波体对称面
马赫数等值线

　　图 4.41 为乘波体等流向截面的压力等值线分布图,图 4.42 为乘波体等流向截面的马赫数等值线分布图,图 4.43 为乘波体三维激波形状。从图中可以看出,设计的密切曲面锥乘波体的激波完全贴合在了乘波体的侧缘上,实现了乘波设计。

图 4.41   乘波体等流向截面压力分布

图 4.42   乘波体等流向截面马赫数分布

图 4.43   密切曲面锥乘波体及其三维激波结构的 CFD 数值模拟结果

图 4.44 比较了理论设计和 CFD 数值模拟得到的乘波体下表面压力等值线分布,分别给出了前视图和俯视图的对照结果;图 4.45 给出了乘波体出口截面上压力等值线的数值模拟结果和理论设计结果。从图中可以看出,理论设计得到的乘波体下表面压力等值线和 CFD 数值模拟得到的结果符合得很好,说明这种新的乘波体设计方法是可行的。表 4.4 比较了设计的密切曲面锥乘波体气动力的理论设计和数值模拟结果,升力、阻力及升阻比的偏差都在 0.3% 以内,气动力计算中,底部压力取 0 值。

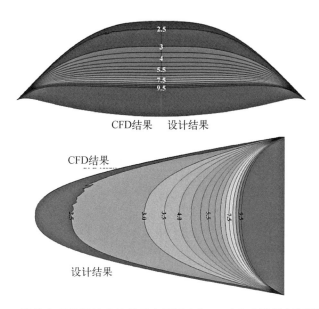

图 4.44　CFD 计算和理论设计乘波体下表面压力(p/p_∞)分布比较(前视图/俯视图)

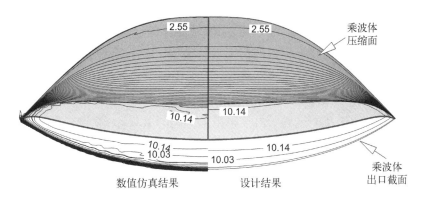

图 4.45　密切曲面锥乘波体下表面和出口截面的压力(p/p_∞)等值线

表 4.4　密切曲面锥乘波体理论设计和 CFD 数值模拟气动力结果比较

性　　能	理论设计	数值模拟	偏差/%
升力	955.7 N	952.8 N	0.30
阻力	312.06 N	311.6 N	0.15
升阻比	3.062 6	3.057 8	0.16

图 4.46 给出了密切曲面锥下表面流线和密切面位置图。理论上讲,密切类方法设计乘波体时,忽略了密切面之间的压力梯度,密切乘波体下表面流线应和密切面重合,但是采用密切方法生成的实际乘波体,真实流动中密切面之间是存在压力梯度的,这就造成了乘波体下表面流线和密切面不完全重合的现象。文献[5]研究了密切锥乘波体考虑沿密切面压力梯度时的修正设计方法,认为采用密切方法设计乘波体,沿密切面的压力梯度可忽略。

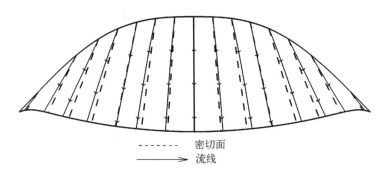

图 4.46　密切曲面锥乘波体下表面流线和密切面

4.4.4　密切曲面锥乘波体和密切锥乘波体的比较

为了比密切锥乘波体和密切曲面锥乘波体,采用了相同的 ICC 和 FCT(如4.4.3 小节中介绍)来设计这两种乘波体。密切锥乘波体采用 $10°$ 锥角的直锥作为基准流场,密切曲面锥乘波体采用如 4.4.2 小节介绍的马赫数 $4\sim6$ 的曲面锥压缩系统作为密切基准流场。由于采用了相同的 ICC 和 FCT,这两种乘波体具有相同的来流捕获量。

图 4.47 为密切锥乘波体和密切曲面锥乘波体比较的三维视图,可以看出密切曲面锥乘波体外形更加饱满,底部压缩面侧缘弯曲较小。

图 4.48 为密切锥(OC)乘波体和密切曲面锥(OCC)乘波体下表面和出口截面的马赫数等值线的比较图。从图中可以看到,OC 乘波体在出口截面上把自由来流压缩到了马赫数 $5.0\sim5.1$,而 OCC 乘波体在出口截面上把自由来流压缩到了马赫数为 $3.98\sim4.0$。这表明 OCC 乘波体具有较好的流动压缩能力和流动压缩均匀性。

图 4.49 为 OC 乘波体和 OCC 乘波体下表面和出口截面的压力等值线的比较图。从图中可以看到,OCC 乘波体在出口截面上的压升为 10 左右,而 OC 乘波体的压升仅为 2.5 左右。

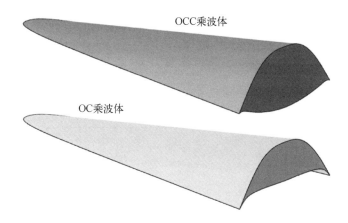

图 4.47　密切锥乘波体和密切曲面锥乘波体三维视图比较

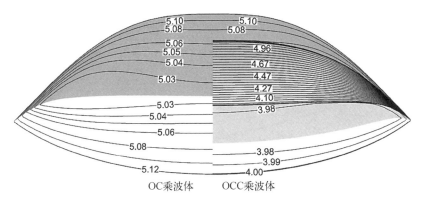

图 4.48　OC 乘波体和 OCC 乘波体出口截面及下表面马赫数分布比较

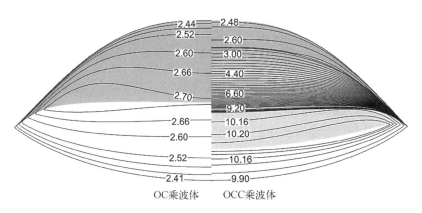

图 4.49　OC 乘波体和 OCC 乘波体出口截面及下表面压力 (p/p_∞) 等值线比较

图 4.50 和图 4.51 为 OC 乘波体和 OCC 乘波体对称面上压力和马赫数等值线图。可以看出,OC 乘波体的流场中仅有一道激波压缩,而 OCC 乘波体中,除了初始激波压缩外,还有一段连续的等熵压缩,这无疑增强乘波体的流动压缩能力。

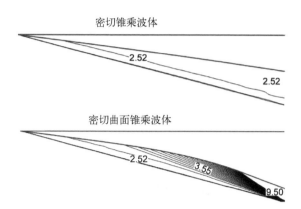

图 4.50　OC 乘波体和 OCC 乘波体对称面压力等值线(p/p_∞)比较

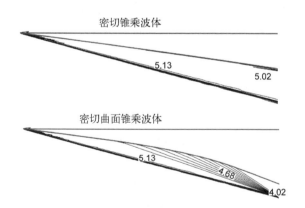

图 4.51　OC 乘波体和 OCC 乘波体对称面马赫数等值线比较

表 4.5 比较了两种乘波体的无黏升阻力特性。由于 OCC 乘波体的压缩量和容积系数更大,升阻比要小于 OC 乘波体。对于这两种乘波体的总压恢复特性,唯一引起总压损失的是乘波体的初始压缩激波,这两类乘波体的初始压缩激波具有相同的强度,从理论上来讲,这两种乘波体在出口截面上具有相同的总压恢复(约 93.4%)。但是由于沿密切面横向压力梯度的存在,数值模拟结果显示,这两类乘波体在出口截面的总压恢复在 92.5% 左右,并且彼此之间的差别很小。对于几何和容积率特性,可以看出,OCC 乘波体的容积率明显大于 OC 乘波体,

且 OCC 乘波体在出口截面上几何饱满,不存在严重弯曲。

表 4.5　OC 乘波体和 OCC 乘波体气动力特性比较

性　　能	升力/N	阻力/N	升阻比
密切曲面锥乘波体	955.7	312.1	3.1
密切锥乘波体	193.9	38.7	5.0

4.5　本章小结

本章首先介绍乘波体的优点,然后引入锥乘波体的设计概念,之后介绍密切锥乘波体的设计工作,在此基础上,提出两类新型乘波体的设计方法:密切内锥乘波体设计方法和密切曲面锥乘波体设计方法,丰富了乘波体的设计理论。密切内锥乘波体将密切乘波体的设计理论拓展到内锥领域,使得内锥乘波体的设计更加灵活,便于内锥乘波体的推广应用,同时密切内锥乘波体可进一步同内收缩进气道结合,形成一体化的密切内锥前体进气道,丰富吸气式高超飞行器的设计体系。密切曲面锥乘波体设计方法与密切锥乘波体相比,一是具有好的容积特性,在同样的 ICC 曲线和 FCT 曲线下,密切曲面锥乘波体的容积特性好于密切锥乘波体;二是密切曲面锥乘波体具有较强的流动压缩能力,密切曲面锥乘波体能够将自由来流压缩到指定的马赫数,且具有高总压恢复特性;三是密切曲面锥乘波体的出口流动参数更加均匀。密切曲面锥乘波体更适合作为吸气式高超声速飞行器的乘波前体,为乘波体进气道一体化设计创造了条件,为曲面外锥乘波体和飞行器的结合储备了理论基础。

参考文献

[1] Kuchemann D. The aerodynamic design of aircraft[M]. Oxford: Pergamon Press, 1978: 448 - 510.

[2] 左克罗 M J,霍夫曼 J D.气动动力学(下册)[M].王汝涌,魏叔如,吴宗真,等,译.北京: 国防工业出版社,1984.

[3] Sims J L. Tables for supersonic flow around right circular cones at zero angle of attack[R]. NASA SP - 3004, 1964.

[4] Sobieczky H, Dougherty F C, Jones K. Hypersonic waverider design from given shock waves

[C]. Parker：1st International Waverider Symposium，1990.

[5] Chauffor M L, Lewis M J. Corrected waverider design for inlet applications [C]. Fort Lauderdale：40th AIAA/ASME/SAE/ASEE Joint Propulsion Conference and Exhibit，2004.

[6] Goonko Y P, Mazhul I I, Markelov G N. Convergent-flow-derived waveriders[J]. Journal of Aircraft, 2000, 37(4)：647－655.

[7] 贺旭照,倪鸿礼.密切内锥乘波体设计方法和性能分析[J].力学学报,2011,43(5)：803－808.

[8] Molder S. Internal axisymmetric conical flow[J]. AIAA Journal, 1967, 5(7)：1252－1255.

[9] 贺旭照,倪鸿礼.密切曲面锥乘波体-设计方法和性能分析[J].力学学报,2011,43(6)：1077－1082.

[10] Anderson B H. Design of supersonic inlets by a computer program incorporating the method of characteristics[R]. Cleveland：Lewis Research Center, NASA TN D－4960, 1969.

[11] He X Z, Le J L. Design of a curved cone derived waverider forebody[C]. Bremen：16th AIAA/DLR/DGLR International Space Planes and Hypersonic Systems and Technologies Conference, 2009.

[12] He X Z, Le J L. Design and analysis of osculating general curved cone wave rider[J]. Aircraft Engineering and Aerospace Technology, 2017, 89(6)：797－803.

第 5 章

密切最小阻力锥乘波体

密切锥乘波体采用直锥生成,继承了直锥流场的基本特性,如果采用第 3 章介绍的最小阻力锥作为基准流场,所生成的乘波体应该能继承最小阻力旋成体的流场基本特性,在相同的容积约束下,较直锥乘波体具有更小的阻力,能在相同容积约束下获得更大的升阻比,这样可以进一步提升乘波体的综合性能,拓展乘波体的应用领域。

乘波体设计一般都需要采用流线追踪技术,获得乘波体的压缩面。采用特征线方法获得的超声速流场,能得到精确的激波结构,在特征线流场中追踪出的流线及由流线生成的乘波体压缩面更为光顺,因此本章首先介绍最小阻力旋成体流场的特征线求解方法,为流线追踪最小阻力乘波体提供良好的基准流场输入,之后介绍最小阻力锥乘波体的设计方法及验证,然后介绍最小阻力锥乘波体的优化,并与直锥乘波体优化设计结果进行对比分析,最后是本章的结论。

5.1 超声速二元等熵流场的特征线求解

最小阻力旋成体产生弯曲的激波结构,弯曲斜激波后的流场,垂直于流线方向存在熵的梯度和总焓梯度,这样的流场是有旋的,即存在涡量,但这样的流场沿着流线熵和总焓可以是常数。这种沿流线熵是常数,在垂直于流线方向存在熵梯度的流场,称为等熵有旋流动。综合参考文献[1]和[2],给出等熵有旋流动的特征线求解过程。

二元超声速等熵有旋流沿左行、右行马赫线的特征线方程和相容性方程为

$$\left(\frac{\mathrm{d}y}{\mathrm{d}x}\right)_{\pm} = \lambda_{\pm} = \tan(\theta \pm \mu) \tag{5.1}$$

$$\frac{\sqrt{Ma^2 - 1}}{\rho V^2}\mathrm{d}p_\pm \pm \mathrm{d}\theta_\pm + \delta\frac{\sin\theta\mathrm{d}x_\pm}{yMa\cos(\theta \pm \mu)} = 0 \tag{5.2}$$

沿流线的特征线方程和相容关系式分别为

$$\left(\frac{\mathrm{d}y}{\mathrm{d}x}\right)_0 = \lambda_0 = v/u = \tan\theta \tag{5.3}$$

$$\rho V\mathrm{d}V + \mathrm{d}p = 0 \tag{5.4}$$

$$\mathrm{d}p - a^2\mathrm{d}\rho = 0 \tag{5.5}$$

其中,±表示沿左行或右行特征线成立的关系式;x、y 分别为轴向坐标和纵向坐标;p、ρ、V、θ 分别表示流场的压力、密度、速度和流动方向角,$\theta = \tan^{-1}\left(\dfrac{v}{u}\right)$,$V = \sqrt{u^2 + v^2}$;马赫角 $\mu = \sin^{-1}\dfrac{1}{Ma}$,$Ma = V/a$,$a = \sqrt{\gamma RT}$ 为声速,流动的状态方程为 $p = \rho RT$,R 为气体常数,T 为温度;对于二维流动 $\delta = 0$,轴对称流动 $\delta = 1$。

上述特征线方程和相容性方程均是常微分方程,它们代替了定常二维等熵超声速流动的偏微分方程组。对式(5.1)~式(5.5)构成的方程组进行差分变换,并联立相关的边界条件,即可构造出求解流场各单元过程的有限差分数值算法。

应用特征线方法数值求解超声速流场的核心是组合运用多种单元过程,完成对流场的求解,典型的单元过程有内点单元过程、直接壁面点单元过程及激波点单元过程等。

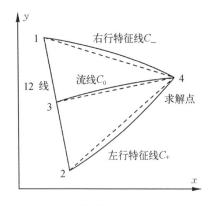

图 5.1   内点求解单元过程示意图

5.1.1   内点单元过程

内点单元过程是指已知流场内点 1 和点 2 的坐标和流动参数,求解从点 1 和点 2 发出的特征线相交于点 4 的坐标和流场参数,如图 5.1 所示。点 1 和点 2 是 C_+ 和 C_- 马赫线上的初值点,线 12 是这两点的连线,从点 4 返回的流线 C_0 与线 12 交与点 3,点 3 处的参数用点 1 和点 2 的参数线性内插确定。

针对图中的几何关系,将沿马赫线和流线的特征线方程式(5.1)和式(5.3)离散化处

理,并考虑点 1 和点 2 的几何关系,有

$$y_4 - \lambda_+ x_4 = y_2 - \lambda_+ x_2 \tag{5.6}$$

$$y_4 - \lambda_- x_4 = y_1 - \lambda_- x_1 \tag{5.7}$$

$$y_3 - \lambda_0 x_3 = y_4 - \lambda_0 x_4 \tag{5.8}$$

$$y_3 - \lambda_{12} x_3 = y_2 - \lambda_{12} x_2 \tag{5.9}$$

其中, $\lambda_+ = \tan(\theta + \mu)$; $\lambda_- = \tan(\theta - \mu)$; $\lambda_0 = \tan\theta$; λ_{12} 为线 12 的斜率。

考虑图 5.1 的内点求解过程,相容性方程式(5.2)、式(5.3)、式(5.5)的差分形式:

$$\rho V(V_4 - V_3) + p_4 - p_3 = 0 \tag{5.10}$$

$$p_4 - p_3 = a^2(\rho_4 - \rho_3) \tag{5.11}$$

$$\theta_4 - \theta_2 + \frac{\sqrt{Ma^2 - 1}}{\rho V^2}(p_4 - p_2) + \delta \frac{\sin\theta}{yMa\cos(\theta + \mu)}(x_4 - x_2) = 0 \tag{5.12}$$

$$\theta_4 - \theta_1 - \frac{\sqrt{Ma^2 - 1}}{\rho V^2}(p_4 - p_1) - \delta \frac{\sin\theta}{yMa\cos(\theta - \mu)}(x_4 - x_1) = 0 \tag{5.13}$$

现在的问题归结为,已知点 1 和点 2 的位置和流动参数 x_1、y_1、p_1、ρ_1、V_1、θ_1 及 x_2、y_2、p_2、ρ_2、V_2、θ_2,求解 x_4、y_4、p_4、ρ_4、V_4、θ_4 及 x_3、y_3 共 8 个未知参数,式(5.6)~式(5.13)共有 8 个方程,该问题是可解的。但方程的系数 $\lambda_\pm$、λ_0、ρV、a、$\sqrt{Ma^2 - 1}/\rho V^2$、$\delta \sin\theta / [yMa\cos(\theta \pm \mu)]$ 均与待求点 4 的位置相关,无法直接求解,本书采用具有二阶精度的改进型欧拉预估-校正迭代算法进行求解,步骤如下。

(1) 预估点 4 的坐标位置和流动参数。分别将点 2 及点 1 的值代入式(5.6)和式(5.7),求解方程的系数,即 $\lambda_+ = \tan(\theta_2 + \mu_2)$, $\lambda_- = \tan(\theta_1 - \mu_1)$,获得点 4 的坐标预估值 x_4、y_4。

(2) 预估点 3 的位置坐标和流动参数。采用迭代的方法求得点 3 的位置和流动参数。给出点 3 的流动角的初次预估值 $\theta_3 = (\theta_1 + \theta_2)/2$,求得 $\lambda_0 = \tan\theta_3$,代入式(5.8),由式(5.8)和式(5.9)求出点 3 的位置;点 3 的流动参数则由点 1 和点 2 流动参数值进行线性插值获得。依据新的点 3 的参数,得到新的 θ_3,求得

新的 λ_0,再由式(5.8)和式(5.9)求出新的点 3 的位置,插值出新的点 3 出的流动参数;如此迭代直到两次试算的 x_3 和 y_3 小于允许误差。这样,点 1、点 2 和点 3 的位置和流动参数以及点 4 的位置都为已知。

(3)预估求解点 4 的流动参数。式(5.12)中的系数用点 2 参数代入求得,式(5.13)中的系数用点 1 参数代入求得,即

$$\theta_4 - \theta_2 + \frac{\sqrt{Ma_2^2 - 1}}{\rho_2 V_2^2}(p_4 - p_2) + \delta\frac{\sin\theta_2}{y_2 Ma_2\cos(\theta_2 + \mu_2)}(x_4 - x_2) = 0$$

$$(5.14)$$

$$\theta_4 - \theta_1 - \frac{\sqrt{Ma_1^2 - 1}}{\rho_1 V_1^2}(p_4 - p_1) - \delta\frac{\sin\theta_1}{y_1 Ma_1\cos(\theta_1 - \mu_1)}(x_4 - x_1) = 0$$

$$(5.15)$$

联立求解上式获得 p_4 和 θ_2,x_4 采用(2)中求出的已知值。同样将求解获得的点 3 的参数代入式(5.10)和式(5.11),获得点 4 的 ρ_4 和 V_4,即

$$p_4 - p_3 = a_3^2(\rho_4 - \rho_3) \tag{5.16}$$

$$\rho_3 V_3(V_4 - V_3) + p_4 - p_3 = 0 \tag{5.17}$$

这样点 4 的流动参数都确定了。以上完成了改进的欧拉预估校正法中的预估步。

(4)校正点 4 的位置坐标。用点 2 和点 4 的参数 y、p、ρ、V、θ 的平均值和点 1、点 4 参数的平均值分别求解左行特征线方程式(5.6)和右行特征线方程式(5.7)的系数 $\lambda_{\pm}$(通过平均参数,获得平均马赫角),求得的系数代入式(5.6)和式(5.7),便得到了点 4 坐标 x_4 和 y_4 的校正值。

(5)校正点 3 的位置坐标和流动参数。令 $\lambda_0 = \tan[(\theta_3 + \theta_4)/2]$,再将新求得的点 4 坐标值 x_4 和 y_4 代入式(5.8)和式(5.9)式,可得点 3 的坐标值 x_3 和 y_3。在点 1 和点 2 之间内插得到点 3 的流动参数,用新的点 3 的流动参数 θ_3 更新 $\lambda_0 = \tan[(\theta_3 + \theta_4)/2]$ 的值,反复迭代直至点 3 坐标收敛。这样就获得了点 3 的校正位置和流动参数。

(6)校正点 4 的流动参数。用点 2 和点 4 的参数 y、p、ρ、V、θ 的平均值和点 1、点 4 参数的平均值分别求解式(5.12)和式(5.13)中的系数,例如 $y_+ = (y_2 + y_4)/2$,先求原始变量 y、p、ρ、V、θ 的平均值,再由获得的平均值换算马赫数、马

赫角等物理量。获得的系数代入式(5.12)和式(5.13)中求得 p_4、θ_4 的校正值。

用点 3 和点 4 流动参数的平均值求解式(5.10)和式(5.11)中方程的系数，代入式(5.10)和式(5.11)获得 ρ_4、V_4 的校正值。

(7) 为进一步提高精度，需要对上述(4)~(6)之间反复迭代，获得收敛的 4 点的位置坐标和流动参数，以压力 p_4 收敛到一定范围为标志。

5.1.2　直接壁面点单元过程

直接壁面点单元过程是指给定右行马赫线 C_- 上内点 2 和壁面点 3 的位置坐标和流动参数，并给定壁面型线 3—4，求解由内点 2 发出的左行马赫线 C_+ 与壁面的交点 4 的位置坐标和流动参数。由于壁面型线已知，速度矢量和壁面相切，以下关系式成立：

$$y = y(x) \tag{5.18}$$

$$\mathrm{d}y/\mathrm{d}x = \tan\theta = v/u \tag{5.19}$$

点 4 处满足

$$y_4 = y(x_4) \tag{5.20}$$

$$\tan\theta_4 = (\mathrm{d}y/\mathrm{d}x)_4 \tag{5.21}$$

联合左行特征线方程式(5.6)、左行特征线相容性方程式(5.12)及流线相容性方程式(5.10)和式(5.11)，将其重新梳理：

$$y_4 - \lambda_+ x_4 = y_2 - \lambda_+ x_2 \tag{5.22}$$

$$\rho V(V_4 - V_3) + p_4 - p_3 = 0 \tag{5.23}$$

$$p_4 - p_3 = a^2(\rho_4 - \rho_3) \tag{5.24}$$

$$\theta_4 - \theta_2 + \frac{\sqrt{Ma^2 - 1}}{\rho V^2}(p_4 - p_2) + \delta\frac{\sin\theta}{yMa\cos(\theta + \mu)}(x_4 - x_2) = 0 \tag{5.25}$$

这样就形成了 6 个待求变量 x_4、y_4、p_4、ρ_4、V_4、θ_4 和式(5.20)~式(5.25)6 个方程组的封闭系统。

求解直接壁面点单元过程方程组，采用具有二阶精度的改进型欧拉预估-校正迭代算法进行求解，具体步骤如下(图 5.2)。

(1) 预估点 4 的位置坐标 x_4、y_4 和流动方向角 θ_4 及 p_4。

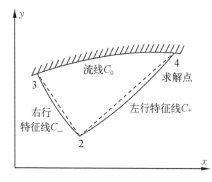

图 5.2　直接壁面点求解过程示意图

用点 2 的位置坐标和流动参数作为沿左行马赫线 C_+ 和相容方程的系数值，联立求解式(5.20)~式(5.22)，获得 x_4、y_4 和 θ_4 的预估值；通过式(5.25)获得 p_4 的预估值。

（2）预估点 4 的流动参数 V_4 和 ρ_4。

用点 3 的流动参数(p_3、ρ_3 和 V_3)作为沿流线 C_0 的方程系数中相应参数的预估值，代入式(5.23)和式(5.24)，即可得到 V_4 和 ρ_4 的预估值。

（3）校正迭代。

类似内点单元过程，校正迭代法是应用点 3 和点 4(沿物面/流线)和点 2 和点 4(沿左行特征线)流动参数的平均值来获取相应方程的系数，重复步骤(1)和(2)，直至达到预定的收敛范围。计算过程中可以将特征线网格点加密，避免点 3 和点 4 跨度较大的问题。

5.1.3　激波点单元过程

图 5.3 为用于确定一个激波点的单元过程示意图。点 1 是激波下游一侧的一个已知点，点 2 是从点 1 发出的右行马赫线上的一个已知点。来流各参数都是已知的，激波下游一侧的点 4 是待求激波点，它位于由点 1 发出的激波和点 2 发出的左行马赫线 24 的交点上。激波 14 的斜率基于点 1 和点 4 处两个激波角的平均值。而点 4 处的激波角是未知的，为了确定点 4 的位置和该点处的参数，需要一个迭代过程，对点 4 处的激波角假定一个值 β_4(初始取点 1 处的激波角)，

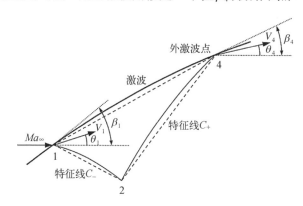

图 5.3　激波点单元过程示意图

则 14 的方程为

$$y_4 - y_1 = \tan\frac{\beta_1 + \beta_4}{2} \cdot (x_4 - x_1) \tag{5.26}$$

左行马赫线 24 方程为

$$y_4 - y_2 = \tan(\theta_2 + \mu_2) \cdot (x_4 - x_2) \tag{5.27}$$

联立此两式,可得点 4 位置 x_4、y_4。同时利用给定的来流参数和假定的激波角,由斜激波关系式可以确定点 4 的流动参数 p_4、ρ_4、V_4、θ_4。将采用斜激波关系式得出的压力记为 p_{4s}。

将 θ_4 代入左行特征线相容关系式(5.12),其系数可由点 2 和斜激波关系式计算获得的点 4 的平均参数获得。由相容关系式算出点 4 的压力记为 p_{4c},若 $\Delta p_4 = |\,p_{4c} - p_{4s}\,|$ 小于允许误差,则激波点 4 的计算完成。若误差未满足要求,则由下式反算出点 4 的激波角 β_4:

$$\frac{p_{4c}}{p_\infty} = 1 + \frac{2\gamma}{\gamma + 1}(Ma_\infty^2 \sin^2\beta_4 - 1) \tag{5.28}$$

重复上述过程,直至 Δp_4 小于允许误差。迭代过程中,式(5.27)的系数 $\tan(\theta + \mu)$ 用点 2 和点 4 流动参数的平均值计算。

5.2　最小阻力锥乘波体设计

5.2.1　最小阻力锥流场的特征线求解

数值离散后的最小阻力锥顶点 O 到第一个数值离散点 A 之间,为一固定来流马赫数的直锥流动,见图 5.4 中的 OAB 区域,流动采用 4.1 节中介绍的 Taylor - Maccoll 方程描述及求解。

图 5.4 中 OA 段是直锥,AC 段是曲锥。从点 A 发出的左行特征线 C_+ 与直激波 OB 交于点 B,OAB 区域属于锥形流动,出口左行特征线 AB 上的流动参数由 Taylor - Maccoll 方程和左行特征线共同确定(点 A 的流动参数已知,从点 A 发出的一定长度的左行特征线到达点 E,在已知锥形流场中获得点 E 的流动参数;如果需要更精确地获得点 E 的特征线位置和参数,采用点 A 和点 E 参数的平均值求解点 A 左行特征线斜率后,求解点 E 坐标和参数,循环迭代直至收敛),并作

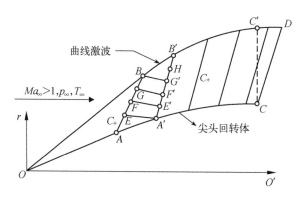

图 5.4　最小阻力锥流场的特征线求解示意图

为求解曲锥段 *ABDC* 区域的初值线。

在初值线上均匀布置 *N* 个点(示例图中为 5 个),初值点 *A* 在物面上,初值点 *B* 在激波上,由 *AB* 线上的初值点求解 *ABDC* 区域的步骤如下。

(1)由初值点开始,应用前面所述的直接壁面点单元过程求解壁面点 *A′*(壁面点单元 *AEA′*),并多次应用内点单元过程(内点单元 *FA′E′*、*GE′F′*、*BF′G′*),求解 *E′*、*F′*、*G′*,直至求解获得该条左行特征线上的最后一个内点 *G′*。以壁面点 *A′* 为例,直接壁面点单元过程是指已知壁面函数 $y(x)$,壁面点 *A* 和内点 *E* 的位置坐标和流动参数,求由点 *E* 发出的右行特征线 *C₋* 与壁面的交点 *A′* 的位置坐标和流动参数。以内点 *E′* 求解为例,内点单元过程是指已知点 *A′* 和点 *F* 的位置坐标和流动参数,求由点 *A′* 发出的左行特征线 *C₊* 与由点 *F* 发出的右行特征线 *C₋* 的交点 *F′* 的位置坐标和流动参数。

(2)由内点 *G′* 和上游激波点 *B* 的位置坐标和流动参数,应用前述的激波点单元过程,求解得到激波点 *B′*。

(3)由于左行特征线 *G′B′* 随特征线推进求解过程逐渐增长,为提高精度,在每次进行激波点单元过程后,通过线性内插的方式在内点 *G′* 和激波点 *B′* 之间增加 N_s 个点(示例图中取为 1),并均匀布置在两者之间。

(4)左行特征线 *A′B′* 上的离散点计算完成以后,特征线网格向下游推进,计算下一条壁面发出的左行特征线,直至整个曲锥 *ABDC* 区域计算完毕。

(5)对求解完成的流场,沿曲锥末端点 *C* 的 *x* 轴坐标进行数值截断,去除多余的流场部分,如图 5.4 中的虚线所示。

以来流马赫数为 6,长细比为 10,经过优化的最小阻力幂指数体曲线 x^n 为例展示曲锥特征线求解方法的应用,其中 *n* 值约为 0.682。图 5.5 为尖头直锥段

OAB 区域的流场云图,在出口左行特征线 AB 上均分为 10 等份,作为求解曲锥的初始特征线。图 5.6 为曲锥 $ABCC'$ 段的流场云图,对轴向距离大于 1 的部分进行数值截断。图 5.7 将特征线数值求解结果和 CFD 数值仿真结果进行对比,流

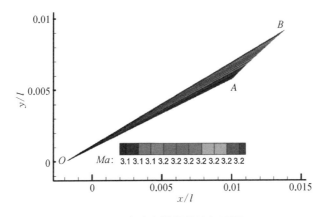

图 5.5　尖头直锥段的流场云图

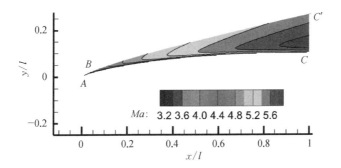

图 5.6　曲锥 $ABCC'$ 段的特征线流场云图

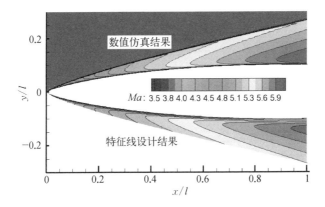

图 5.7　特征线流场求解和 CFD 数值仿真结果对比

场参数等值线分布一致,说明目前的特征线求解过程及编制的特征线求解程序是可靠的,为后续的最小阻力锥乘波体设计优化奠定了基础。

5.2.2 密切最小阻力锥乘波体设计

采用 4.2 节中相同的激波型线和前缘型线的定义方法设计密切最小阻力锥乘波体。最小阻力锥基准流场为来流马赫数 6,长细比 1:0.075 的最小阻力 g_1 曲线。图 5.8 为计算获得的最小阻力基准流场的马赫数云图,压缩呈现前强后弱的分布规律

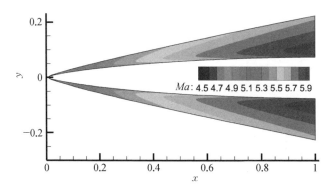

图 5.8 最小阻力锥乘波体基准流场马赫数云图

密切最小阻力锥乘波体方法同密切锥方法最大的不同是密切最小阻力锥方法的基准锥采用的是上文中设计的最小阻力锥。

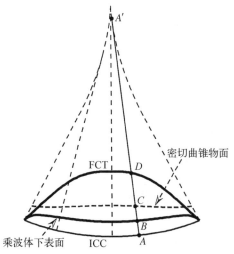

图 5.9 密切最小阻力锥乘波体出口
截面设计示意图

首先定义乘波体的 ICC 和 FCT,在 ICC 型线上找到密切面 AA',如图 5.9 所示。在一个密切面内,将最小阻力锥等比例缩放,使得图 5.10 中的对应点与图 5.9 中的对应点匹配,沿着点 D 向前水平投影,与曲激波相交于点 D',沿着 D' 向后流线追踪,得到最小阻力曲面锥中的一条流线,就形成了在一个密切面内的密切最小阻力锥乘波体的下表面。通过坐标变换把密切面内的流线变换到三维

空间,把追踪得到的流线组合在一起,就形成了密切最小阻力锥乘波体的下表面。在目前的设计中,ICC 采用超椭圆型线,FCT 采用一条直线段光滑衔接一条五次型线,和 4.2 节中密切锥乘波体设计中介绍的相同。

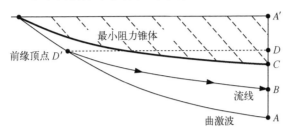

图 5.10　密切最小阻力锥乘波体在密切面内的设计示意图

采用上文介绍的设计方法,利用图 5.8 所示的基准流场,设计了一个密切最小阻力锥乘波体。ICC 的设计变量为:长短轴比 $\phi = 0.9$,终止角度 $\theta = 0.6$,超椭圆指数 $n = 2$;FCT 设计变量为:$H = 0.6$,$L = 1/20$,控制点 B 的斜率和曲率倒数分别为 -0.5 和 0.001。

图 5.11 为本次设计示例的密切最小阻力锥乘波体在密切面内的设计示例图,图中标注出了曲率中心点、等效锥面、ICC、FCT 及乘波体下表面等位置关系。由于 ICC 的长短轴比小于 1,呈现出的 ICC 及等效锥面在法向外凸更明显。图 5.12 为本次设计获得的乘波体的三维视图,乘波体中心部位有较为明显的突出,该乘波体的容积系数为 $V^{2/3}/S = 0.128\,3$,其中 V 为乘波体的体积,S 为其在展向平面内的投影面积。设计乘波体的几何参数对比如表 5.1 所示,其中计算值是设计程序计算得到的,测量值是三维造型软件测量得到的。

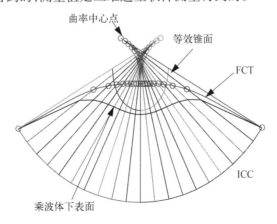

图 5.11　密切最小阻力锥乘波体在密切面内的设计示例

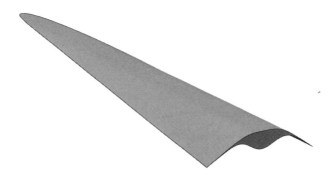

图 5.12　密切最小阻力锥乘波体三维视图

表 5.1　密切最小阻力锥乘波体几何参数对比

参　　数	计　算　值	测　量　值
体积/m³	0.191 2	0.191 209
底部面积/m²	0.080 6	0.080 434
展向投影面积/m²	2.587 0	2.592 4
容积系数	0.128 3	0.128 3

　　使用 CFD 方法对设计的密切最小阻力锥乘波体进行数值仿真,并和理论设计结果进行了对比,理论设计结果为在最小阻力锥流场中追踪出的流线及流线上流场参数积分获得的。流场计算使用 FlowStar 软件,求解无黏 Euler 方程,网格为结构网格,网格总量为 1 000 万。

　　图 5.13 为乘波体底部截面压力等值线云图。图 5.14 为密切最小阻力锥乘波体数值仿真三维流场,图中展示了表面压力云图和等流向截面马赫数等值线,从图中可以看出,乘波体激波完全贴合下压缩面前缘,对称面的流动结构也继承了最小阻力锥的流场结构。图 5.15 为密切最小阻力锥乘波体下表面压力等值线理论和数值仿真结果对比,压力分布呈现前高后低的规律,理论结果和数值仿真结果一致,在乘波体的后半部分略有差别,图 5.16 为乘波体的对称面压力分布设计和 CFD 结果的对比,分布规律一致,在乘波体对称面后半部分,数值仿真结果略高于理论结果。设计程序和 CFD 仿真得到的气动力系数和升阻比对比如表 5.2 所示,可以看出两者结果差别甚微,其中底部压力取 $p_b = p_\infty$。

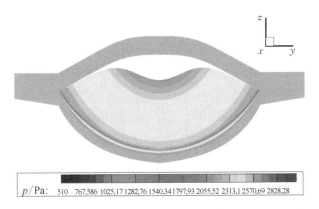

$p/\text{Pa}:$　510　767.586　1025.17 1282.76 1540.34 1797.93 2055.52 2313.1 2570.69 2828.28

图 5.13　密切最小阻力锥乘波体底部截面压力云图

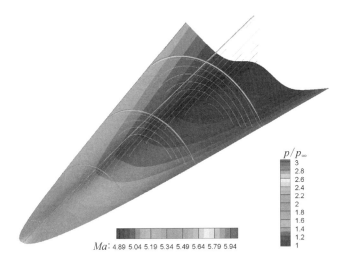

p/p_∞
3
2.8
2.6
2.4
2.2
2
1.8
1.6
1.4
1.2
1

$Ma:$ 4.89 5.04 5.19 5.34 5.49 5.64 5.79 5.94

图 5.14　密切最小阻力锥乘波体数值仿真三维流场

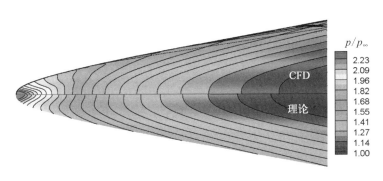

p/p_∞
2.23
2.09
1.96
1.82
1.68
1.55
1.41
1.27
1.14
1.00

CFD

理论

图 5.15　密切最小阻力锥乘波体下表面压力等值线理论和数值仿真结果对比

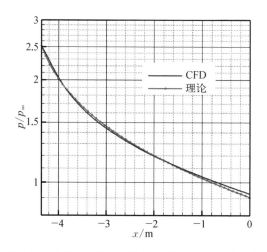

图 5.16　密切最小阻力锥乘波体对称面压力分布理论和数值仿真结果对比

表 5.2　曲锥乘波体的气动力系数理论和 **CFD** 对比

性　能	理　　论	CFD
C_L	0.065	0.064 9
C_D	0.002 6	0.002 66
升阻比	24.28	24.36

　　从以上分析结果看,设计结果和数值仿真结果一致,既验证了密切最小阻力锥乘波体的设计方法,同时也验证了目前设计软件的可靠性。

5.3　密切乘波体的优化对比

　　乘波体基于基准流场设计获得,自然也继承了基准流场的基本特性。本节对密切直锥乘波体和密切最小阻力锥乘波体开展对比优化研究,考察其性能的变化规律,为该类乘波体设计使用提供参考。

5.3.1　乘波体设计状态气动性能评估

要对乘波体的气动特性进行优化,就需要快速计算乘波体的升力和阻力。

乘波构型的气动力计算采用对表面微元的气动积分求得，表面微元的节点压力通过基准流场对应追踪流线上的值确定，摩擦阻力采用工程方法修正获得。

图 5.17 为乘波构型性能计算时的表面微元，图中连线的交点为流线追踪得到的点。图中阴影部分微元的面积为

$$A_W = 0.5 \mid C \mid = 0.5 \mid A \times B \mid \tag{5.29}$$

A 向量和 B 向量分别为三角微元的两条边，C 为 A 向量和 B 向量的乘积。乘波体下表面压力由流线上的压力确定，上表面为自由流压力。三角形微元的平均表面压力为

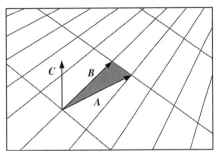

图 5.17　乘波构型的表面微元

$$p_{ave} = (p_0 + p_1 + p_2)/3 \tag{5.30}$$

三角形微元的平均表面摩擦阻力为

$$\tau_{ave} = (\tau_0 + \tau_1 + \tau_2)/3 \tag{5.31}$$

由此得到三角形微元的升力为

$$L = p_{ave}A_W \frac{C_y}{\mid C \mid} + \tau_{ave}A_W \frac{B_y}{\mid B \mid} \tag{5.32}$$

三角形微元的阻力为

$$D = p_{ave}A_W \frac{C_x}{\mid C \mid} + \tau_{ave}A_W \frac{B_x}{\mid B \mid} \tag{5.33}$$

乘波体的总升力和总阻力对所有微元进行积分得到，B_x、B_y、C_x、C_y 为矢量 B、C 在 x 和 y 轴方向的分量。

乘波体下表面压力是密切面内流线上的压力，上表面压力为自由流压力，乘波体的摩擦阻力可由参考温度法近似给出[3]。参考温度法基于平板不可压黏性流动的摩擦阻力计算公式，通过参考温度下的物性参数来反映可压缩性的影响。

假设整个乘波构型表面为充分发展的湍流，湍流剪切应力的计算公式为

$$\tau_t \approx \frac{0.0592}{Re^{*0.2}}(0.5\rho^* U_e^2) \tag{5.34}$$

其中,

$$Re^* = \frac{\rho^* U_e x}{\mu^*} \tag{5.35}$$

$$\rho^* = \frac{p}{RT^*} \tag{5.36}$$

U_e 表示紧邻边界层主流区的速度;x 为前缘算起的流线长度。黏性系数 μ^* 由下式确定:

$$\mu^* = 1.789 \times 10^{-5}\ \text{kg}/(\text{m} \cdot \text{s}) \left(\frac{T^*}{288\ \text{K}}\right)^{\frac{3}{2}} \frac{288\ \text{K} + 110\ \text{K}}{T^* + 110\ \text{K}} \tag{5.37}$$

参考温度 T^* 按下式确定:

$$\frac{T^*}{T_e} \approx 0.5 + 0.039 Ma_e^2 + 0.5 \frac{T_W}{T_e} \tag{5.38}$$

式中,T_W 为壁面温度,T_e 和 Ma_e 为临近边界层主流区的温度和马赫数。图 5.18 给出了 $Ma = 2.244$ 的湍流平板摩阻的理论值、CFD 结果[4]和参考温度法的比较,可以看出参考温度方法在估计超声速流动摩阻上,还是比较准确的。

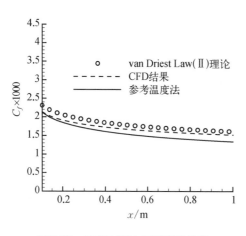

图 5.18　超声速湍流平板摩阻比较

乘波体的底部阻力的精确仿真计算比较复杂,文献[5]专门研究了高超声速底部阻力问题,为简化求解,本书考察底部压力分别为 $p_b = 0$,$p_b = p_\infty$,$p_b = p_{P\text{-}M}$ 时,对乘波体性能的影响,其中 $p_{P\text{-}M}$ 为采用 Prantl - Mayer 流动理论计算底部阻力的情况,具体表达式如下(δ 的单位是弧度)[6]:

$$\frac{p_b - p_\infty}{0.5 \rho_\infty V_\infty^2} = C_{p_b} = -\frac{\gamma + 1}{2} \delta^2 \left\{ \sqrt{1 + \left[\frac{4}{(\gamma + 1) Ma_\infty \delta}\right]^2} - 1 \right\} \tag{5.39}$$

式中,δ 是撞击角,为来流矢量和膨胀面的夹角,对于乘波体 0° 攻角底部压力系数计算,$\delta = \pi/2$;p_∞ 为来流压力。

5.3.2　乘波体容积系数的计算

以乘波体的容积系数和升阻比为目标开展多目标优化,容积系数定义为乘波体体积的 2/3 次方除以展向投影面积,即 $V^{2/3}/S$,V 代表乘波体体积,S 为展向投影面积。

对生成的乘波体上下表面分别划分网格,如图 5.19 所示,通过对乘波体的面积微元和体积微元进行积分得到总的表面积和体积。

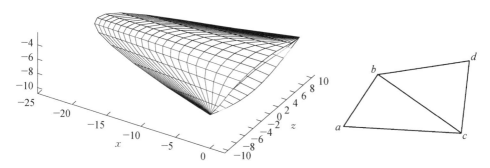

图 5.19　乘波体上下表面网格剖分　　　　图 5.20　面积计算示意图

每个面积微元是一个四边形,求面积时分成两个三角形来计算,如图 5.20 所示,表面微元 S_i 由 a、b、c、d 四个节点组成,该微元的面积可由式(5.40)求得。

$$S_i = S_{abc} + S_{bcd} = \frac{1}{2} | \boldsymbol{ba} \times \boldsymbol{ca} | + \frac{1}{2} | \boldsymbol{bd} \times \boldsymbol{cd} | \qquad (5.40)$$

该微元的在垂直 y 轴平面投影面积可由下式获得:

$$S_{i,y} = S_{abc} \frac{\boldsymbol{n}_{abcy}}{| \boldsymbol{n}_{abc} |} + S_{bcd} \frac{\boldsymbol{n}_{bcdy}}{| \boldsymbol{n}_{bcd} |} \qquad (5.41)$$

其中, $\boldsymbol{n}_{abc} = \boldsymbol{ba} \times \boldsymbol{ca}$, $\boldsymbol{n}_{bcd} = \boldsymbol{bd} \times \boldsymbol{cd}$,表示微元的法向量;$\boldsymbol{n}_{abcy}$ 表示 $\boldsymbol{n}_{abc}$ 在法向 y 轴的投影分量。

乘波体可以被上下表面对应的微元剖分为若干六面体微元,求体积时分成两个三棱柱来计算,每个三棱柱又可以分成三个四面体,如图 5.21 所示,六面体微元 V_i 由 a、b、c、d、$a1$、$b1$、$c1$、$d1$ 八个节点组成。

其体积可表示成 6 个四面体体积之和:

$$\begin{aligned} V_i &= V_{abca1b1c1} + V_{bcdb1c1d1} \\ &= V_{abca1} + V_{bca1b1} + V_{ca1b1c1} \\ &\quad + V_{bcdc1} + V_{bdb1c1} + V_{db1c1d1} \end{aligned} \qquad (5.42)$$

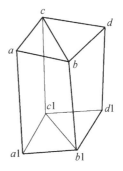

图 5.21　体积计算示意图

四面体的体积计算方法有两种,一种是利用向量的混合积,另一种是利用行列式,以行列式方法和四面体 $abca1$ 为例,对应的体积为

$$V_{abca1} = \frac{1}{6} \begin{vmatrix} 1 & 1 & 1 & 1 \\ x_a & x_b & x_c & x_{a1} \\ y_a & y_b & y_c & y_{a1} \\ z_a & z_b & z_c & z_{a1} \end{vmatrix} \tag{5.43}$$

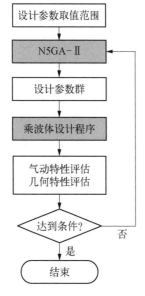

图 5.22 乘波体设计优化流程

5.3.3 乘波体优化流程

基于自研的乘波体设计程序和多目标优化算法 NSGA −II[7],搭建了优化设计平台,开展密切乘波体的优化,优化流程如图 5.22 所示。优化目标为乘波体的升阻比 K 和容积系数 $V^{2/3}/S$ 最大,希望获得容积系数和乘波体升阻比的 Pareto 前沿,为乘波体的选择使用提供指引。

乘波体激波型线和前缘型线的描述同 4.2 节,优化变量为激波型线参数 θ、ϕ,激波型线的参数 n 取固定值为 2;前缘型线参数: H、L 及 B 点的斜率和曲率半径的倒数 $y'(x_B)$、$1/R(x_B)$,优化变量的取值范围见下表,其中,H、L 为无量纲量,定义见 4.2.1 小节。表 5.3 给出了乘波体优化设计变量取值范围。优化时种群规模选择 200,优化 30 代。

表 5.3 乘波体优化设计变量取值范围

参　数	最　小　值	最　大　值
ϕ	0.9	3
θ	0.6	1.2
H	1	6
L	1/1 000	1/10
$y'(x_B)$	−1	0
$1/R(x_B)$	0	2

5.3.4 不同底部压力对优化结果的影响

本小节首先研究了不同底部阻力表达形式对优化结果的影响。为使优化结果具有通用性,优化过程中乘波体性能采用无黏流动评估结果。基于线化超声速流理论和细长体假设并使用变分法,2.4 节中给出一种最小波阻旋成体[8],称为船型体。本节选择此旋成体作为密切曲锥乘波体的基准体,取无量纲体积 $V/l^3 = 0.05$,底部半径 $r_b = 0.166$,其中 V 为旋成体的体积,l 为旋成体的长度。此最小阻力旋成体的特征线流场结构如图 5.23 所示,对应来流马赫数为 6。

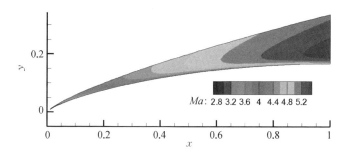

图 5.23　最小阻力旋成体的特征线马赫数云图

图 5.24 为 $p_b = 0$ 时的密切最小阻力锥乘波体的多目标设计优化结果,图 5.25 为 $p_b = p_{P-M}$ 时的密切最小阻力锥乘波体的多目标设计优化结果,图 5.26 为 $p_b = p_\infty$ 时的密切最小阻力锥乘波体的多目标设计优化结果。从优化设计的结果可以看出,由于是针对乘波体设计状态 0° 攻角时的升阻比进行优化,在乘波体

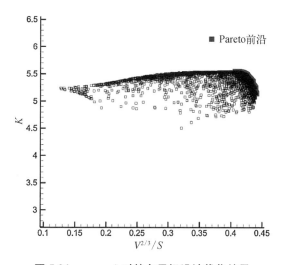

图 5.24　$p_b = 0$ 时的多目标设计优化结果

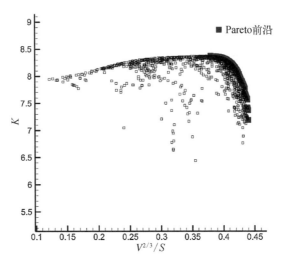

图 5.25 $p_b = p_{P\text{-}M}$ 时的多目标设计优化结果

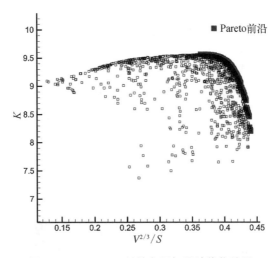

图 5.26 $p_b = p_\infty$ 时的多目标设计优化结果

容积系数较小时,乘波体的压缩量较小,随着乘波体容积系数增大,乘波体压缩量增加,对应升阻比也增加。三种底部压力情况下,乘波体优化的最优前沿都集中在高容积系数区域,此时的乘波体较为细长,压缩量较大。底部压力对升阻比影响较大,$p_b = 0$ 时升阻比最小;$p_b = p_\infty$ 时升阻比最大,此时相当于底部阻力为零;$p_b = p_{P\text{-}M}$ 时得到的升阻比在两者之间。$p_b = p_{P\text{-}M}$ 时的结果比较接近实际状态,后续乘波体优化采用底阻为 $p_b = p_{P\text{-}M}$ 时的结果。

5.3.5　乘波体的对比优化

为了对比说明直锥乘波体和最小阻力锥乘波体的升阻比差异,本节给出了在相同基准锥体积情况下,相同设计变量约束范围内的直锥乘波体和最小阻力锥乘波体的性能差异,最小阻力曲锥仍取 5.3.4 小节的船型体。乘波体底部压力都为 $p_b = p_{P-M}$,基准锥无量纲体积分别取 $V/l^3 = 0.05$ 和 $V/l^3 = 0.025$。

(1)无量纲体积 $V/l^3 = 0.05$。

最小阻力锥底部半径为 $r_b = 0.166$,对应的同体积的直锥角度为 $12.325\,9°$。图 5.27 为 $V/l^3 = 0.05$ 时的基准曲锥和直锥的型线对比,可以看到最小阻力锥型线前端饱满,后端平缓。图 5.28 为采用表 5.3 的相同的变量约束,基于图 5.27 中基准型线的流场,获得的乘波体升阻比和容积系数的优化结果,从图中可看

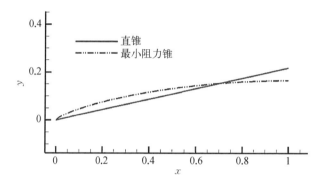

图 5.27　基准直锥和最小阻力锥型线对比

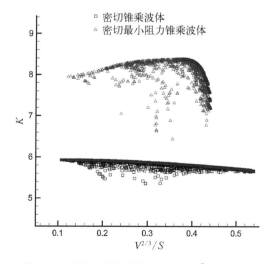

图 5.28　优化乘波体结构对比 ($V/l^3 = 0.05$)

出,最小阻力锥乘波体的设计优化结果,在相同体积系数时,升阻比明显高于直锥乘波体的结果,直锥乘波体的升阻比在 6 以下,最小阻力锥乘波体的最优前沿升阻比可大于 8,较直锥乘波体大 1/3 以上。

图 5.29 和图 5.30 给出了在相同容积系数 $V^{2/3}/S = 0.17$ 时的直锥乘波体和最小阻力锥乘波体的三维外形图,直锥乘波体的升阻比 $K = 5.92$,曲锥乘波体的升阻比 $K = 7.81$,曲锥乘波体外形更为饱满。

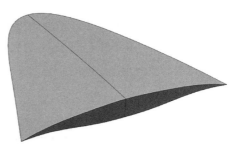

图 5.29　直锥乘波体 $V^{2/3}/S = 0.17$,
$K = 5.92$

图 5.30　最小阻力锥乘波体 $V^{2/3}/S = 0.17$,
$K = 7.81$

（2）无量纲体积 $V/l^3 = 0.025$。

图 5.31 对比了体积系数 $V/l^3 = 0.025$ 的基准直锥和曲锥的型线。此时最小阻力曲锥底部半径为 $r_b = 0.12$,对应的同体积的直锥角度为 8.783 3°。图 5.32 给出了基于图 5.31 中的基准流场,获得的乘波体优化结果。最小阻力锥乘波体的设计优化结果,升阻比明显高于直锥乘波体的结果,直锥乘波体的升阻比在 9 左右,最小阻力乘波体的最优前沿升阻比可大于 12,在相同体积系数下,升阻比较直锥乘波体大 1/3 以上。

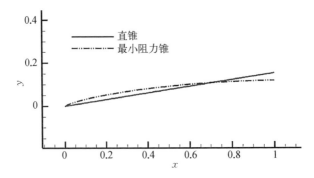

图 5.31　基准直锥和最小阻力曲锥型线对比（$V/l^3 = 0.025$）

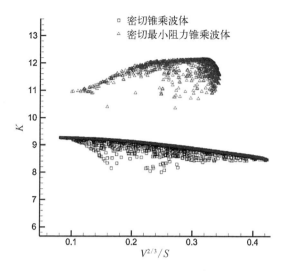

图 5.32　优化乘波体结果对比（$V/l^3 = 0.025$）

从以上优化分析结果可看出,基于最小阻力锥的乘波体,在相同容积系数下,较传统直锥乘波体,具有更好的升阻比特性,可为性能更优的乘波体设计提供借鉴参考。

5.4　本章小结

本章首先介绍了超声速二元等熵有旋流场的特征线和相容性方程,以及典型单元过程的求解步骤;然后阐述了使用上述特征线方法求解最小阻力锥超声速流场的求解过程;接着利用最小阻力锥基准流场设计了密切最小阻力锥乘波体,并进行了验证,结果证明了设计方法的正确性;最后基于密切曲锥乘波体设计方法和多目标优化软件,搭建了设计优化平台,以升阻比和容积系数为优化目标,以底部出口激波型线和前缘型线为设计变量,分别对直锥和曲锥乘波体开展了乘波体的多目标优化设计,并进行了对比。优化中发现底部阻力对优化结果有较大影响,不同设置会得到不同的 Pareto 前沿形状。通过对比直锥和曲锥乘波体的优化结果,在相同容积系数下,最小阻力曲锥乘波体能得到更大的升阻比,初步展现了最小阻力锥乘波体的优势。

最小阻力锥乘波体的设计方法正在发展中,后续还需开展更多研究,例如对比考虑黏性及其他不同最小阻力锥型线设计的密切曲锥乘波体的优化结果。

参考文献

［1］ 左克罗 M J,霍夫曼 J D.气动动力学(下册)［M］.王汝诵,魏叔如,吴宗真,等,译.北京:国防工业出版社,1984.

［2］ 黄挺.特征线法在二维高超声速飞行器中的应用［D］.绵阳:中国空气动力研究与发展中心,2005.

［3］ O'Neill M K L, Lewis M. Optimized scramjet engine integration on a waveride［J］. Journal of Aircraft, 1992, 29(6): 1114 – 1121.

［4］ 贺旭照.高超声速飞行器气动力气动热数值模拟和超声速流动的区域推进求解［D］.绵阳:中国空气动力研究与发展中心,2007.

［5］ Tanner M. Theoretical prediction of base pressure of missile bodies having a turbulent dead air region at supersonic velocities［R］. ESA – TT – 708, 1981.

［6］ 陈志敏,雷延花.天地往返运输器气动力和气动热工程计算方法研究［J］.西北工业大学学报,2001,19(2): 205 – 208.

［7］ Deb K, Pratap A, Agarwal S, et al. A fast and elitist multiobjective genetic algorithm: NSGA – Ⅱ［J］. IEEE Transactions on Evolutionary Computation, 2002, 6(2): 182 – 197.

［8］ Harder K C. Rennemann. C. On boattail bodies of revolution having minimum wave drag［R］. NACA – TN – 3478, 1955.

第6章

高超声速二元进气道设计

进气道衔接飞行器前体和发动机燃烧室,是高超声速一体化气动布局中的重要部件。二元进气道是高超声速进气道中的一类典型方案,在高超进气道设计中具有基础性地位,大多高超声速飞行器和发动机的设计,都是从二元进气道构型出发的。二元高超声速进气道也可以通过不同的变化,产生更丰富的高超声速一体化飞行器的布局方案。利用高超声速二元进气道技术可设计一体化乘波机体/进气道方案、轴对称多通道进气飞行器布局方案等,因此本章介绍作者开展的一种内收缩段可控消波的高超声速二元进气道的设计技术及相关研究工作,筑牢高超飞行器一体化布局技术的基础。6.1节首先介绍先进进气道设计的基本遵循和可控消波高超声速二元进气道的流场结构;6.2节介绍可控消波二元进气道设计采用的等熵无旋特征线及相容性控制方程组;6.3节介绍特征线方程组求解的典型数值过程;6.4节详细介绍可控消波二元进气道的设计过程及结果;6.5节介绍边界层及前缘钝度等对可控消波二元进气道性能的影响;最后是本章小结。本章系统阐述了作者在可控消波二元高超声速进气道方面的研究工作,为高超声速一体化布局技术的研究工作提供借鉴和参考。

6.1 可控消波二元高超声速进气道流场结构

进气道需具备一定的流动压缩能力,将进气道入口流动压缩到适合发动机燃烧室需求的流动参数。同时进气道需满足起动和自起动能力。当进气道由于来流马赫数过低或反压过高而不起动时,如果导致进气道的不起动因素消除,进气道能顺利起动,称为能够"自起动"。Kontrowitz在理论上给出了进气道在特定马赫数下能够自起动的最大内收缩比[1],即正激波位于内收缩段进口截面而喉

道处为声速流的内收缩比,称为"Kontrowitz 限制"(K 限制):

$$\left(\frac{A_\text{i}}{A_\text{t}}\right)_\text{K} = \sqrt{\frac{\gamma + 1}{2 + (\gamma - 1)Ma}Ma^{\frac{\gamma+1}{\gamma-1}}} \cdot \left(\frac{2\gamma}{\gamma + 1}Ma^2 - \frac{\gamma - 1}{\gamma + 1}\right)^{\frac{1}{1-\gamma}} \quad (6.1)$$

式中,A_i 为内压缩段进口面积;A_t 为喉道面积;Ma 为内压缩段进口马赫数。

根据等熵压缩流动理论,当内收缩段等熵的将超声速流动压缩到喉道处为声速流动时,进气道具有的内收缩比为等熵最大内收缩比,表示为

$$\left(\frac{A_\text{i}}{A_\text{t}}\right)_\text{I} = \frac{1}{Ma}\left[\frac{2}{\gamma + 1}\left(1 + \frac{\gamma - 1}{2}Ma^2\right)\right]^{\frac{\gamma+1}{2\gamma-1}} \quad (6.2)$$

当进气道的内收缩比大于等熵内收缩比时,便会造成进气道不起动。由上两式得到的自起动内收缩比和等熵内收缩比与进气道内收缩段进口马赫数的关系如图 6.1 所示。由图可见,K 限制自起动内收缩比在较小范围内,对于进口马赫数 3.5,K 限制内收缩比在 1.45 左右,而等熵内收缩比的数值较大。

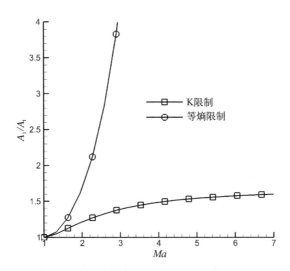

图 6.1　进气道内收缩比的等熵限制和 K 限制

进气道应具有较高的总压恢复系数。较高的总压恢复,有利于提升燃烧室和尾喷管的做功能力,从而提升推进流道的比冲。同时进气道出口流动要尽量均匀,均匀的流动对发动机燃烧室的工作极为有利。进气道也要具备较小的压缩阻力,较小的压缩阻力会提升整个推进流道的比冲。

要满足上述进气道的设计要求,需对高超进气道进行精细化设计。特征线

方法在设计(高)超声速型面上具有独特的优势,本章介绍等熵无旋流动的特征线方法,设计可控消波二元进气道。进气道流场结构如图6.2所示。区域①*AEH*为直线压缩段,若为轴对称流动便是直锥,若是二维流动便是斜激波压缩;区域②*HEK*为等熵压缩段,采用特征线方法,设计一段等熵压缩型面,等熵波交汇于进气道唇口入口点*E*处;区域③*KEI*为过渡段,将流动导入进气道内收缩段;区域④*EJI*为激波反射段,以区域③的流场为来流,

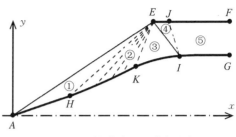

图6.2 可控消波二元高超进气道流场结构示意图

以*EJ*段为唇口型面,采用特征线方法中的激波求解过程,获得该区域的流动参数;区域⑤*IJFG*为消波压缩段,采用特征线流量匹配的方法,设计可控消波段的型面及流动参数。该类型的进气道具有较高总压恢复系数,流动的压缩均匀性好,在超声速飞行器中被广泛应用[2],需要进一步将该类流动结构的进气道拓展到高超领域加以运用。

6.2 等熵无旋特征线控制方程

采用特征线理论设计高超声速进气道,可以采用等熵有旋特征线方法,也可以采用等熵无旋的特征线方法来开展。即使流动是等熵有旋的,也可采用等熵无旋的特征线方法来描述,误差在当地马赫数的0.1%~0.5%[2],从本书研究结果也证实了这点,采用等熵无旋特征线方法设计的进气道,流场参数分布和CFD数值模拟结果完全一致,具有较好的设计精准性,满足设计需求。本节介绍采用等熵无旋特征线方法设计可控消波高超声速二元进气道的特征线控制方程。

等熵无旋特征线方程为

$$\begin{aligned} \mathrm{d}y &= A\mathrm{d}x \quad C_+ \\ \mathrm{d}y &= B\mathrm{d}x \quad C_- \end{aligned} \tag{6.3}$$

相容性方程为

$$\begin{aligned} \mathrm{d}u &= D\mathrm{d}v + F\mathrm{d}x \quad C_+ \\ \mathrm{d}u &= E\mathrm{d}v + G\mathrm{d}x \quad C_- \end{aligned} \tag{6.4}$$

其中,

$$A = \tan(\theta + \mu)$$

$$B = \tan(\theta - \mu)$$

$$D = \tan(\theta + \mu) - \frac{2uv}{u^2 - a^2}$$

$$E = \tan(\theta - \mu) - \frac{2uv}{u^2 - a^2}$$

$$F = G = \frac{\delta a^2}{u^2 - a^2} \frac{v}{y}$$

(6.5)

u、v 分别为沿轴向和法向的速度;流动偏转角 $\theta = \tan^{-1}\frac{v}{u}$;马赫角 $\mu = \sin^{-1}\frac{1}{Ma}$,$V = \sqrt{u^2 + v^2}$,$Ma = V/a$,$a = \sqrt{\gamma RT}$ 为声速;对于二维流动 $\delta = 0$,轴对称流动 $\delta = 1$。

对于绝热理想气体,由能量守恒方程,有

$$\frac{\gamma RT_4}{\gamma - 1} + \frac{1}{2}V_4^2 = \frac{\gamma RT_1}{\gamma - 1} + \frac{1}{2}V_1^2 = C$$

(6.6)

由于是等熵无旋流动,由均熵条件,有

$$\frac{p_4}{p_1} = \left(\frac{T_4}{T_1}\right)^{\frac{\gamma}{\gamma - 1}}$$

(6.7)

式中,下标 1 代表已知点的流动参数;下标 4 代表待求点的流动参数。通过特征线方程式(6.3)及相容性方程式(6.4),求出对应点的 x、y 坐标及对应点的速度 u、v 值,然后通过已知点和待求点的流动参数关系式(6.6)和式(6.7),可以获得对应待求点的温度 T、压力 p 及密度 ρ 等流动参数,这样整个流场就可解了。

在设计高超声速进气道中,需对边界的数据类型进行合理的设置。通常情况下,通过初值线(AB)和物理边界(BC),可以求得其包括的区域的流场,这个初值线可以是一条非特征线(如激波后的数据)或是从一点发出的特征线的一条。当初值线和物理边界确定后,就可通过特征线边界点和内点的求解过程,求得三角形区域 ABC 在 xy 平面内的流场,如图 6.3 所示。

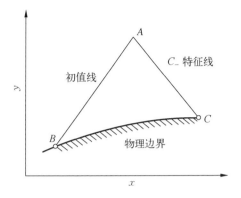
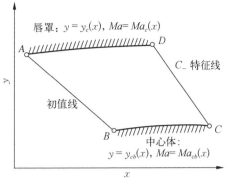

图 6.3　初值线和物理边界组成的流场区域　　**图 6.4　通过自由边界条件确定流场区域**

更普遍的情况,考虑由两条边界 $y = y_{cb}(x)$ 和 $y = y_c(x)$ 确定的流场,如图 6.4 所示,其中一条边界 $y = y_c(x)$ 可以采用直接指定型线或是通过给定下边界 $y = y_{cb}(x)$ 上的流动参数分布,通过特征线方法设计确定。

为了确定适定的特征线求解问题,必须合理地确定初值线和物面边界上的流场数据。对于目前的边界问题,有以下两种可能的组成形式。

固定边界问题:确定两条边界的型线 $y = y_{cb}(x)$ 和 $y = y_c(x)$,求解在 $ABCD$ 区域内的流场和边界型线上的流动参数分布。

自由边界问题:确定一条边界型线 $y = y_{cb}(x)$ 和其上的速度分布 $Ma = Ma_{cb}(x)$。在这种情况下的边界条件问题求解,是求解与初值线 AB 和边界条件 $y = y_{cb}(x)$、$Ma = Ma_{cb}(x)$ 相容的 $ABCD$ 区域的流场信息和第二条边界线 $y = y_c(x)$ 的值。

在固定边界问题中,固定边界的形状函数 $y = y_{cb}(x)$ 和 $y = y_c(x)$ 为控制变量,也即是输入变量。如果需要在区域 $ABCD$ 内获取特定的出口马赫数、流动偏转角等结果,就需要采用迭代收敛的办法对 $y = y_{cb}(x)$ 和 $y = y_c(x)$ 不断进行变形迭代,以达到需要的结果,类似流场的优化设计,本书不考虑这种方法。

如果要获得特定的高超声速进气道喉道出口参数,求解自由边界问题比较有效。设定中心体 $y = y_{cb}(x)$ 的型线,并指定中心体型线上速度变量的分布规律,通过流线求解或流量匹配的方法,获得经过唇口点 A 的唇罩型线。要获得进气道内通道 $ABCD$ 区域出口均匀的流动参数,一般设定中心体型线上的马赫数压缩规律,速度矢量角为中心体型线对应位置的切线斜率。

在自由边界问题中,获取唇罩型线转化为获取在图 6.4 中,通过点 A 的流线的问题。在无黏流动问题中,流体不穿透流线,流线即可代替物面。流线可以通过当地参数逐段积分,或通过特征线网的流量匹配关系获得。在本书中,通过流量匹配的方法获取通过特定点的流线的型线。

6.3 特征线控制方程的数值求解

在特征线平面内的每个 x、y 点上的坐标及流动参数,都可以采用特征线关系和相容性关系求解,流动参数 u 和 v 采用相容性关系式(6.4)获得,位置坐标 x 和 y 采用特征线关系式(6.3)获得。

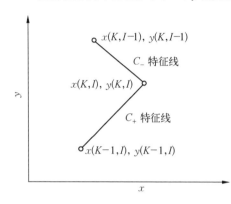

图 6.5　内点求解过程示意图

6.3.1　流场内点求解过程

数值求解过程将流场中的点采用 (K, I) 的组合进行描述,增加 K 而 I 不变表示左行特征线 C_+,增加 I 而 K 不变,表示右行特征线 C_-,如图 6.5 所示。

未知点 $x(K, I)$ 和 $y(K, I)$ 坐标通过联立求解特征线方程式(6.3)获得。

$$x(K, I) = \frac{y(K, I-1) - y(K-1, I) + \bar{A}x(K-1, I) - \bar{B}x(K, I-1)}{\bar{A} - \bar{B}}$$

$$y(K, I) = y(K-1, I) + \bar{A}[x(K, I) - x(K-1, I)] \tag{6.8}$$

其中,

$$\bar{A} = 0.5[A(K, I) + A(K-1, I)]$$
$$\bar{B} = 0.5[B(K, I) + B(K, I-1)]$$

(K, I) 上的速度参数通过联立求解相容性方程式(6.4)获得,其有限差分形式为

$$u(K, I) = u(K, I-1) + \bar{E}[v(K, I) - v(K, I-1)] + \bar{G}[x(K, I) - x(K, I-1)]$$

$$v(K, I) = \{u(K, I-1) - v(K-1, I) + \bar{D}v(K-1, I) - \bar{E}v(K, I-1)$$
$$+ \bar{G}[x(K, I) - x(K, I-1)] - \bar{F}[x(K, I) - x(K-1, I)]\}/(\bar{D} - \bar{E})$$
$$\tag{6.9}$$

其中,

$$\bar{D} = 0.5\big[D(K, I) + D(K-1, I)\big]$$
$$\bar{E} = 0.5\big[E(K, I) + E(K, I-1)\big]$$
$$\bar{F} = 0.5\big[F(K, I) + F(K-1, I)\big]$$
$$\bar{G} = 0.5\big[G(K, I) + G(K, I-1)\big]$$

初始迭代时,给出(K, I)点上流动参数的预估值,例如(K, I)点上的速度 u、v 等,可以采用与(K, I)点对应的$(K, I-1)$或$(K-1, I)$点的值,确定系数 $\bar{A}$、$\bar{B}$、$\bar{D}$、$\bar{E}$、$\bar{F}$ 和 $\bar{G}$。 于是(K, I)点上的位置参数和流动参数通过式(6.8)和式 (6.9)求出。通过新获得的(K, I)点上的流动参数获得新的 $\bar{A}$、$\bar{B}$、$\bar{D}$、$\bar{E}$、$\bar{F}$ 和 $\bar{G}$ 系数值,代入式(6.8)和式(6.9),迭代求解直到完全收敛。

若求解对称轴线单元点,$y(K, I) = 0$,$v(K, I) = 0$。 利用对称条件,$(K-1, I)$点上的流动参数和$(K, I-1)$上的相等,$y(K-1, I) = -y(K, I-1)$,$x(K-1, I) = x(K, I-1)$,将这些条件代入式(6.8)和式(6.9),便可完成对称轴线点单元 过程的求解,获得 $x(K, I)$ 和 $u(K, I)$。

6.3.2　壁面点的求解

计算固定壁面问题和求解内点问 题类似,将一条特征线方程采用壁面 方程替换,并在壁面(K, I)点采用固 壁无穿透条件,即壁面法向速度为零 条件代替一个相容性方程,便可完成 壁面点的求解。求解过程示意图如图 6.6 所示。

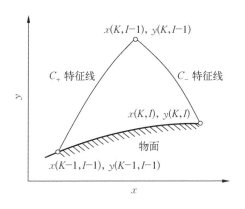

图 6.6　壁面点求解过程示意图

边界物面型线采用 3 次曲线描述:

$$y_w = R_0 + R_1 x + R_2 x^2 + R_3 x^3 \tag{6.10}$$

点 $x(K, I)$ 和 $y(K, I)$ 坐标通过求解通过$(K, I-1)$点的 C_- 特征线与壁面相 交获得:

$$R_3 x(K, I)^3 + R_2 x(K, I)^2 + (R_1 - \bar{B}) x(K, I)$$
$$+ R_0 - y(K, I-1) + \bar{B} x(K, I-1) = 0 \tag{6.11}$$
$$y_w(K, I) = R_0 + R_1 x(K, I) + R_2 x(K, I)^2 + R_3 x(K, I)^3$$

壁面点(K, I)上的速度通过沿C_-特征线的相容方程和壁面无穿透条件获得：

$$u(K, I) = \frac{\left[u(K, I-1) - \bar{E}v(K, I-1) \right] + \bar{G}\left[x(K, I) - x(K, I-1) \right]}{1 - \varepsilon \bar{E}}$$

$$v(K, I) = \varepsilon u(K, I)$$

$$(6.12)$$

其中，$\varepsilon = \dfrac{\mathrm{d}y_w}{\mathrm{d}x} = R_1 + 2.0R_2 x(K, I) + 3.0R_3 x(K, I)^2$。通过和前面类似的预估迭代求解方法，求得$(K, I)$点的坐标和流动参数，壁面参数初始预估值可采用壁面点$(K-1, I-1)$点上的数据。

6.3.3　流场中激波点的求解

激波点$x(K, I)$和$y(K, I)$位于激波线和特征线网格交点的激波波后，如图6.7所示。激波点$x(K, I)$和$y(K, I)$波前的参数通过激波线和特征线网格的线性插值得到。

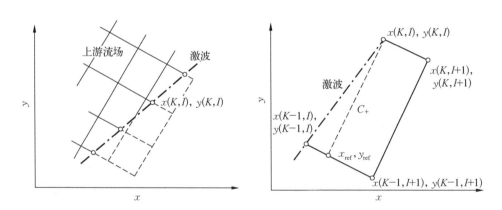

图 6.7　激波点波前参数插值求解过程　　**图 6.8　激波点迭代过程示意图**

① 假定激波点$x(K, I)$、$y(K, I)$处的激波斜率和上一个已知激波点$x(K-1, I)$、$y(K-1, I)$的斜率相同，见图6.8，通过来流速度方向角和激波斜率，就可获得激波角。② 通过斜激波关系式式(6.14)~式(6.17)得到$x(K, I)$、$y(K, I)$点的波后参数。③ 通过$x(K, I)$、$y(K, I)$点的C_+特征线，与通过$x(K-1, I)$、$y(K-1, I)$点的C_-特征线相交于x_{ref}、y_{ref}，此点的流动参数通过

$(K-1, I)$ 和 $(K-1, I+1)$ 点的参数线性插值得到。④ 通过如前所述的 (K, I) 和 $(K-1, I+1)$ 点的内点求解过程,获得 $(K, I+1)$ 的坐标和流动参数。⑤ 然后通过 x_{ref}、y_{ref} 和 $x(K, I+1)$、$y(K, I+1)$ 的内点求解过程,得到更新的激波点位置坐标 $x(K, I)$、$y(K, I)$。⑥ 通过更新的 (K, I) 点坐标和 $(K-1, I)$ 点坐标,可获得新的预估的激波偏转角的数值。⑦ 重新插值波前参数,通过斜激波关系,获得更新的 $x(K, I)$、$y(K, I)$ 点的流动参数。重复以上过程,往复迭代,直至激波位置求解收敛。

6.3.4　壁面激波点的求解

与壁面相交的激波点的求解和流场内点的求解不同,此点为如图 6.9 中的 $(K-1, I)$ 点,一般位于流动偏转点处。通过来流角度和壁面斜率,获得气流偏转角 α,插值获得与壁面相交的激波点的波前马赫数 Ma_1,通过气流偏转角与激波角关系式求解激波角 β [3]:

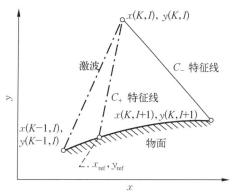

图 6.9　激波壁面点求解过程

$$\tan \alpha = 2\cot \beta \frac{Ma_1^2 \sin^2 \beta - 1}{Ma_1^2 (\gamma + \cos 2\beta) + 2} \tag{6.13}$$

将激波角 β 代入斜激波关系式,求得激波后物理量:

$$Ma_2^2 = \frac{Ma_1^2 + \dfrac{2}{\gamma - 1}}{\dfrac{2\gamma}{\gamma - 1} Ma_1^2 \sin^2 \beta - 1} + \frac{Ma_1^2 \cos^2 \beta}{\dfrac{\gamma - 1}{2} Ma_1^2 \sin^2 \beta + 1} \tag{6.14}$$

$$\frac{p_2}{p_1} = 1 + \frac{2\gamma}{\gamma + 1} (Ma_1^2 \sin^2 \beta - 1) \tag{6.15}$$

$$\frac{\rho_2}{\rho_1} = \frac{(\gamma + 1) Ma_1^2 \sin^2 \beta}{2 + (\gamma - 1) Ma_1^2 \sin^2 \beta} \tag{6.16}$$

$$\frac{T_2}{T_1} = \frac{[2\gamma Ma_1^2 \sin^2 \beta - (\gamma - 1)][(\gamma - 1) Ma_1^2 \sin^2 \beta + 2]}{(\gamma + 1)^2 Ma_1^2 \sin^2 \beta} \tag{6.17}$$

其中,下标 1 为激波前物理量;下标 2 为激波后物理量。

如果获得壁面激波点 $x(K-1, I)$、$y(K-1, I)$ 在壁面上的流动参数,求解下一个激波点的 $x(K, I)$、$y(K, I)$ 的信息,可通过如下方法获得。① 假定 (K, I) 处的激波斜率和 $(K-1, I)$ 相同,通过斜激波关系式,获得 (K, I) 处的波后参数。② 通过 (K, I) 发出的右行特征线 C_- 与壁面相交条件、右行特征线 C_- 上的相容条件与壁面无穿透条件联合,通过前述的壁面点过程,求得 $(K, I+1)$ 点的位置和流动参数。③ 通过 (K, I) 发出的左行特征线 C_+ 与壁面相交条件、左行特征线 C_+ 上的相容条件及壁面无穿透条件,通过前述的壁面点求解过程,求得 x_{ref}、y_{ref} 点的位置和流动参数。④ 通过 x_{ref}、y_{ref} 点发出的左行特征线 C_+,与 $x(K, I+1)$、$y(K, I+1)$ 点发出的右行特征线 C_- 的内点相交求解过程,得到更新的激波点位置坐标 $x(K, I)$、$y(K, I)$。⑤ $(K-1, I)$ 点和更新的 (K, I) 点组成的连线可获得了新的预估的激波偏转角的角度,通过斜激波关系,获得更新的 $x(K, I)$、$y(K, I)$ 点的流动参数。通过以上过程往复迭代,直至激波位置收敛。

6.4　可控消波二元进气道特征线设计过程

在介绍完等熵无旋特征线控制方程及典型求解过程后,本节介绍可控消波二元进气道的特征线设计过程。以来流马赫数 5.5、喉道出口马赫数 3.4 的轴对称可控消波二元进气道的设计为例,介绍可控消波二元进气道的特征线设计过程。进气道的流场结构如图 6.10 所示。初始压缩直锥角度设为 10°,等熵压缩波 EHK 压缩过后的 E 点马赫数设定为 4.0,进气道唇罩 EJ 的角度设为 0°。

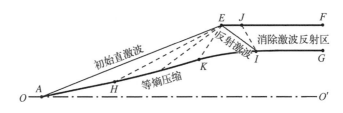

图 6.10　消除激波反射轴对称二元进气道流场结构

区域 AEH 为直锥压缩段,该区域的流场求解采用 Taylor – Maccoll 方程完成,如 4.1 节所示,初始直激波交汇于唇罩点 E,其流场结构如图 6.11 所示,其中 R_s 为唇罩 E 点处的半径。

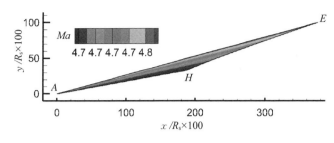

图 6.11　初始直锥压缩段的流场云图

区域 HEK 为等熵压缩段,该区域的流场求解与 4.4 节中介绍的曲外锥设计方法相同,E 点为一奇性点。① 在 E 点指定等熵压缩波压缩完毕后的出口马赫数 Ma_{out},将直激波 AE 的波后马赫数 Ma_1 和出口马赫数 Ma_{out} 之间 N 等分 Ma_1, Ma_2, $\cdots$, Ma_N。② 采用普朗特-迈耶(Prandtl-Meyer)流动关系式[式(4.15)和式(4.16)],求得对应马赫数为 Ma_1 的点的流动偏转角,这样该点的流动参数便已知。③ 在 E 点,从第一个波后马赫数 Ma_1 开始,沿着左行特征线在直锥流场中求解出与直锥相交的一条特征线 EH,并获得其上流量 ψ_{ref}。④ 从 E 点出发,沿着马赫数 Ma_2 发出的左行特征线,与初值特征线上的右行特征线相交,并利用特征线上的相容性方程,采用前述的内点求解过程,求得每个特征线网格交汇点上对应的位置和流动参数。⑤ 逐点积分通过该条特征线网格的流量,通过在该条特征线上,与初始特征线流量匹配的方法,获得该条特征线对应的等熵压缩物面型线。⑥ 沿着 $Ma_2 \sim Ma_N$ 逐个求解,便获得了等熵压缩型面 HK 及其对应的流场 HEK。图 6.12 为等熵压缩段特征线设计示意图,图 6.13 为设计获得的等熵压缩段的特征线流场云图。

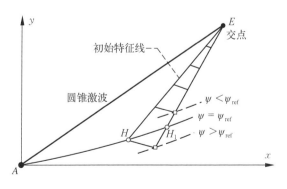

图 6.12　等熵压缩段特征线设计过程示意图

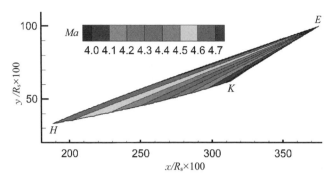

图 6.13 等熵压缩段流场特征线求解马赫数云图

区域 *KEI* 为过渡段, *KI* 的型线为与等熵压缩段 *HK* 在 *K* 点相切的三次曲线, 以等熵压缩波 *EK* 为初值线, 以三次曲线 *KI* 为物面型线, 综合采用壁面点和内点的特征线及相容性方程的求解过程, 便可获得过渡区域的特征线流场结构, 如图 6.14 所示。

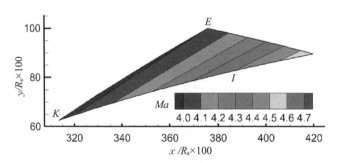

图 6.14 过渡段流场特征线求解马赫数云图

区域 *EJI* 为激波反射区域, 通过前述的反射激波求解过程, 以唇罩 *EJ* 为物面型线, *EJ* 可以指定为有一定斜率的直压缩面, 在过渡区 *KEI* 的特征线流场中, 运用前述的激波壁面点求解及激波内点求解的特征线过程, 求解获得激波反射区域的特征线流场 *EJI*。反射激波与物面 *KI* 相交于 *I* 点。在求解获得激波型线 *EI* 及其对应的流场 *EJI* 区域后, 利用特征线求解的壁面点求解过程和内点求解过程, 获得从唇罩 *EJ* 上与 *J* 点相接的 J_1 点发出的额外的一条右行特征线 C_-, 特征线 C_- 与从 *I* 点出发, 以 *I* 点速度矢量为斜率的直线固壁 II_1, 相交于 I_1 点, 积分特征线 J_1I_1 上的流量, 记为 ψ_{ref}。特征线 J_1I_1 作为初值线, 结合通过 I_1 点且在 I_1 点与 II_1 相切的内收缩段型线 I_1G, 就可设计无反射激波的内收缩段。图 6.15 为获得的唇罩反射激波区域的特征线流场马赫数等值线图, 图 6.16 为唇罩反射激

波与 I 点相交区域的局部放大图。

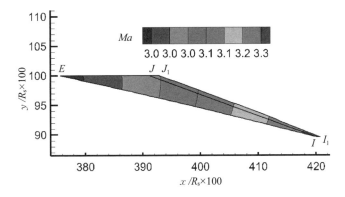

图 6.15 唇罩反射激波区域的特征线求解

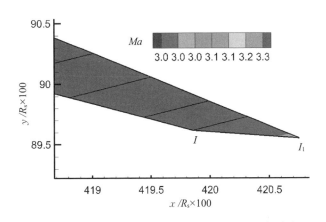

图 6.16 唇罩反射激波与过渡区物面相交区域局部放大图

$J_1 I_1 FG$ 为可控消波内收缩段,如图 6.18 所示。首先采用三次曲线定义与 $I I_1$ 在 I_1 点相切的曲线 $I_1 G$,在 G 点定义出口马赫数 Ma_G,将 I_1 点的马赫数 Ma_{I1} 与 Ma_G 均分 N 等份,等间距分布在 $I_1 G$ 曲线上,对应每个马赫数分布点的速度矢量和 $I_1 G$ 曲线对应点相切,即对应点的速度矢量和曲线的斜率相等。以 $I_1 G$ 上的第二个点 O 为例,由于 O 点上的流动变量已经指定,从 O 点发出的右行特征线和从 I_1 点发出的左行特征线相交于 P 点,采用特征线方程的内点过程求解,就可获得 P 点的位置坐标和流动参数。依次对通过初值线 $J_1 I_1$ 的左行特征线和通过 O、P 等点的右行特征线,运用内点求解过程,求解出对应交汇点的位置和流动变量,采用流量匹配的方法,若下一个交汇点处的流量积分大于参考流量 ψ_{ref},便采用线性插值的方法,获得与 ψ_{ref} 相匹配的 Q 点的位置坐标,Q 点即为上唇罩面的一个物面点。依次沿着 I_1G 曲线求解相应的 Q 点的位置坐标,便获得了无反射激波唇罩侧的坐标点,可采用曲线拟合的方式输出其型线表达式 $y = y_c(x)$。 图 6.17 为可控消波内收缩段特征线设计示意图,图 6.18 为可控消波内收缩段特征线设计结果。

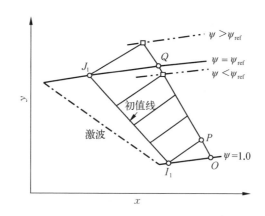

图 6.17　可控消波内收缩段特征线设计示意图

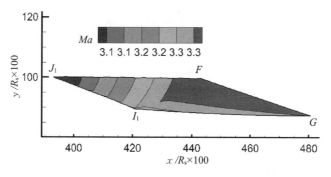

图 6.18　可控消波内收缩段特征线设计结果

　　给出的设计实例,是来流马赫数 5.5,G 点出口马赫数 3.4,初始直锥角为 $10°$,唇口角为 $0°$,E 点马赫数 4.0 的轴对称可控消波进气道。设计获得的基准流场的总收缩比为 4.6,内收缩比 1.59。图 6.19 为针对该设计实例,获得的特征线设计流场的压力分布等值线图和 CFD 数值仿真计算压力云图的对比,图 6.20 为特征线设计的马赫数等值线图和 CFD 数值仿真计算的马赫数云图的对比。数值模拟和特征线设计获得的各流动压缩区域内的压力、马赫数分布及波系结构相互吻合且和设计预期一致。内通道内的马赫数分布均匀,无反射激波,出口马赫数在 3.4,整个压缩系统的总压恢复系数为 0.75。图 6.21 为基准轴对称流场中心体上的马赫数分布对比图,特征线设计和数值仿真结果的一致性很好。以上结果表明,本书介绍的二元可控消波进气道的特征线设计过程以及编制的设计程序正确可靠。

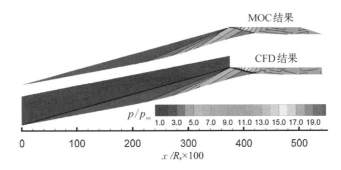

图 6.19　可控消波二元进气道特征线设计和 **CFD** 仿真压力等值线比较

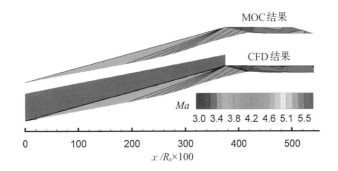

图 6.20　可控消波二元进气道特征线设计和 **CFD** 仿真马赫数等值线比较

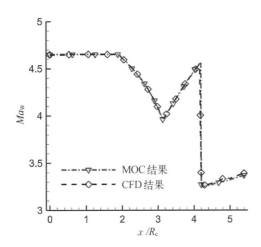

图 6.21　可控消波二元进气道特征线设计和 **CFD** 仿真壁面马赫数分布比较

6.5 可控消波二元进气道的设计应用

在前几节中介绍了可控消波二元进气道的特征线设计方法及设计程序的验证确认,本节将运用编制的进气道特征线设计程序 MOCHID(Method Of Characteristic Hypersonic Inlet Design program)进行应用设计示例,获得满足发动机几何约束及流动参数约束的二元进气道,并对其进行了黏性边界层修正及钝度影响的研究。

6.5.1 可控消波二维进气道特征线设计

与超燃冲压发动机相匹配的高性能进气道压缩系统,必须具备总压恢复高、压缩阻力小的优点,并且进气道隔离段出口流动参数及几何参数与发动机匹配。为满足以上要求,本节采用建立的二元进气道设计程序,开展二维压缩进气道设计,来流马赫数为 6,进气道外压缩段楔角 $\alpha = 12°$,等熵压缩段出口交汇点的马赫数设定为 3.5;在内收缩段,唇罩角 $\alpha_{\text{cowl}} = 12°$,等熵消波段出口气流与自由来流夹角为 0°,出口马赫数 $Ma_{\text{out}} = 2.6$。

图 6.22、图 6.23 为设计的满足以上要求的可控消波二元进气道。图 6.22 是进气道流场的马赫数分布示意图,图 6.23 为进气道流场的压力分布示意图,流场压力采用来流压力做了无量纲处理。从图中可以看出,经过一道斜激波及一段等熵压缩后,进气道在内收缩段的唇口产生一道压缩激波,这道压缩激波在入射到中心体后,没有产生反射,流动在唇口激波压缩后继续等熵压缩。整个进气道内外压缩系统只产生两道压缩激波。进气道在隔离段出口处的总压恢复系数

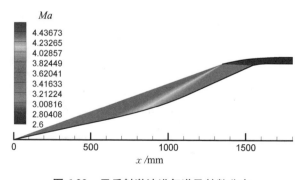

图 6.22　无反射激波进气道马赫数分布

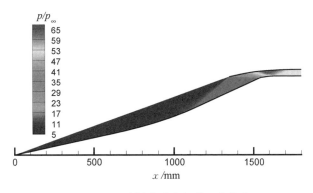

图 6.23　无反射激波进气道压力分布

为 0.64, 压升为 51.9, 出口马赫数为 2.6。图 6.24 为采用无黏 Euler 数值求解得到的进气道压力等值线分布, 从图中可以看出, 流场中的波系结构和设计结果一致, 唇罩处的激波在中心体上没有出现反射。图 6.25 为进气道中心体表面和唇罩上的压力分布特征线结果图, 外压缩部分通过一道斜激波和等熵压缩波将进气道的压升提高到了自由来流的 14.8 倍, 内收缩段通过一道斜激波和等熵收缩, 进一步提高进气道的压力至自由来流的 51.9 倍。设计的进气道总收缩比为 12, 内收缩比为 2.13。

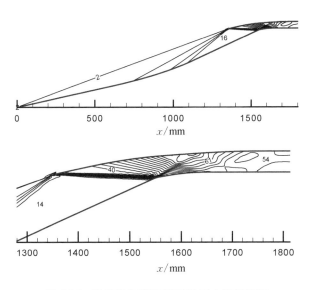

图 6.24　设计进气道无黏流场压力等值线图

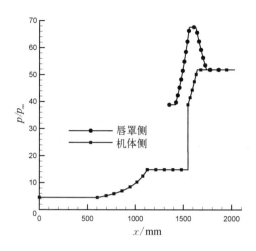

图 6.25 进气道唇口和中心体表面压力分布

6.5.2 可控消波二维进气道黏性边界层修正

实际的高超声速进气道,必须考虑黏性和钝度的影响。本小节主要考虑黏性边界层对进气道实际性能的影响,并对进气道下表面型线进行黏性边界层修正,来消除黏性边界层的影响。在 25 km 高度,进气道喉道出口高度 40 mm 条件下,考虑进气道的黏性效应。

对于可压缩流动,边界层位移厚度定义为

$$\delta^* = \int_0^\delta \left(1 - \frac{\rho u}{\rho_e u_e}\right) \mathrm{d}y \tag{6.18}$$

式中,ρ_e 和 u_e 为边界层外缘的密度和速度;δ 为边界层厚度。

沿着进气道物面,边界层的位移厚度不断增大,抬高了有效物面高度,造成了前体激波和压缩波相交于唇口之外,并造成前体溢流。同时由于边界层的发展,增大了进气道的内收缩比,进气道出口马赫数小于无黏设计时的出口马赫数。在进气道内收缩段由于边界层造成的实际物面形状的改变,内收缩段出现了激波反射。图 6.26 和图 6.27 为湍流黏性条件下进气道的压力等值线分布图,从图中可以看出,进气道前体外压缩段产生的激波以及等熵压缩波,由于边界层的推挤作用,交汇在了唇口点的外部;由唇罩产生的压缩激波在中心体上产生了一道较弱的反射激波。由于湍流边界层的作用,改变了物面的有效厚度,使得流场的流动结构和无黏流动相比发生了微小的改变,在无黏流动条件下设计的机体侧无反射激波流动在黏性湍流流动中不能完全实现。无黏设计的进气道隔离段出口马赫数为 2.6,在黏性湍流计算中,由于湍流黏性边界层的作用,进气道隔离段出口马赫数下降到了 2.2 左右。进气道由于黏性湍流作用,流量系数由100% 下降到 95.4%。湍流状态下的总压恢复系数在内收缩段有明显下降,总压恢复系数下降到了 0.49。

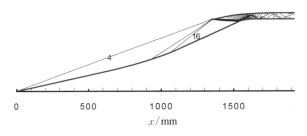

图 6.26　湍流状态气道压力分布

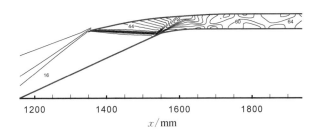

图 6.27　湍流状态进气道局部压力分布

为了消除湍流边界层对设计的无反射激波进气道的影响,需要对设计的无黏构型做边界层修正。边界层的位移厚度通过式(6.18)计算,u_e 取无黏流场中下壁面 x 方向速度值,通过提取特征线流场中下表面的速度分量得到。边界层的厚度 δ 及 ρ_e 通过在黏性流场中找出边界层外缘 $0.99u_e$ 处对应的 y 坐标及相应的密度值决定,这样就可以采用式(6.18)积分求解边界层位移厚度。图 6.28 中虚线表示积分得到的边界层位移厚度,由于存在压力梯度、激波与边界层的相互作用等现相,采用数值方法积分得到的边界层位移厚度不光滑,且在激波与边界层干扰及大压力梯度区域存在较大的变化。为了消除这一影响,保证修正后的进气道下表面光滑连续,采用数值拟合的方法,尽量保证唇罩激波与下表面作用点之前的边界层位移厚度的拟和值和数值积分结果一致,在唇罩反射激波作用点之后采用固定厚度的边界层修正值,图 6.28 中的实线为实际采用的边界层位移厚度修正值。图 6.29 比较了修正后的进气道下壁面型线和原始型线。修正后的下表面型线与原始型线相比,沿程在 y 方向向下偏移,最大偏移厚度约4.5 mm。

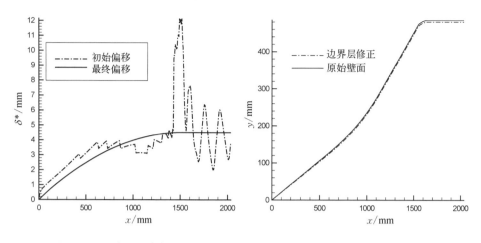

图 6.28 积分及拟合得到的
边界层位移厚度

图 6.29 边界层修正后的下壁面型线和
原始型线的比较

图 6.30 为黏性边界层修正后计算得到的流场压力等值线分布图,图 6.31 为内收缩段的局部放大图。从图中可以看出,经过黏性边界层修正后,进气道头激波和等熵压缩波基本交汇于进气道的唇口处,在进气道内收缩段的反射激波也变弱,基本消除了进气道内收缩段的激波反射现象。

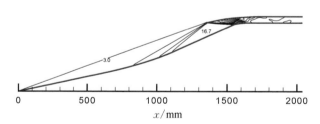

图 6.30 黏性边界层修正后流场压力等值线分布

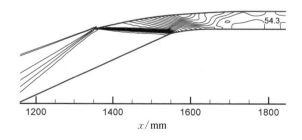

图 6.31 唇罩附近流场压力等值线

通过对进气道的黏性边界层修正,进气道的质量流量比未修正的黏性湍流进气道的质量流量增加了约4%,达到99.6%,基本达到了无黏设计状态进气道的流量水平。图6.32为无黏/黏性及边界层修正后进气道下表面静压分布的数值仿真结果对比,可以看出经过黏性边界层修正后的进气道下表面静压分布与无黏设计的结果最为接近,在内通道已无明显的激波反射,而无边界层修正时,进气道内通道激波反射现象较为明显。

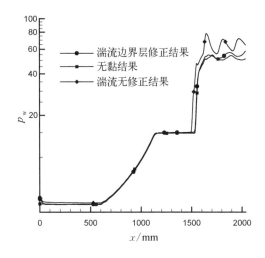

图 6.32　无黏/黏性及边界层修正后内收缩段的质量加权静压分布

6.5.3　前缘钝度对进气道性能的影响

高超声速飞行器为了热防护的需求,需要把尖锐前缘钝化,减小局部的热流峰值。在进气道头部前缘和唇罩前缘的钝度,会对进气道头激波的位置、边界层及进气道入口流量等产生影响,为了研究钝度对设计的可控消波二维进气道性能的影响,在上面湍流边界层修正进气道构型基础上,在进气道头部和唇罩前缘考虑了前缘半径 $r = 3$ mm 和 $r = 2$ mm 的导圆钝度。

图6.33给出了带钝度进气道流场的压力等值线及唇罩附近流场的等值线图,流场中的压力采用自由来流压力进行无量纲处理。从图中可看出,进气道外压缩段的激波及等熵波和唇罩脱体激波相交,在钝头脱体激波后产生了一道激波间断。图6.34给出了进气道内收缩段的压力等值线分布图,由于钝度改变了前缘及进气道唇罩处激波的位置,并且对边界层的厚度产生了明显影响,使得在下壁面激波入射点附近产生了微弱的流动分离,并产生了明显的反射激波。由于钝度的影响,使得前缘激波上移,且增厚的边界层对流体产生了向外推挤作用,使得进入进气道的流量系数下降约1.6%,到98%左右。钝度改变了进气道内部的流态,使得总压恢复系数在隔离段出口比无钝度进气道降低了3%,约为0.49。有钝度时的质量加权马赫数在进气道隔离段出口处比无钝度情况降低了0.07,为2.26,钝度抵消了边界层修正带来的进气道性能影响。图6.35为有无钝度情况下进气道壁面静压分布比较,由于钝度情况下,进气道内收缩段流动在反射激波区产生了小的分离,并且存在激波反射现象,沿壁面的静压分布就存在明

显的波动。图 6.36 为进气道内收缩段入口处($x = 1.35\ \text{m}$)有无钝度情况下边界层速度分布比较,可以看出,有钝度时,边界层厚度增厚,速度分布相对不饱满。

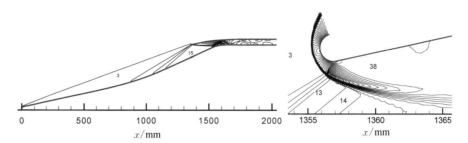

图 6.33　带钝度进气道流场压力(p/p_∞)等值线及唇罩钝头局部流场放大图

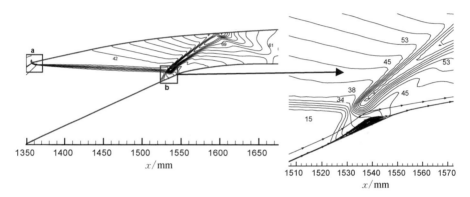

图 6.34　带钝度进气道内收缩段压力(p/p_∞)等值线及激波入射点局部放大图

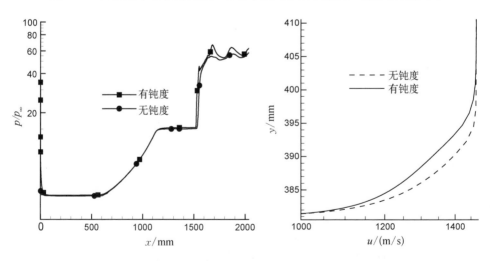

图 6.35　有无钝度进气道下壁面
　　　　静压分布比较

图 6.36　有无钝度内收缩段入口处
　　　　边界层速度分布比较

6.6　本章小结

　　本章系统介绍了可控消波二元高超声速进气道的设计及相关研究结果。可控消波二元高超进气道流场根据设计分区,分为 5 个区域,即直锥压缩段、等熵压缩段、过渡段、唇口激波反射段及消波内收缩段。采用等熵无旋特征线过程进行设计,等熵压缩段和内收缩消波段都用到了特征线设计的自由边界问题求解过程,即通过指定一条边界上的物理型面及其上的流动参数,确定另外一条物面型线。对黏性边界层及前缘钝度对进气道性能的影响也进行了分析,结果表明黏性边界层和钝度都对消除激波反射进气道的性能有负面影响,可通过边界层修正等方法减小黏性和钝度对进气道性能的影响。

　　可控消波二元进气道的设计技术,可用于包括超声速进气道在内的高性能高超进气道的快速设计及优化,建立的设计程序,可快速获得高性能的进气道压缩型面,并可进一步同一体化流线追踪技术和密切乘波体技术相结合,设计生成一体化流线追踪乘波前体进气道等先进构型,拓展高超声速一体化气动布局技术的应用边界。

参考文献

[1] Barber T J, Hiett D, Fastenberg S. CFD modeling of the hypersonic inlet starting problem [C]. Reno: 44th AIAA Aerospace Sciences Meeting and Exhibit, 2006.

[2] Anderson B H. Design of supersonic inlets by a computer program incorporating the method of characteristics[R]. NASA TN D–4960, 1969.

[3] 童秉纲,孔祥言,邓国华.气体动力学[M].北京: 高等教育出版社,1990: 123–125.

第7章

三维内转式高超声速进气道

进气道系统是吸气式高超声速飞行器的重要部件,研究表明,对于 $Ma=5\sim$ 7 以碳氢燃料为动力的吸气式推进系统,进气道的压缩效率提高 1%,推进系统的比冲将增加 3%~5%[1]。

国内外学者已经对二元进气道、轴对称进气道和侧压式进气道进行了大量数值和试验研究[2, 3]。三维内转式进气道具有三维压缩特性,在同等收缩比条件下,具有更小的气流偏转角和流通沁润面积,理论上压缩效率更高,20世纪 60 年代以来,国内外研究者先以 Busemann 进气道为代表,开展了高超内收缩进气道的综合研究[4~6],在 2000 年前后高超声速三维内转进气道的研究得到极大的发展[7]。之后一些高超飞行器也采用了三维内转式高超声速进气道,例如美国与澳大利亚成功试射的 Hycause 飞行器[8];洛克希德·马丁公司提出的 FALCON 飞行器方案[9, 10]。三维内转式高超声速进气道具有以下优势:① 流线追踪技术的特点保证了进气道继承了基准内锥流场的流动特征,同时避免了纯内锥进气道内收缩比过大不易起动的缺点;② 由于该型进气道采用三维曲面收缩压缩,与常规进气道相比降低了气流偏转的要求,减小了进气道的总压损失,压缩效率高;③ 内转式进气道具有较高的流通面积/表面积比,比常规进气道具有更大后掠角,进气道热负荷大大降低,且摩擦损失小[11~13]。

三维内转式进气道基于轴对称内收缩基准流场,通过流线追踪方法设计获得,其特性继承自内收缩基准流场,因此基准流场对内收缩进气道的设计十分关键。本章首先介绍几种内收缩基准流场的设计方法,包括 Busemann 进气道基准流场、等熵逆置喷管基准流场、消除激波反射内收缩基准流场等;其次介绍了内转式进气道的微修型流线追踪设计方法,改进了出入口形状均可定制的三维内转式进气道的流线追踪融合技术;最后介绍了一个微修型流线追踪三维内转式

进气道的试验研究结果。本章的内容可为一体化飞行器三维内转式进气道设计
研究提供参考和借鉴。

7.1 三维内转式进气道的基准流场

7.1.1 Busemann 进气道

Busemann 进气道流场是一种理想的无黏轴对称流场,图 7.1 给出了 Busemann
进气道流场的示意图。该流场中以等熵压缩波开始逐渐压缩气流,最后通过一
道锥形激波在出口形成均匀的超声速出口气流,出口气流方向与来流方向相同。
在设计条件下,锥形激波上游压缩过程为等熵压缩过程,等熵压缩波聚集于锥形
激波的顶点,而锥形激波下游是均匀的流动。可以看到 Busemann 进气道整个流
场中,唯一的总压损失来源于后部的锥形激波,因此理论的 Busemann 进气道的
总压恢复系数较高,缺点是压缩型面过长。

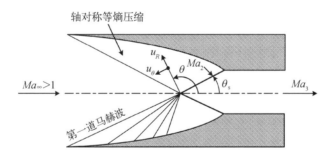

图 7.1 Busemann 进气道流场结构

求解 Busemann 进气道流场需要用到激波前后参数关系式、Taylor – Maccoll
方程等。

Busemann 进气道的设计求解步骤如下[4, 5]。

(1)给定出口马赫数 Ma_3 和锥形激波的总压恢复系数,通过以下步骤,迭代
求解锥形激波上游的气流速度、马赫数和流动角度。

① 定义 Ma_3 和总压恢复系数 p_{t_3}/p_{t_0},p_{t_0} 和 p_{t_3} 分别为锥形激波波前和波后
总压。

② 利用正激波前后总压关系式,采用迭代的方法,获得结尾斜激波前垂直
于激波的马赫数 $Ma_{2_n} = f(p_{t_3}/p_{t_0})$:

$$p_{t_3}/p_{t_0} = \left[\frac{(\gamma + 1)Ma_{2_n}^2}{(\gamma - 1)Ma_{2_n}^2 + 2} \right]^{\frac{\gamma}{\gamma - 1}} \left[\frac{\gamma + 1}{2\gamma Ma_{2_n}^2 - (\gamma - 1)} \right]^{\frac{1}{\gamma - 1}} \tag{7.1}$$

③ 用正激波关系式,计算获得结尾斜激波后垂直于激波的马赫数 Ma_{3_n}:

$$Ma_{3_n} = \left[\frac{(\gamma - 1)Ma_{2_n}^2 + 2}{2\gamma Ma_{2_n}^2 - (\gamma - 1)} \right]^{1/2} \tag{7.2}$$

④ 计算获得结尾斜激波角即 Taylor - Maccoll 方程的积分初始角:

$$\theta_s = \sin^{-1}(Ma_{3_n}/Ma_3) \tag{7.3}$$

⑤ 计算获得斜激波后的速度及其在射向 R 及垂直射向的分量:

$$V_3 = \sqrt{\frac{(\gamma - 1)Ma_3^2}{2 + (\gamma - 1)Ma_3^2}}; \ U_{R_3} = V_3\cos\theta_s; \ U_{\theta_3} = -V_3\sin\theta_s \tag{7.4}$$

⑥ 获得结尾激波前 Taylor - Maccoll 方程变量的积分初始值:

$$U_{R_2} = U_{R_3}; \ U_{\theta_2} = -V_3\sin\theta_s \frac{(\gamma + 1)Ma_{2_n}^2}{(\gamma - 1)Ma_{2_n}^2 + 2} \tag{7.5}$$

(2) 以锥形斜激波上游的流动参数 U_{R_2}、U_{θ_2} 为初值,θ_s 作为积分的初始角,求解另外一种表达形式的 Taylor - Maccoll 方程[5]:

$$\frac{\mathrm{d}U_R}{\mathrm{d}\theta} = U_\theta$$

$$\frac{\mathrm{d}U_\theta}{\mathrm{d}\theta} = \frac{-U_\theta^2 U_R + \dfrac{(\gamma - 1)}{2}(1 - U_R^2 - U_\theta^2)(U_\theta\cot\theta + 2U_R)}{U_\theta^2 - \dfrac{(\gamma - 1)}{2}(1 - U_R^2 - U_\theta^2)} \tag{7.6}$$

流线采用如下形式的积分方程求解:

$$\frac{\mathrm{d}r}{\mathrm{d}\theta} = r\frac{U_R}{U_\theta} \tag{7.7}$$

采用 4 阶龙格-库塔法进行积分,直至气流偏转角 δ 为 0°。积分过程中,直接给出积分终止角 θ_e,通过试算,获得对应气流方向角为 0°的积分终止角,此时对应马赫数为来流马赫数 Ma_1，$\theta_e = \pi - \sin^{-1}(1/Ma_1)$。气流偏转角及流场中的马赫数分布通过下式获得：

$$U_x = U_R\cos\theta - U_\theta\sin\theta;\ U_y = U_R\sin\theta + U_\theta\cos\theta;\ \delta = \tan^{-1}(U_y/U_x);$$

$$V = \sqrt{U_R^2 + U_\theta^2};\ a = \sqrt{\frac{(\gamma-1)}{2}(1 - U_R^2 - U_\theta^2)};\ Ma = V/a$$

其中，θ 为积分角；δ 为气流偏转角；a 为声速；Ma 为马赫数。

（3）在求解 Taylor-Maccoll 方程（7.6）时，同步积分流线方程（7.7），求得的流线即为 Busemann 进气道的压缩面型线。

由上面的过程可以看出，来流马赫数不是直接给定的，如果要实现给定来流马赫数和收缩比条件下的 Busemann 进气道设计，可以对上面的步骤（1）~（3）进行迭代求解，通过迭代试算的方法获得指定来流马赫数的 Busemann 进气道流场。

按照上述设计步骤，本书作者团队编制了 Busemann 进气道的设计程序，可以实现给定来流马赫数和收缩比下的 Busemann 进气道外形设计。下面给出出口马赫数 Ma_3 为 3.62、总压恢复为 0.989 的一个 Busemann 进气道的设计实例。进气道总收缩比为 7.250 8，结尾锥形激波角为 13.112 8°，对应来流马赫数为 6.060 7，进气道长度与出口高度之比为 20.315 3。图 7.2 给出了 Busemann 进气道理论设计和数值仿真流场云图的对比，图 7.3 为 Busemann 进气道理论设计和数值仿真壁面马赫数分布对比，可以看出理论设计结果和数值仿真结果完全一致，在结尾锥形激波处，由于数值格式及网格等误差，数值仿真结果略有跳动。图 7.4 为沿物面压缩面气流速度角度的变化。气流的偏转角是先逐渐增大后减小，最大值为 7.92°，经过锥形激波压缩后平行于来流，速度偏转角度为零。图中的 x 轴坐标和 y 轴坐标都采用进气道出口高度进行了无量纲处理。

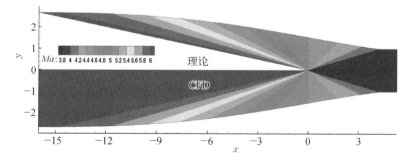

图 7.2　Busemann 进气道理论设计和数值仿真流场云图对比

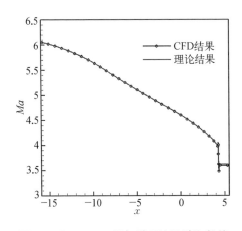

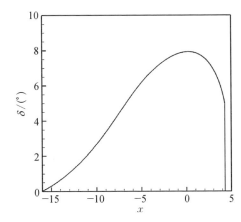

图 7.3 **Busemann** 进气道理论设计和数值
仿真壁面马赫数对比

图 7.4 **Busemann** 进气道压缩面
速度角设计结果

图 7.5 给出了设计的 Busemann 进气道几何外形及其无黏流场马赫数等值线，可以看到锥形激波上游的压缩波聚集于锥形激波的顶点，经锥形激波后为均匀的气流。图 7.6 给出了 Busemann 进气道无黏流场的流线，可见经过结尾的一道锥形激波后，出口气流方向转为与来流方向相同。

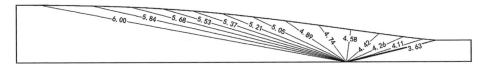

图 7.5 设计的 **Busemann** 进气道几何外形及其无黏流场马赫数等值线

图 7.6 设计的 **Busemann** 进气道无黏流场的流线

7.1.2 轴对称等熵逆置喷管流场

无论是 Busemann 进气道还是内收缩直锥或曲锥构型，压缩型面在内收缩段末端都存在不连续的几何偏转角，流场中都存在斜激波和激波反射。超声速风洞等熵膨胀喷管，由于流动是等熵膨胀的，流动可逆，逆置后可产生等熵压缩效果。逆置等熵喷管流场，流道内是完全等熵的，不存在物理间断，基准流场的压缩型面是光滑连续的，即使对于截断的逆置等熵喷管流场，其压缩型面也能保证光滑连续，在内收缩段末端不存在非光滑的几何偏转[14]。本节介绍高超声速喷管型面的特征线设计方法，确认了逆置压缩的可行性，进一步分析截断逆置压缩喷管的基本性能，提供一种内收缩基准流场设计方案。

文献[15]介绍了采用等熵无旋特征线方法，设计风洞超声速喷管的过程，对于超声速均匀入口等熵膨胀喷管的特征线设计，本节介绍如下。

（1）核心膨胀区的设计，如图 7.7 所示。

① 指定喷管入口初值线 BD，无量纲高度为 1，与 x 轴垂直，超声速均匀入口马赫数 Ma_I，与 x 轴平行，膨胀区壁面圆弧半径为 R，获得初值线上的流量。

② 求出通过入口壁面点 B 的一条右行特征线 BK_1，也即一条右行马赫线，马赫角 $\alpha_I = \sin^{-1}(1/Ma_I)$。

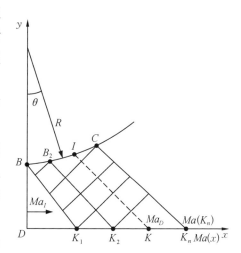

图 7.7　核心膨胀区设计示意图

③ 通过初始特征线 BK_1，综合运用第 6 章介绍的等熵无旋特征线求解的壁面点、内点及对称轴线点的特征线过程，获得第一条膨胀特征线 B_2K_2。

④ 依次求解下一条右行特征线，直至特征线 CK_n，其与轴线交点处的马赫数 $Ma(K_n)$ 大于设计马赫数 Ma_D。

⑤ 在轴线上采用 K_{n-1} 和 K_n 的位置和流动参数，线性插值获得设计马赫数 Ma_D 对应的 K 点位置坐标，基于 K 点上游的特征线 $B_{n-1}K_{n-1}$，运用内点和壁面点求解过程，获得从 K 点发出的右行特征线，与膨胀圆弧面相交于 I 点。并积分获得通过 IK 特征线的流量。

（2）喷管变向型线的确定。

① 喷管出口流场是均匀的，马赫数为 Ma_D，流向角 $\theta = 0$，因而从 K 点发出的左行特征线为一直线，角度为 $\alpha_D = \sin^{-1}(1/Ma_D)$，直到 F 点，F 点的坐标由与 BD 线上的流量匹配关系获得，如图 7.8 所示。

② IF 线可以通过流量匹配的关系获得。运用内点求解过程，以特征线 IK 为初值线，求解从 F_1 点发出的右行特征线。通过特征线 I_1F_1 和 F_1O 的流量，与

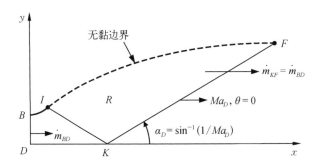

图7.8 喷管出口点的确定方法示意图

初值线 BD 的流量相等,可获得膨胀面 I_1 点的位置坐标。沿着特征线 KF 逐点求解,便可获得整个喷管膨胀型线 IF,如图7.9所示。

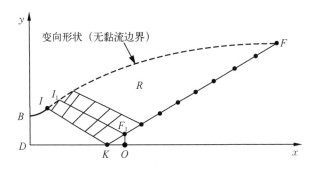

图7.9 喷管变向型线的设计示意图

编制了均匀入口喷管的设计程序,作为设计实例,BD 为喷管入口参数线,平行于 y 轴,无量纲高度 $r=1$,在 BD 上给定马赫数 $Ma=3.6$、气流方向与 x 轴平行。BI 为一无量纲半径为2的圆弧膨胀段,经过 BI 段的膨胀,气流在 K 点达到了设计条件,在 KF 线上流动马赫数 $Ma_D=6$、与 x 轴平行。变向型线 IF 由质量守恒条件得到。由此得到的喷管型线 BIF 为一等熵无旋轴对称膨胀型线。图7.10为采用特征线方法生成的轴对称喷管型线及特征线网格分布图,图中给出了无黏膨胀边界以及初始区和过渡区的特征线网络。设计的等熵膨胀轴对称喷管的出口/入口面积比为7.15。

按照 BIF 型线膨胀的轴对称流动,把 BD 线上的初始流动等熵的膨胀到 KF 线上设计的流动状态。由于膨胀过程是等熵的,若把设计的等熵膨胀轴对称流道逆置,也可以把 KF 线上的均匀自由来流等熵的压缩到 BD 线上设定的流动参数。

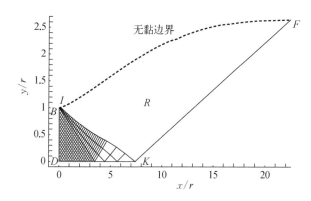

图 7.10　特征线方法设计获得的均匀入口喷管

图 7.11 为等熵扩张轴对称喷管流动和逆置喷管流动的马赫数等值线分布比较图,为无黏流动的计算结果,采用自主开发的 CFD 分析软件 SMPNS 时间迭代模块[16]进行计算。

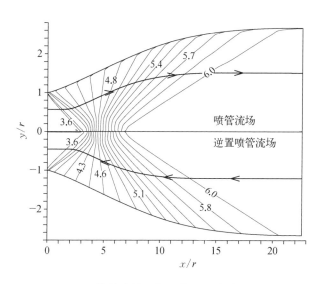

图 7.11　等熵喷管正向和逆向流动过程对比

图 7.12 为等熵喷管流动和逆置等熵喷管流动的总压恢复系数沿轴向的分布和质量加权马赫数沿轴向的分布图,总压恢复系数和理论值 100% 最大相差0.1%,这是由于网格离散及格式精度造成的。从图中可看出,正向喷管设计的流动结构和特征线设计值完全一致;同时正向和逆向流动,两种流动的流动结构

一致,说明等熵膨胀喷管流动是完全可逆的,逆置压缩流道可以把马赫数 6 的来流等熵压缩到马赫数 3.6 的出口流动。采用逆置喷管设计的压缩流道,与 Busemann 压缩流道相比较,可以从指定的来流马赫数,直接获得需要的出口流动压缩参数,设计过程更为直接。

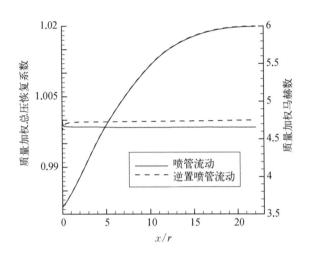

图 7.12　正向和逆向流动过程沿轴向加权马赫数和总压分布比较

在实际应用中,采用完全等熵的压缩型面,使得整个压缩流路非常长,不符合实际应用的需要。把等熵压缩型面依照一定的初始气流折转角截短,在很大程度上既能保证压缩流道具有较高的总压恢复系数和较为均匀的出口流场分布,又能大大减小压缩流道的轴向长度。图 7.13 为设计的逆置喷管等熵轴对称压缩流动的压力等值线,以及把等熵压缩流动沿 3° 初始压缩角截短后的压力等值线分布图,来流压力设定为 2 752 Pa。对于 3° 截短的轴对称压缩流道,轴向长度仅为出口半径的 13.75 倍,比等熵压缩流道缩短了近 40%。3° 截短流动在出口处的总压恢复系数为 94%,压力不均匀度为 4.36%。流动的参数质量加权量 $\bar{\phi}$ 和不均匀度 ϕ_d 的定义为

$$\bar{\phi} = \frac{\oint \phi \rho V_n \mathrm{d}s}{\oint \rho V_n \mathrm{d}s} \quad \varphi_d = \left(\frac{\oint (\varphi - \bar{\varphi})^2 \rho V_n \mathrm{d}s}{\oint \rho V_n \mathrm{d}s} \right)^{\frac{1}{2}} / \bar{\varphi} \tag{7.8}$$

式中, ϕ 表示流动变量,为一标量; $\oint \rho V_n \mathrm{d}s$ 表示通过积分曲面的流量。

图 7.14 为等熵压缩和 3° 截短压缩型面的总压恢复系数及质量加权马赫数沿轴向的分布图，从图中可以看出，对于截短流动，由于初始压缩波和反射激波的存在，使得压缩流动的总压有所损失，但是流动的总压恢复系数在出口处仍然能够达到较高的水平，达到 94%；质量加权出口马赫数截断喷管的数值为 3.65，略高于设计值。总的来说，截断喷管压缩型面显著降低了压缩型面的长度，同时总压恢复仍保持在较高水平，出口马赫数和设计值偏差不大，是一个具有较高性能的三维内转式进气道的基准流场。

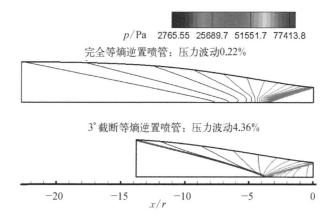

图 7.13　完全和截断等熵逆置喷管压力等值线对比

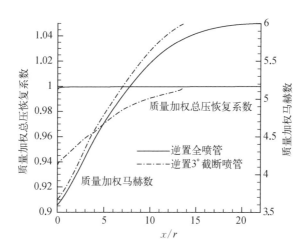

图 7.14　完全和截断等熵逆置喷管加权马赫数和总压系数沿轴向对比

7.1.3　可控消波内转式基准流场

文献[17, 18]给出了一种可控消波内转式基准流场的设计方法,以文献[18]介绍的方法为例介绍内转式双激波基准流场的设计方法。文献[17]的基准流场的设计方法,将结合一体化内转式乘波前体进气道的研究,在第10章中介绍。基准流场的流动结构示意如图7.15所示,基准流场对气流的压缩主要包含前缘激波、末端激波、两道激波之间的曲面压缩以及中心体压缩。其中,前缘激波是由壁面型线 ab 及远场条件共同决定,末端激波由壁面型线 bc 及中心体型线 de 确定。基准流场按照特征线计算方法不同,可以分为四个子流场区域,分别为:前缘激波依赖区(A 区)、主压缩区(B 区)、末端激波依赖区(C 区)、稳定区(D 区)。

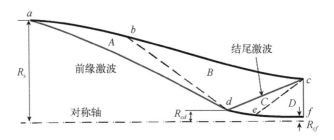

图 7.15　内转式双激波基准流场结构示意图

前缘激波依赖区(A 区):在基准流场的设计中,远场条件通常情况下是确定的,这样,A 区流场有两种设计方法:给定壁面条件,求解 A 区流场以及前缘激波的形状;给定前缘激波 ad 形状求解 A 区流场以及壁面 ab。第一种方法的壁面条件可以直接给定型线,也可以根据需要给定壁面型线 ab 上的马赫数或者静压分布。通过 Cauchy 问题的求解方法可以获得 A 区流场,包括前缘激波的形状、壁面 ab 及相应的流动参数。第二种方法中,定义前缘激波的形状,就相当于定义了一条非特征线的初值线,通过 Cauchy 问题的反向求解方法可以获得 A 区流场、壁面 ab 及相应的流动参数。

主压缩区(B 区):和平面二维斜激波压缩流场不同,这种内压缩型面的气流在两道激波之间存在明显的波间压缩,从图7.15中可以看出,波间压缩被分成两部分,壁面 ab 控制着前缘激波的形状和强度,并且对波后气流产生少量的曲面压缩,壁面 bc 承担基准流场中最主要的曲面压缩部分。主压缩区设计的核心是获取该壁面型线 bc 及 B 区流场。和前缘激波依赖区的设计类似,可以直接给定壁面 bc 的型线或壁面 bc 上的静压(马赫数)分布,利用 Cauchy 问题的正向求解方法得到 B 区流场、壁面 bc 及对应的流动参数。主压缩区的设计过程中应当注意如下几个问题:直接给定型线 bc 时,应当保证在 b 点处满足至少一阶导数连续;给定 bc 上的流动参数时,为了确保壁面型线在 b 点是光滑的,给定的参数分布至少一阶连续;壁面型线 bc 上的压缩过程不能太剧烈,以免在主压缩区内马赫波相交严重,汇聚成激波。

末端激波依赖区(C 区):末端激波的形状是 B 区流场和中心体型线 de 共同决定的,在 B 区流场完全确定的前提下,末端激波的形状只和中心体的形状有关。在常规的设计中,都采用等直的圆柱形中心体设计,这种情况下,末端激波的形状是完全确定的。末端激波入射在肩点 c 处,但是在肩点位置,波后气流的方向角并不一定和隔离段上壁面 cg 在该位置的切线方向平行,而是存在一定的夹角(图 7.16),这就是末端激波在隔离段内产生激波反射的物理机制,因此,这种等直

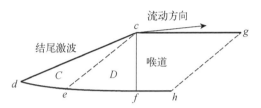

图 7.16　双激波基准流场 C 区、D 区流场示意图

中心体设计很难实现隔离段内的消波。可通过变中心体的设计实现基准流场肩点处的消波。具体方法如下:首先根据末端激波波后参数的限制,在已知的 B 区流场中迭代出末端激波的形状以及末端激波波后的参数,利用 Cauchy 问题的反向求解方法可以得到末端激波依赖区的流场结构以及中心体型线 de。这种实现了末端激波可控的设计方法提高了基准流场的设计灵活性,例如,通过选择不同的设计参数,可以在一定范围内控制末端激波的强度,减小末端激波的总压损失;在设计带转弯隔离段的进气道构型时,往往希望在肩点 c 处气流方向和水平方向成一定的向上角度,这样更便于和转弯隔离段进行匹配。

稳定区(D 区):为了获得比较均匀的喉部出口参数,在设计基准流场时,增加了稳定段的设计,如图 7.16 所示,以 C 区出口的特征线 ce 为初始条件,通过给定上壁面型线 cg 上马赫数或静压分布,求解四边形区域可以得到 D 区流场及稳定区下壁面 eh 的型线。

采用介绍的方法,设计了三维内转式进气道双激波基准流场,基准流场的 A 区是通过给定前缘曲激波形状获得,初始压缩角为 6°;B 区通过直接给定壁面型线的方法获得;给定的壁面型线 bc 是简单的三次函数,并且在 b 点处保证型线的一阶导数连续,同时给定肩点位置以及对应的一阶导数;C 区末端激波的构造通过控制末端激波波后气流方向角的方法;D 区给定上壁面型线,从肩点位置水

平沿流向延伸并且在上壁面上马赫数保持不变。设计马赫数为 6,基准流场的总收缩比为 7.7,喉部截面的压升比 17.2,出口马赫数 3.54,总压恢复 0.91。

为了校核这种设计方法和编制程序的正确性,利用 CFD 方法对设计结果进行验证。图 7.17 给出了设计状态下的 CFD 和特征线计算得到的流场结构,图 7.18 给出了两种方法得到的外壁面 abc 上的马赫数分布规律。

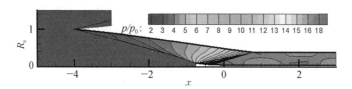

图 7.17　CFD 数值模拟流场结构

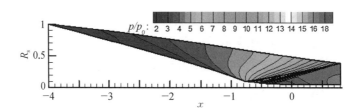

图 7.18　特征线设计获得的流场结构

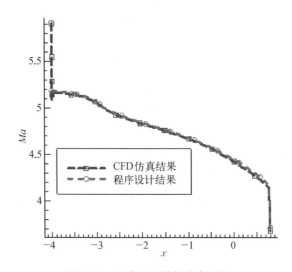

图 7.19　上壁面马赫数分布对比

从图 7.17～图 7.19 可以看出,流场前缘激波的入射点正好在中心体的起点 d 处;末端激波入射在肩点并且在该点处完全实现了消波;两种方法得

到的壁面马赫数分布曲线符合较好。本节所述的设计方法及程序的均得到
验证。

7.1.4　圆形出口内转式进气道设计示例

有了基准流场,就可以采用流线追踪技术设计三维内转式进气道了。以
7.1.2 小节中的 3° 截短的轴对称压缩流道为基准流场,采用 1/2 基准流场出口半
径的圆形截面为进气道出口截面,沿此截面向流场上游追踪流线,以基准流场入
口激波的型线为流线截断面,所追踪的流线围成的三维曲面就形成了三维内收
缩进气道。设计的进气道总收缩比为 7.18,内收缩比为 1.87。图 7.20 给出了三
维内收缩进气道的三维外形图以及内收缩进气道沿着轴向的等侧视图,图中实
线小圆为进气道出口截面,实线大圆为进气道唇口截面沿轴向投影视图,虚线小
圆为基准流场的出口截面的轴向视图,虚线大圆为基准流场的入口截面的轴向
视图。

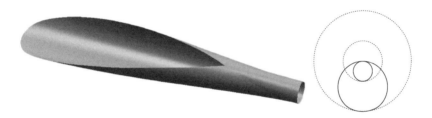

图 7.20　三维内收缩进气道三维视图

对设计的进气道的气动特性在设计状态点上,就无黏流动和完全湍流两种
流动状态,采用 CFD 软件[16]进行了数值模拟。在进气道出口截面后加了长度
为 15 倍出口直径的等截面隔离段。

在图 7.21 中比较了采用无黏流动模型和完全湍流模型得到的进气道表面
压力分布,可以看出,无黏流动中进气道入口激波完全进入内收缩段,而湍流状
态下的入口激波由于受到壁面边界层的影响,向前产生推移,入口激波也略微偏

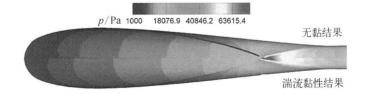

图 7.21　无黏和黏性流动进气道表面压力云图比较

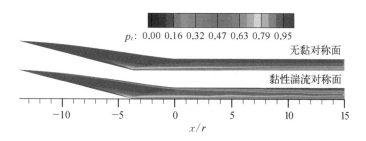

图 7.22　无黏和黏性流动进气道对称面总压恢复系数

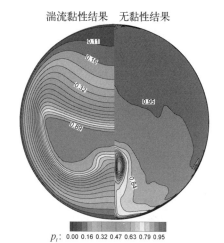

图 7.23　无黏和有黏流动进气道隔离段
出口总压恢复系数

移出进气道内收缩段唇口。图 7.22 和图 7.23 分别为采用无黏流动模型和湍流流动模型的进气道总压恢复系数在对称面上的分布及出口截面上的分布。从出口截面总压分布规律上看,流动在核心区分布是均匀的,交汇于唇口的反射激波在出口截面上表现为高总压损失区域。

表 7.1 给出了进气道喉道和隔离段出口的总压恢复和质量加权马赫数。本节所设计三维内收缩进气道与文献[19]和[20]中的基于 Busemann 型面设计的内收缩进气进行了比较。文献中设计的来流马赫数 7、CR = 6 的三维流线追踪进气道,在喉道处无黏总压恢复为 0.918,本节设计马赫数 6、CR = 6.18 三维压缩进气道无黏喉道处总压恢复为 0.926。

表 7.1　基于截断逆置喷管三维内转式进气道性能

位　置	总压恢复		质量加权马赫数	
	无黏	黏性湍流	无黏	黏性湍流
喉道	0.926	0.762	3.63	3.26
隔离段出口	0.926	0.512	3.63	2.77

7.2　微修型方转圆进气道的设计评估

7.2.1　圆形出口截面内收缩进气道的设计

基准流场采用 7.1.2 小节中的截断等熵逆置喷管作为基准流场,开展了微修型方转圆进气道的设计评估研究。以马赫数 6 作为设计点,考虑到飞行器前体的部分压缩能力,设计了入口马赫数 5 到出口马赫数 3.2、中心圆柱半径为 0.15 的截断逆置喷管压缩系统,压缩型面的截断角度为 3°。图 7.24 为这个轴对称基准压缩系统的马赫数云图。

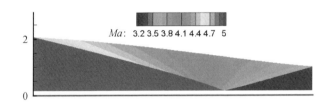

Ma:　3.2 3.5 3.8 4.1 4.4 4.7 5

图 7.24　截断等熵逆置喷管流场马赫数云图

采用圆形截面为进气道出口截面,沿此截面向流场上游追踪流线,以基准流场入口激波的型线为流线截断面,所追踪的流线围成的三维曲面就形成了圆形出口的三维内收缩进气道。设计的进气道总收缩比 CR = 4.32。图 7.25 和图 7.26 给出了内收缩进气道沿着轴向视图及三维内收缩进气道的三维外形图。图 7.25 中细实线小圆为中心圆柱,粗实线小圆为进气道出口截面,较大的实线蛋圆为圆形进气道入口截面。虚实线小圆为基准流场的出口截面,虚实线大圆为基准流场的入口截面。

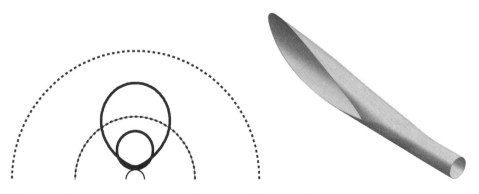

图 7.25　圆形出口内收缩进气道 x 方向视图　　**图 7.26　圆形出口内收缩进气道三维视图**

7.2.2　方形入口截面内收缩进气道的设计

以 3° 截短的轴对称压缩流道为基准流场,如图 7.24 所示,采用微修型方形截面为进气道入口截面,该截面基于图 7.25 中的蛋圆形进气道入口截面,在入口截面上部做了方形入口修型获得。沿此截面向流场下游追踪流线,所追踪的流线围成的三维曲面就形成了微修型方形入口的三维内收缩进气道。图 7.27 和图 7.28 给出了微修型方形入口内收缩进气道沿着轴向视图及三维外形图。

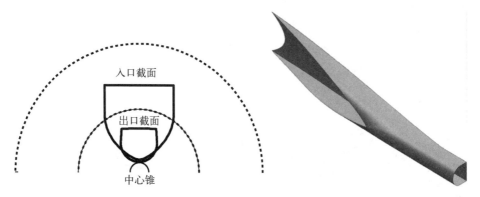

图 7.27　方形入口内收缩进气道轴向视图　　图 7.28　方形入口内收缩进气道三维视图

7.2.3　方转圆进气道的曲面融合设计

Smart 提出的 REST 进气道的设计方法[21],是基于圆形出口、过渡入口形状和方形入口这三个内转式进气道,沿着流向截面依次融合,获得方形入口转圆形出口内转式进气道,这种方法对原始流线追踪进气道型面的改变比较显著。进行内转式进气道的曲面融合设计,主要目的是为了和特定的机体或压缩通道匹配,只需对圆形出口完全流线追踪进气道的进气型线,进行微修型,使之达到与机体的匹配需求;然后将原始圆形出口进气道型面和微修型的进气道型面,在轴对称流场的同一子午面内,进行流线融合,就可获得微修型入口型面到圆形出口型面的三维内转式进气道。

要设计微修型方转圆(椭圆)进气道,方形入口进气道和圆形出口进气道之间存在着几何上的依赖关系,详见图 7.29。

方转圆(椭圆)进气道设计步骤如下。

(1) 先设计圆(椭圆)形出口截面,在基准流场中采用流线追踪,得到圆形出口截面的三维内收缩进气道,如图 7.29 曲线 E 所示。

（2）基于圆形出口截面进气
道的入口截面，在其上半部分略
微修型，得到上半部分为方形，下
半部分保持圆形入口截面不变的
微修型方形入口截面；并沿修型
后的方形入口截面，流线追踪得
到方形入口–方形出口的三维内
收缩进气道，如图 7.29 中的三维
内收缩进气道 S。

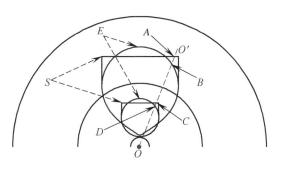

**图 7.29　方形入口进气道和圆形出口进气道
在基准流场中轴向投影关系**

（3）得到这两个基准型的进气道后，在进气道型面有差别的地方（方形和圆
形进气道的上半部分），对应于每个从 O 点出发的，展向偏角为 φ 的展向子午面
OO'，在 OO' 面上，有方形进气道的表面型线（流线）AC 和圆形进气道的表面型
线（流线）BD，如图 7.30 和图 7.31 所示。

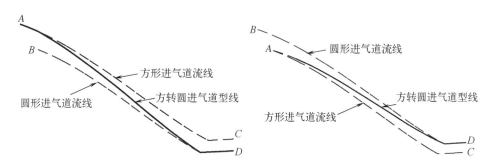

**图 7.30　方转圆进气道在矩形
折转角处的流线融合**　　**图 7.31　方转圆进气道在对称
面上的流线融合**

（4）在 OO' 面上，方转圆（椭圆）的表面型线距中心轴的距离 $R(x)$ 由下式
确定：

$$R(x) = R_\text{s}(x)^{1-E(x)} R_\text{e}(x)^{E(x)}$$

$$E(x) = \left(\frac{x - x_\text{start}}{x_\text{end} - x_\text{start}} \right)^{\alpha} \quad \alpha \in (1,5) \quad x \in (x_\text{start}, x_\text{end})$$

$$(7.9)$$

$$R(x) = R_\text{s}(x) \quad x < x_\text{start} \tag{7.10}$$

$$R(x) = R_\text{e}(x) \quad x > x_\text{end} \tag{7.11}$$

$R_s(x)$为方形进气道OO'面上的半径，$R_e(x)$为圆形进气道在OO'面上的半径。x_{start}为子午面内微修型进气道的流线起始坐标，与方形进气道的起始坐标一致，x_{end}为子午面内微修型进气道的出口坐标，与圆形进气道的出口坐标一致。

图7.30为方转圆进气道在矩形折转角处的流线融合结果，图7.31为在对称面上，方转圆进气道的流线融合结果。

图7.32为设计的微修型方转圆进气道沿轴向的视图，图7.33为设计的方转圆进气道三维视图。

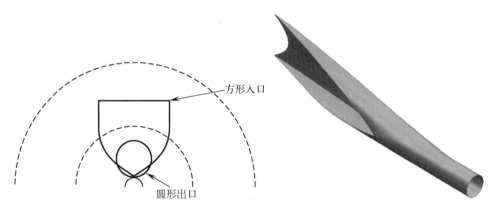

图7.32　方转圆进气道沿轴向视图　　　　图7.33　方转圆进气道三维视图

7.2.4　方转圆进气道的性能分析

对图7.33所示的方转圆进气道的性能在设计点进行无黏分析。图7.34和图7.35为以马赫数等值线和压力等值线表示的方转圆进气道入口激波三维视图及表面马赫数和压力云图，可以看出微修型方转圆进气道在设计点上，激波恰好贴合在进气道的侧缘。图7.36和图7.37比较了圆形出口进气道和方转圆进气道在喉道处的总压恢复及马赫数云图，可以看出，圆形出口进气道在喉道处的流动均匀区面积略大于方转圆进气道，这是由于圆形出口进气道是完全按照流线追踪方法获得的，而方转圆进气道是采用曲面拟合的方法获得的。表7.2比较了方转圆进气道和圆形出口进气道的喉道总压恢复、喉道马赫数、喉道压升、流量系数和收缩比。从表中可以看出，微修型方转圆进气道的喉道参数及流量系数和完全流线追踪圆形出口进气道有着基本一致的喉道参数特性。以上结果说明给出的微修型方转圆进气道设计方法，对原始流线追踪进气道的扰动小，可以最大限度保持原始进气道性能，也即继承了基准内收缩流场的高品质流动压缩特性。

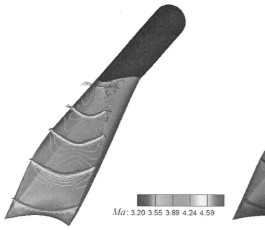

图 7.34　以马赫数等值线表示的方转圆
　　　　进气道入口激波三维视图

图 7.35　以静压等值线表示的方转圆
　　　　进气道入口激波三维视图

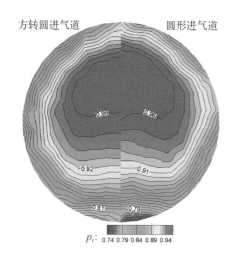

图 7.36　方转圆和圆形进气道在出口截面上的
　　　　总压恢复系数分布比较

图 7.37　方转圆和圆形进气道在出口
　　　　截面上的马赫数分布比较

表 7.2　微修型方转圆与圆形进气道喉道处流动参数比较

性　　能	方转圆进气道	圆出口进气道
压升	9.34	9.61
总压恢复	0.92	0.91

续　表

性　　能	方转圆进气道	圆出口进气道
马赫数	3.23	3.21
流量系数	0.997	0.995
收缩比	4.346 5	4.425 7

7.3　微修型异型转圆形进气道设计

本节介绍采用改进的微修型异型转圆形进气道设计技术,设计类水滴异型转圆内转式进气道[22, 23],可作为相关进气道设计研究的参考。

7.3.1　内收缩基准流场

采用 7.1.3 小节介绍的内收缩基准流畅。参考图 7.15,设计马赫数 6.5,ab 段的初始压缩角为 4°;弯曲中心锥 df 段,d 点和 f 点的半径分别为 $0.1R_s$ 和 $0.05R_s$,曲线 de 在 d 点的斜角为 3°。基准流场总收缩比 5.4,内收缩比 1.6,流场无量纲长度为 5.3(L/R_s,L 为基准流场的长度,R_s 为基准流场的入口半径)。图 7.38 为特征线设计的内收缩基准流场的马赫数云图。

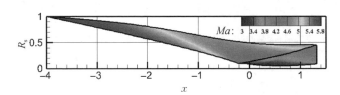

图 7.38　特征线设计的内收缩基准流场的马赫数云图

7.3.2　改进的微修型设计方法

开展微修型内转式进气道设计,需要首先设计生成图 7.39 所示的具有圆形出口型线(exit curve)的完全流线追踪进气道,其对应的入口捕获型线(inlet capture curve - 0, ICC - 0)如图 7.39 所示。基于进气道的侧向匹配需求,只对圆形出口进气道入口捕获型线(ICC-0)的上半部分进行微修型,获得类水滴形入

口捕获型线（inlet capture curve,
ICC）。修型后的 ICC 和 ICC-0 面
积相同，且下半部分完全一致。在
基准流场中，沿 ICC 进行流线追踪，
就获得另外一个水滴形入口，异型
出口的内转式进气道。

对设计的两组内转式进气道，
在轴对称内锥的同一子午面内，将
两个内转式进气道上对应的流线进

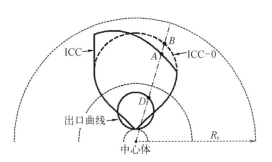

图 7.39　类水滴进气道微修型流线
融合设计轴向视图

行融合，如图 7.40 所示，流线 BD 在圆形出口进气道上，流线 AC 在类水滴形入口
进气道上，获得该轴对称面内的进气道型线 AD。

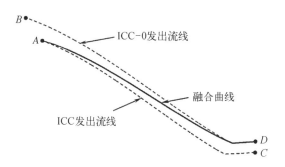

图 7.40　类水滴进气道沿子午面流线融合设计示意图

为了获得设计状态激波完全封口的类水滴进气道，按照特征线理论，如图
7.15 所示，前缘激波 ad 的依赖区
域为 abd 包含的区域 A。只要不对
区域 A 内的流线修型，就不会改变
几何融合后进气道设计状态的三
维激波型面，融合后的进气道仍然
在设计状态下可以实现三维激波封
口的设计指标。改进的曲面融合过
程如图 7.41 所示，流线融合自图
7.15 中的 B 流域起始位置开始，止
于反射激波入射位置，融合过程仍
然采用式(7.9)所描述的方法。

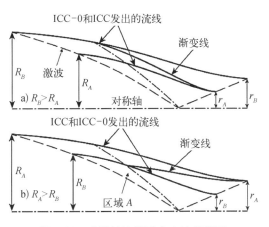

图 7.41　改进的流线融合方法示意图

7.3.3 类水滴进气道设计分析

利用上节给出的基准流场及内转式进气道的进出口型线,设计了如图 7.42 的进气道构型。进气道的总收缩比为 5.4,内收缩比为 1.6,隔离段长度约 6 倍喉道直径。进气道总长 1 456 mm,唇口及喉部距最前端分别为 752、1 046 mm,喉部圆直径 70 mm,进气道前缘钝度半径为 1.5 mm。

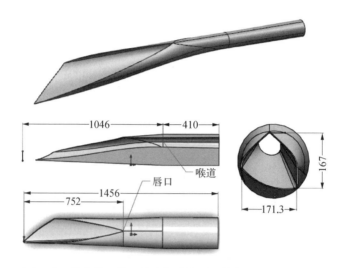

图 7.42 类水滴三维压缩进气道构型三维视图(单位: mm)

图 7.43 给出了理论外形在设计状态 $Ma=6.5$ 下的前缘激波结构,图 7.44 为同一基准流场下设计构型与圆形流线追踪进气道的出口马赫数分布对比,表 7.3

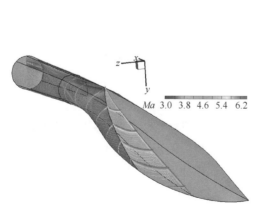

图 7.43 类水滴进气道设计状态前缘激波结构

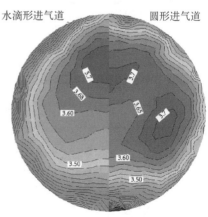

图 7.44 类水滴进气道与圆形进气道出口马赫数分布对比

为两种进气道出口参数的质量加权参数对比。结果表明：设计的类水滴进气道理论构型前缘激波贴口，流量系数接近 1，达到设计目标；与流线追踪进气道相比，出口流场参数分布相差不大，特别在压缩量一致的情况下，总压恢复与流线追踪进气道相当。

表 7.3　类水滴进气道和圆出口进气道出口参数对比

性　　能	类水滴进气道	圆出口进气道
压升	15.50	15.41
总压恢复	0.920	0.915
马赫数	3.51	3.48
流量系数	0.997	0.999

7.4　类水滴进气道试验研究

7.4.1　试验概况

试验研究在脉冲燃烧风洞开展[22]。试验测量的主要参数包括进气道中心面机体侧、唇口侧压力分布及出口皮托压。在进气道中心面机体侧和唇口侧分别布置了 44 个和 20 个压力测点，在隔离段出口采用十字形分布了 22 个皮托压力测点。

试验模型如图 7.45 所示，包含进气道、圆形等直隔离段等，本书重点研究进气道和隔离段系统的性能。整个实验模型安装在攻角可调的基座上，在进气道试验中，在尾喷管后部采用前后可移动的轴对称堵锥，形成面积不等的几何喉道，来调节隔离段出口的反压，模拟燃烧室工作时所产生的反压。图 7.46 为进气道安装在风洞试验段的实物照片。

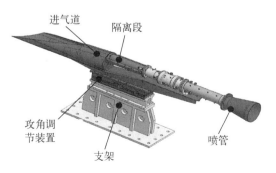

图 7.45　进气道隔离段在风洞中的三维视图

图 7.46　进气道实物三维视图

7.4.2　进气道通流特性

采用自主开发的 CFD 软件[16]开展计算实验对比研究。数值计算中,无黏通量为 3 阶 MUSCL 差值的 AUSMPW+格式,湍流模型采用 $k-\omega$ TNT 两方程模型,壁面函数修正技术[16]。壁面取绝热无滑移、固体边界条件。计算区域网格约 1 240 万,67 个物理块。

图 7.47 为 CFD 预测及试验测量得到的中心面机体侧及唇口侧压力分布。在进气道外压缩面,CFD 与试验吻合较好。随着气流进入内流道流动特征逐渐变得复杂,CFD 与试验出现一定程度的偏差。从机体侧压力分布看,反射激波的位置预测较为准确,随后流道内激波/膨胀波位置的预测均比试验靠前,且沿程压力值均略高于试验。唇口一侧,唇口位置的激波反射位置到第二道激波位置

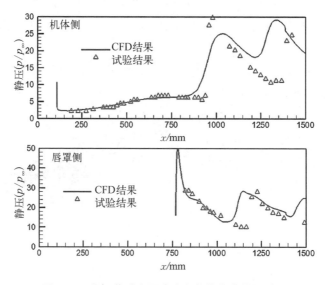

图 7.47　进气道对称面试验和数值仿真结果对比

之间的沿程压力预测较准确,随后激波/膨胀波位置的预测比试验靠前,且沿程压力值均高于试验值。初步分析这种现象可能与进气道内边界层的预测精度有关。

图 7.48 为 CFD 计算获得的隔离段出口皮托压力云图,在进气道机体侧出现明显的低速区,流动在隔离段内的畸变不断增加,机体侧壁面附近的流动在低速区作用下总压损失较大。图 7.49 为截面内 A、B 分支上试验/CFD 计算获得的皮托压分布比较。CFD 预测的结果在 A、B 分支上普遍高于试验,但分布规律与试验吻合较好;核心区域内的皮托压分布均匀且基本一致;分支 A 两侧皮托压分布不对称,唇口侧高于机体侧,机体侧皮托压下降迅速,低压区较大;分支 B 两侧皮托压几乎保持在相同水平。以上结果说明该进气道内的三维流动非常显著。

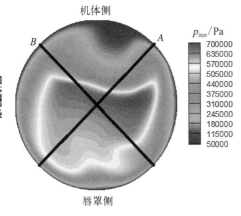

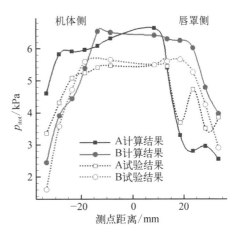

图 7.48　进气道出口皮托压力　　　　图 7.49　进气道出口皮托压力
　　　　数值仿真结果　　　　　　　　　　　　仿真试验结果对比

图 7.50 为进气道机体侧及唇口侧中心面压力在攻角作用下的分布规律。随着攻角的增大,前缘激波强度增大、壁面压力逐渐升高。反射激波位置从 $-2°$ 攻角到 $6°$ 攻角的前移量约 55.5 mm。进气道唇口侧中心面的压力分布和机体侧相同,压升随攻角的增加而增大,但在 $6°$ 攻角时,起始位置的压力较低,在第三个压力测点处达到区域峰值,这是由于前缘三维激波被吞入内通道所致。

7.4.3　进气道抗反压特性

通过预先设置好堵锥位置,完成不同堵塞比条件下的进气道抗反压实验研究。图 7.51 给出了不同堵塞比条件下机体/唇口侧壁面压力的分布曲线。当堵

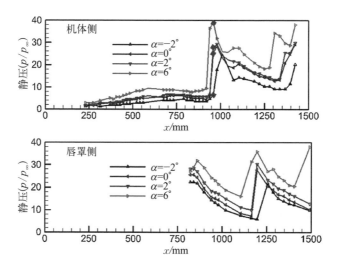

图 7.50　不同攻角条件下进气道对称面压力分布

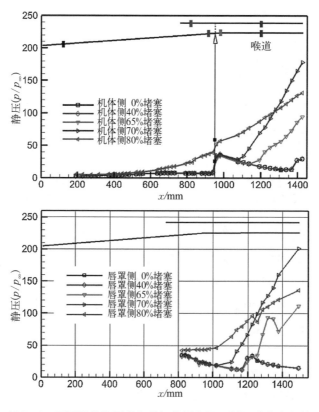

图 7.51　不同堵锥位置进气道机体侧和唇口侧压升分布规律

塞度低于 40%时,反压产生的扰动未能向隔离段上游流场传播。当堵塞度介于 40%~65%时,反压对机体侧的压力影响更明显,反压前传的位置在机体侧更靠前,唇口侧压力受反压影响相对滞后。这是由于边界层和低能区在机体侧的控制面积更大一些,由反压引起的分离更容易在机体侧前传。

随着堵塞度增加至 70%,隔离段内激波串不断前移,唇口侧激波串前缘位置距进气道前缘 1 000~1 050 mm,接近喉部。当堵塞度增加至 80%时,激波串被推出进气道,进气道外压缩面上的平均压力升高,进气道处于不起动状态,出现喘振现象及激波震荡。精细的调节堵锥位置,当堵塞度为 72.6%时,等直隔离段的类水滴内转式进气道能够抵抗的反压达到最大。

7.5　本章小结

本章介绍了三维内转式进气道的设计评估及试验研究工作。首先介绍了三类轴对称基准流场的设计方法,包括 Busemman 进气道、等熵逆置喷管和可控消波内转式基准流场的设计方法;之后介绍了一种微修型的方转圆进气道设计方法及评估结果;最后介绍了改进的微修型内转式进气道设计方法,并介绍了设计模型的试验研究结果。

基准内收缩进气道是内转式进气道设计的基础,三维进气道的性能基本继承了基准内收缩进气道的特性,通过微修型的设计技术,使得异型转圆进气道的性能,尽可能小地偏离完全流线追踪进气道的性能,能获得对原始进气道构型最小扰动的修型构型,既满足了进气道入口形状和飞行器总体布局的匹配,也保证了能够尽最大可能继承基准内收缩流场的优良压缩能力。介绍的试验研究结果,验证确认了微修型进气道的基本性能。本章内容可为高性能三维内转式进气道的研究提供借鉴参考。

参考文献

[1] Heiser W H, Pratt D T. Hypersonic air-breathing propulsion [M]. Washington: AIAA Education Series, AIAA Inc., 1994.

[2] Emami S, Trexler C A, Auslender A H. Experimental investigation of inlet-combustor isolators for a dual-mode scramjet at a Mach number of 4 [R]. NASA Technical Paper 3502, 1995.

[3] Holland S D. Mach 10 computational study of a three dimensional scramjet inlet flow field

[R]. NASA - TM - 4602,1995.

[4] Mölder S, Szpiro J. Busemman Inlet for hypersonic speeds[J]. Journal of Spacecraft and Rockets, 1966, 3(8): 1303 - 1304.

[5] Van Wie D, Modeler S. Applications of Busemann inlet designs for flight at hypersonic speeds[C]. Irvine: Aerospace Design Conference, 1992.

[6] Billig F S. SCRAM - A supersonic combustion ramjet missile[C]. Monterey: 29th Joint Propulsion Conference and Exhibit, 1993.

[7] Bulman M J, Siebenhaar A. The rebirth of round hypersonic propulsion[C]. Sacramento: 42nd AIAA/ASME/SAE/ASEE Joint Propulsion Conference and Exhibit, 2006.

[8] Walker S H, Rodgers F C, Esposita A L. Hypersonic Collaborative Australia/United States Experiment (HYCAUSE)[C]. Capua: AIAA/CIRA 13th International Space Planes and Hypersonics Systems and Technologies Conference, 2005.

[9] Elvin J D. Integrated inward turning inlets and nozzles for hypersonic air vehicles[P]. US Patent,07102293.3,2007.

[10] Walker S H, Rodgers F. Falcon hypersonic technology overview[C]. Capua: AIAA/CIRA 13th International Space Planes and Hypersonics Systems and Technologies Conference, 2005.

[11] Walker S, Tang M, Morris S. Falcon HTV - 3X — a reusable hypersonic test bed[C]. Dayton: 15th AIAA International Space Planes and Hypersonic Systems and Technologies Conference, 2008.

[12] Walker S H, Rodgers F C, Paull A, et al. HyCAUSE flight test program[C]. Dayton: 15th AIAA International Space Planes and Hypersonic Systems and Technologies Conference, 2008.

[13] Daniel E F, Starkey B RP, Lewis Mark J. Inverse waverider design for inward turning inlets [C]. Tucson: 41st AIAA/ASME/SAE/ASEE Joint Propulsion Conference and Exhibit, 2005.

[14] 贺旭照,乐嘉陵.基于轴对称喷管的三维内收缩进气道的设计与初步评估[J].推进技术,2010,31(2): 147 - 152.

[15] 左克罗 M J,霍夫曼 J D.气动动力学(下册)[M].王汝诵,魏叔如,吴宗真,等,译.北京: 国防工业出版社,1984.

[16] 贺旭照.高超声速飞行器气动力气动热数值模拟和超声速流动的区域推进求解[D].绵阳:中国空气动力研究与发展中心,2007.

[17] 贺旭照,乐嘉陵.密切内锥乘波前体进气道一体化设计和性能分析[J].推进技术,2012,33(4): 510 - 515.

[18] 卫锋,贺旭照,贺元元,等.三维内转式进气道双激波基准流场的设计方法[J].推进技术2015,36(3): 358 - 364.

[19] Billig F S, Baurle R A, Tam C J, et al. Wornom, design and analysis of streamline traced hypersonic inlets[R]. Norfolk: 9th International Space Planes and Hypersonic Systems and Technologies Conference, 1999.

[20] 孙波,张堃元,金志光,等.Busemann 进气道无粘流场数值分析[J].推进技术,2005,26

（3）：242 - 247.

[21] Smart M K. Design of Three-dimensional hypersonic inlets with rectangular-to-elliptic shape transition[J]. Journal of Propulsion and Power, 1999, 15(3)：408 - 416.

[22] 卫锋,贺旭照,陈军,等.微修形异型转圆内转式进气道的设计与试验研究[J].推进技术,2017,38(6)：1218 - 1225.

[23] 周正,贺旭照,吴颖川,等.一种截面渐变三维内转进气道的初步设计与评估[C].洛阳：第 16 届激波管会议,2014.

第8章

一体化曲外锥乘波前体进气道

吸气式高超声速飞行器设计的核心技术是机体推进一体化,进排气和机体及燃烧室的匹配设计是机体推进一体化的设计关键。对飞行器而言,机体和进气道的一体化设计方案,将决定飞行器的布局形式和总体性能,因此本章及第9、10章将着重介绍作者开展的新型机体进气道一体化设计的研究工作。

采用传统的进气道设计方法,在高超声速条件下可以设计出具有优良性能的进气道方案[1-3]。但进气道本身的设计并未充分考虑与飞行器前体在流动参数及几何外形上的匹配,如何开展符合气动原理的机体进气道一体化设计就成为研究的重点[4]。在高超声速飞行器一体化研究方面 O'Neill 和 Lewist[5] 采用锥乘波体,在锥形流场中流线追踪出进气道的唇罩,而进气道近似采用二维构型几何变换获得。Takashima 和 Lewis[6]、O'Brien 和 Lewis[7] 采用密切锥方法生成前体,前体对称面部分有相对平缓的区域,通过贴合二维进气道的方法完成乘波体和进气道的耦合。Starkey 和 Lewis[8] 采用变楔角法生成乘波前体,在前体对称面附近设计了同样的平缓区域,贴合二维进气道与乘波体。这些研究工作大多停留在概念设计阶段,且都采用几何融合方法,因此,需发展符合流动规律且有设计理论支撑的机体进气道的一体化设计方法。

本章主要介绍作者开展的一体化曲外锥乘波前体进气道的相关研究工作[9-18],作者首先提出并运用了内外流一体化的流线追踪技术,结合密切轴对称方法,完成了内外流一体化的乘波前体进气道的全流面设计技术开发,并完成了一体化构型的设计、性能数值评估及风洞试验验证。8.1 节介绍一体化密切曲外锥乘波前体进气道(osculating cuved cone warerider forebody inlet, OCCWI)的设计方法及理论构型仿真分析;8.2 节介绍 OCCWI 的修型设计及对性能的影响分析;8.3 节介绍了基于 OCCWI 构型的风洞试验研究及性能仿真分析结果;最后一节是本章小结。

8.1　曲外锥乘波前体进气道设计方法及性能分析

8.1.1　可控消波一体化曲外锥基准流场

在设计一体化曲外锥乘波前体进气道之前,首先要获得外压和内压匹配的一体化曲外锥/进气道基准流场。本章采用内收缩段消除激波反射的一体化曲外锥轴对称构型作为基准流场,其设计方法和过程已在 6.4 节详细介绍,本节重点介绍基于基准流场的一体化曲外锥乘波前体进气道的设计方法及其基本流动特性验证确认。

本节采用一个来流马赫数 5.5、出口马赫数 3.4、初始直锥角为 10°、唇口角 0°的内外压缩匹配的一体化的轴对称前体进气道作为基准流场。基准流场的总收缩比为 4.6,内收缩比 1.59。图 8.1 上半部分为特征线设计获得的基准流场的马赫数云图,下半部分为基准构型的无黏数值仿真结果。数值模拟和特征线设计获得的马赫数分布及波系结构相互吻合。内通道的马赫数分布均匀,无反射激波,出口马赫数在 3.4 左右,整个压缩系统的总压恢复系数为 0.75。详细的对比验证结果见图 6.19~图 6.21。

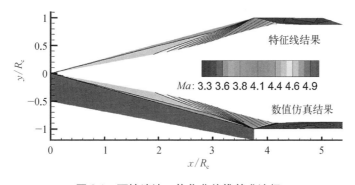

图 8.1　可控消波一体化曲外锥基准流场

8.1.2　一体化曲外锥乘波前体进气道设计

一体化曲外锥乘波前体进气道的设计方法,采用了内外流一体化的流线追踪思想,结合密切轴对称技术,是密切曲外锥乘波体[9-11]设计方法的进一步发展。

如图 8.2 所示,在前体进气道的唇口平面,定义 ICC 和乘波体前缘线在唇口平面的 FCT。目前采用超椭圆曲线定义 ICC:

$$x = L_x (\cos \theta)^{2/n} \qquad y = L_y (\sin \theta)^{2/n} \tag{8.1}$$

式中,L_x 和 L_y 用来定义 ICC 的大小;n 是确定超椭圆形状的指数;θ 为相位角。

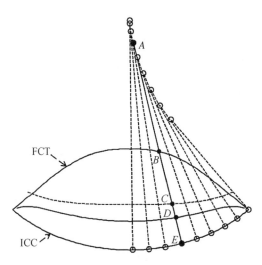

FCT 采用二次曲线定义,在对称面上的斜率为 0,侧缘与 ICC 曲线衔接。获得的 ICC 和 FCT 如图 8.2 所示。

在 ICC 上任一点 E,如图 8.2 所示,找到其曲率中心 A 点,曲率中心的计算方法见式(4.12)。通过 AE 可以构造一个密切面,密切面为垂直纸面的平面,其在前体进气道唇口截面上的投影为 AE。密切方法假定密切面就是一体化曲外锥基准流场的轴对称子午面,将一体化曲外锥基准流场进行缩放,使得点 A 和一体化曲外锥基准流场的对称轴

图 8.2 一体化曲外锥乘波前体进气道在进气道唇口的设计示意图

重合,点 E 和一体化曲外锥基准流场唇罩初始点重合,这样就可以建立起密切面内对应点和一体化曲外锥基准流场的对应关系,如图 8.2 和图 8.3 所示。

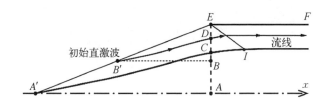

图 8.3 一体化曲外锥乘波前体进气道在密切面内的设计示意图

在密切面内,获得乘波前体进气道机体侧和唇罩侧型线的方法如图 8.3 所示。密切面在唇口截面的投影线 AE 和前缘捕获型线 FCT 相交于 B 点;B 点沿基准流场轴向,向前延伸,与基准流场的前缘激波 $A'E$ 相交于 B';始于 B',在基准流场中,从头到尾追踪一条内外流一体化的流线;把图 8.3 中的这条流线,按照图 8.2 和图 8.3 中对应点的关系,变换到图 8.2 中的对应位置,就获得了乘波

前体进气道在密切面 *AE* 内的一条机体侧的内外流一体化压缩型线。把图 8.3
中的唇罩型线 *EF* 按照相同的对应点关系,变换到密切面 *AE* 内对应的位置,就
获得了乘波前体进气道在 *AE* 平面内的一条唇罩型线。密切面 *AE* 内的两条压
缩型线在三维空间中的形状关系,标识于图 8.4 中。

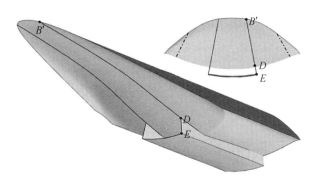

图 8.4　一体化曲外锥乘波前体进气道理论构型三维视图

沿着 ICC 逐点重复以上步骤,就可以获得乘波前体进气道机体侧及唇罩侧
的整个三维压缩面。在实际应用中,根据流量捕获的需求,只用 ICC 的中部区
域,生成进气道的唇罩型面。进气道内通道的侧壁,采用位于同一密切面内的唇
罩型线和机体侧压缩型线组成的平面封闭。图 8.4 给出了生成的一体化曲外锥
乘波前体进气道理论构型的三维视图。前体进气道的捕获面如图 8.4 中的黑实
线包围的区域所示,其中黄色曲面为前体进气道的机体侧、唇罩侧及内通道侧壁
压缩面。灰色曲面为前体进气道的上表面,可由自由流面生成,也可由满足装载
需求的其他低阻曲面构成。所生成的一体化前体进气道构型,乘波前体和进气
道采用全流面一体化成型,符合气动原理,整体构型流畅饱满,整个压缩面都由
流面构成,继承了基准流场的压缩特性。目前设计的这款前体进气道理论构型,
总收缩比为 4.6,内收缩比为 1.57。

8.1.3　理论构型性能分析

对设计的前体进气道理论构型,在设计状态下(来流马赫数 5.5、攻角 0°),
开展了无黏数值仿真,并同设计结果进行了对比。

数值模拟采用了 CFD 软件 SMPNS 的时间迭代模块完成[19],计算中采用的
无黏通量格式是 AUSMPW +,MUSCLE 插值方法用于构建网格面上的物理量。
对网格的收敛性进行了研究,采用了 3 套网格。粗、中和密网格的数量分别为

525 万、763 万和 1 081 万。表 8.1 为不同网格获得的内通道出口流动参数(质量加权马赫数 Ma_{mw}、总压恢复 p_t、压升比 p/p_∞ 和流量系数 φ)和设计结果的比较,设计结果通过基准流场的流动参数对应转换后在进气道出口积分获得。可以看出,三套网格的仿真结果具有较好的一致性,理论构型可以做到流量全捕获,和设计结果完全吻合。

表 8.1 一体化曲外锥乘波前体进气道设计状态无黏仿真结果对比

性　　能	设　　计	粗网格	中网格	密网格
质量加权马赫数	3.400	3.396	3.398	3.401
总压恢复	0.750	0.753	0.752	0.752
压升比(p/p_∞)	10.30	10.26	10.31	10.32
流量系数	1.000	0.993	0.993	0.996

图 8.5 给出了采用密网格计算获得的理论构型的流场结构示意图。图 8.5(a)为等流向截面上的马赫数等值线和壁面压力云图。前体激波紧密附着在乘波体侧缘上,高压区域封闭在乘波体的压缩面内;进气道唇口和三维前体激波完全贴合,实现了三维激波封口的设计预期。图 8.5(b)为前体进气道对称面上的马赫数和压力等值线云图,其流场结构和图 8.1 中的基准流场完全相似,唇口反射激波在机体侧消除反射。图 8.5(c)为内压缩段出口截面上的马赫数和压力云图,马赫数和压升数值分别在 3.4 和 10 左右,均匀性好,且数值同基准流场出口参数一致。仿真和设计结果的一致性表明,提出的曲外锥乘波体进气道一体化设计方法,理论上可行,设计方法和程序正确,是一种符合气动原理的精确化的乘波前体进气道一体化设计方法。该方法的优点在于:前体进气道的压缩特性继承了基准流场的全部性能,可以通过对基准轴对称流场的调节,来精确控制三维一体化前体进气道的压缩特性;机体的乘波特性和进气道的流动压缩特性,未受任何人工修型的破坏,真正实现了乘波(前)体和进气道的符合气动规律的匹配设计,且获得的一体化构型外形饱满,具有较好的拓展性。

对设计的如图 8.4 所示的前体进气道的基本性能进行了宽参数范围的无黏数值仿真,网格和计算条件同上节。图 8.6 为内通道出口质量加权平均马赫数随来流攻角和马赫数的变化规律,攻角范围为 $-2° \sim 6°$。来流马赫数 4 时,出口

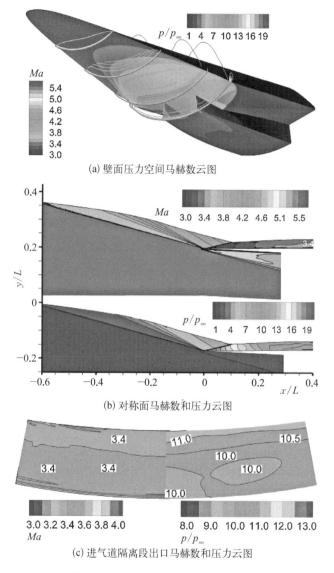

(a) 壁面压力空间马赫数云图

(b) 对称面马赫数和压力云图

(c) 进气道隔离段出口马赫数和压力云图

图 8.5　一体化曲外锥乘波前体进气道设计状态流场结构图

马赫数为 2.2~2.6;来流马赫数为 6 时的值为 3.0~3.7,来流马赫数 5.5 时的值为 2.9~3.5。若考虑到前缘钝度及流动的黏性效应,通常各状态的出口马赫数还要低 0.5 左右。

图 8.7 为该一体化构型的流量捕获系数随马赫数和攻角的变化规律。来流马赫数为 4 时,-2°~6°攻角的流量系数范围为 0.64~0.87,0°攻角的流量系数为

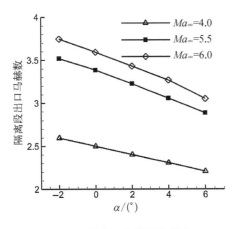

图 8.6 不同来流条件隔离段出口
马赫数随攻角的变化规律

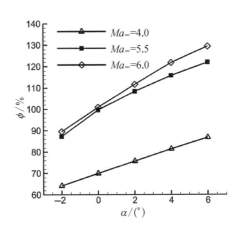

图 8.7 不同来流条件流量系数
随攻角的变化规律

0.7;马赫数 5.5 时,对应流量系数范围为 0.87~1.22,0°攻角的数值为 1.0;马赫数 6.0 时,流量系数范围 0.9~1.29,0°攻角的数值为 1.0。作为一个前体和进气道的一体化构型,其捕获面包含了前体及进气道的压缩型面,所具有的流量捕获系数较高,特别是在设计状态,无前体溢流,可以做到流量全捕获。

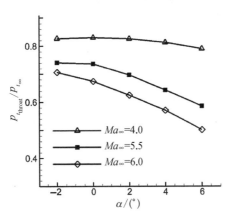

图 8.8 不同来流条件总压恢复系数
随攻角的变化规律

图 8.8 为该一体化构型喉道处的总压恢复系数随来流攻角和马赫数的变化规律。总的来说,总压恢复随来流马赫数和攻角的增大而减小。马赫数 4 时,总压恢复为 0.83~0.79,且随攻角的变化浮动范围较小。马赫数 5.5 时,−2° 和 0° 的总压恢复在 0.74 左右,2°~4° 时的总压恢复为 0.7~0.59,近似呈线性分布。马赫数 6.0 时的总压恢复,变化范围为 0.71~0.5,0° 攻角的总压恢复为 0.67。总压恢复在大攻角时的减小,主要是由于前体相对气流的压缩角增大,造成流动的初始激波压缩损失增大。考虑到该前体进气道在各来流马赫数及攻角条件下的压缩能力,各状态下的总压恢复性能是较为合理的。

通过以上的分析表明,该新型前体进气道,在实现曲外锥乘波体和进气道一体化设计的同时,具备较好的流动压缩能力及流量捕获特性。

8.2　曲外锥乘波前体进气道修型设计与仿真分析

8.2.1　几何修型设计

考虑到前体进气道在实际应用中对长宽比等的限制,对图 8.4 所示的理论构型乘波前体进气道沿着位于密切面内的黑色虚线进行切除。为了增强进气道的自起动特性,同时又不影响起动状态的流量捕获特性,沿从唇口侧缘顶点出发的 69° 线(此线和马赫数 3.5 时的唇口反射激波重合),切除了部分进气道的侧壁,使得进气道唇口前掠,如图 8.9 所示。

图 8.9　几何修型一体化曲外锥乘波前体进气道

由于理论构型的隔离段出口形状,是类扇环的异形形状,从喉道开始,对内通道沿等 x 截面,进行了异形转矩形的几何形变[20]。如图 8.10 所示,图中曲线为喉道截面型线,矩形为隔离段出口截面型线。变换过程中,原始截面和变换后生成的截面的面心和面积都保持不变。最终获得的隔离段长 120 mm,约为 7 倍的喉道对称面高度,隔离段出口的宽高比为 5.2。考虑结构防隔热及加工制造的需求,对前体前缘

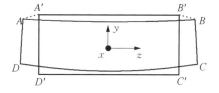

图 8.10　隔离段几何变换示意图

和唇罩前缘分别做了 0.5 mm 和 0.25 mm 的钝度处理。最终获得的几何修型构型总长 607.5 mm,捕获面积 7 000 mm²。内外收缩比和原始理论构型一致。

8.2.2　几何修型对性能影响分析

采用同 8.1.3 小节中的数值仿真策略,分析了前掠切除、黏性及钝度对一体

化曲外锥乘波前体进气道性能的影响。

　　首先分析乘波前体侧向切除及内收缩段前掠对前体进气道基本压缩性能的影响。图 8.11 为切除构型在设计状态下的无黏流场马赫数三维分布及表面压力云图分布。在未做修型的完全乘波区域,激波紧贴前体侧缘,高压区被完全封闭在压缩面内。在前体侧缘切除区域,靠近侧壁的激波有部分泄露,但在流道捕获区域的激波结构未受任何影响,从唇口截面上的云图看,前体激波仍和唇口形状完全贴合,三维激波封口设计预期完全满足。表 8.2 为理论构型和切除构型的内通道出口流动参数的无黏仿真结果的比较,质量加权马赫数、总压恢复、压升及流量系数的差别甚微。以上结果说明,目前的乘波前体侧向及唇口前掠切除对一体化前体进气道设计状态下的流动压缩特性影响甚微。

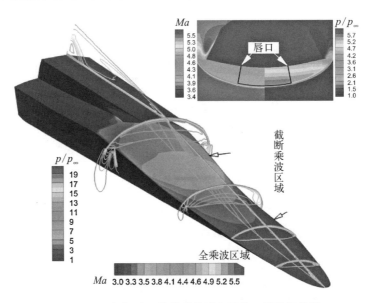

图 8.11　几何切除一体化前体进气道的三维流场结构

表 8.2　理论构型和切除构型的性能对比

性　　能	理论构型	切除构型
质量加权马赫数	3.398	3.440
总压恢复	0.752	0.750
压升	10.31	10.34
流量系数	0.999	0.994

几何修型的一体化前体进气道构型,在切除构型的基础上,进行了前缘钝度及隔离段整形处理。对其在设计点的性能进行了黏性湍流评估,以考核几何修型及黏性效应对原始理论构型性能的影响量值,为该类构型的实用化设计提供定量参考。图 8.12(a)是几何修型构型在马赫数 5.5、0°攻角时的空间马赫数等值线及机体表面压力云图。图 8.12(b)为对称面的马赫数等值线图。由于钝度和黏性的影响,前体激波已经略微外溢,包裹住了进气道唇口;源于唇口的反射激波在机体侧出现了较弱的反射,且在唇口激波和机体侧边界层反射干扰区域存在较小的低速流区,但未出现明显流动分离;对比图 8.11 和图 8.12,机体外压区域表面压力分布和无黏设计结果接近;完全乘波区域的激波略微溢出前体侧缘,但乘波特性依然明显。

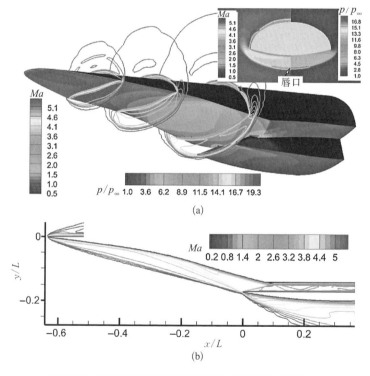

(a)

(b)

图 8.12　修型构型三维流场结构及对称面马赫数分布

图 8.13 为矩形隔离段出口流场的马赫数和压升云图。马赫数在核心区域的分布是比较均匀的,其质量加权数值为 2.78。静压比在出口截面分布在 14 和16.5 之间,质量加权数值为 15.64,分布也是较为均匀的。质量加权的总压恢复系数为 0.53;流量系数为 0.95。对比表 8.1 中的理论构型结果,在考虑黏性及几

何修型后,流量系数约有 5% 的降低;出口马赫数有 0.6 的降低;出口总压恢复减小 0.2,压升增大 5 倍的来流压力。

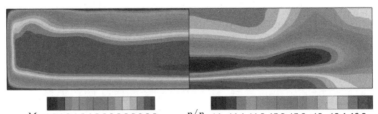

Ma 1.0 1.3 1.6 1.9 2.3 2.6 2.9 3.2 p/p_∞ 14 14.4 14.8 15.2 15.6 16 16.4 16.8

图 8.13   设计状态实用构型隔离段出口马赫数和压升分布

8.2.3   宽流动参数的几何修型构型性能

图 8.14(a)是来流马赫数 6、攻角 0° 时,马赫数空间等值线及机体表面压力云图。由于来流马赫数大于设计马赫数 5.5,若在无黏状态,前体激波应已进入唇罩内侧。但由于黏性和钝度的排挤作用,来流马赫数 6、0° 攻角时,前体激波正好交汇于唇口处,此时的流量系数恰好为 1.0。前体全乘波区域的乘波特性依然明显。

图 8.14(b)为来流马赫数 6、攻角 −4° ~ 6° 时的对称面的马赫数等值线图。在攻角 0° 时,前体激波和等熵压缩波正好相交于唇口;在攻角 −4°、4° 和 8° 时,前体激波都包裹住了唇口前缘。−4° 攻角时,等熵压缩波基本相交于唇口前缘处,但前体激波距离唇口较远;而 4° 和 8° 攻角时,等熵压缩波在唇口前已和前体激波相交,形成的交汇激波距离唇口前缘很近,预示在该攻角状态下的流量捕获性能较好。在所有攻角下,唇罩反射激波在内通道的反射并不强烈,但唇罩激波和机体边界层干扰区域已经出现了略微的流动分离,且随着攻角的增加而减小,原因是随着攻角的增大,前体对气流的压缩变强,此时的机体侧边界层变薄的缘故。

图 8.15 为马赫数 6、攻角 0°,隔离段出口截面马赫数和压力云图。从马赫数云图看,和图 8.13 比较,流动的核心区有所减小,此时的质量加权马赫数为 2.96。压升散布的范围有所增大,说明不均匀度上升,其质量加权值为 18.03。不均匀度增加的原因在于在内通道,相比较设计状态的情况,唇口的反射激波与机体侧物面相交于设计的消波点之后,激波的反射现象在内通道增强了。表 8.3 给出了马赫数 6,不同攻角条件下的隔离段出口质量加权参数及流量系数。可以看出,流量系数较高,出口马赫数、压升和总压恢复系数在合理范围之内。

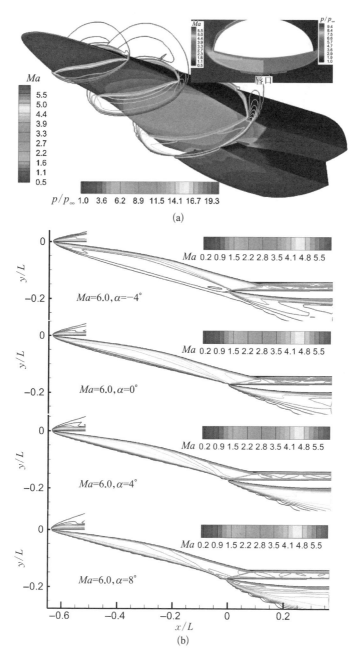

图 8.14　来流马赫数 6 的流场空间分布和对称面马赫数等值线

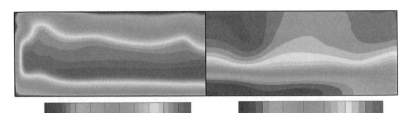

Ma 1.0 1.3 1.5 1.8 2.0 2.3 2.6 2.8 3.1 3.3　　p/p_∞ 11.0 12.5 14.0 15.5 17.0 18.5 20.0

图 8.15　马赫数 6、攻角 0°时的隔离段出口马赫数和压力云图

表 8.3　来流马赫数 6 时的隔离段出口参数

来流马赫数	攻角/(°)	出口马赫数	总压恢复	流量系数	压升比
6	−4	3.15	0.46	0.74	12.07
6	0	2.96	0.49	1.00	18.03
6	4	2.70	0.43	1.21	24.24
6	8	2.45	0.36	1.30	30.48

　　图 8.16(a)是来流马赫数 4、攻角 0°时,空间马赫数等值线及机体表面压力云图。图 8.16(b)为攻角−4°~6°时的对称面的马赫数等值线图。在低马赫数端,前体激波已远离唇口前缘,但唇口截面捕获流管区域的马赫数分布仍然比较均匀;激波在前体侧缘有较明显的外溢现象,但高压区仍大部分封闭在前体压缩面内;等熵压缩面的压缩波和前体激波交汇于唇口外侧,且随着攻角的增加,交汇位置前移;各个攻角条件下,内通道的激波反射现象较弱,激波边界层作用区域未见明显的分离现象。

　　图 8.17 为来流马赫数 4、攻角 0°时的隔离段出口马赫数和压升云图。从马赫数云图看,流动的核心区增大,且马赫数在核心区域分布均匀。压升分布也相对均匀,其数值为 7.7~8.6。该状态下,质量加权马赫数为 2.24,总压恢复 0.7,压升为 8.33,流量系数可达 0.67。表 8.4 给出了攻角−4°~8°,隔离段出口质量加权参数及流量系数。可以看出,总压恢复系数较高,0°攻角为 0.7,且在 0°~4°攻角还略有增加,这对飞行器小攻角飞行是有利的。流量系数也较高的,0°攻角在 0.7 左右。出口马赫数和压升都在合理范围内。

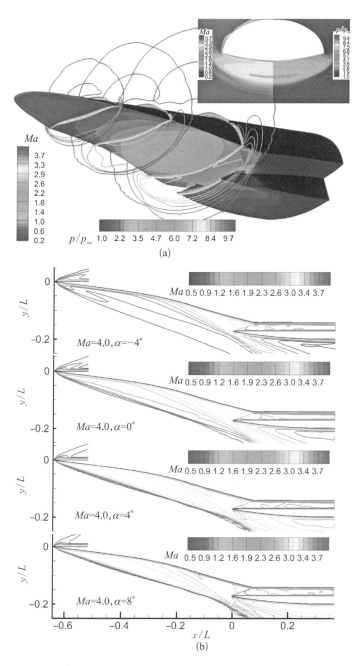

图 **8.16**　来流马赫数 **4** 的流场空间分布和对称面马赫数等值线图

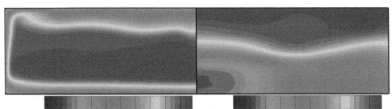

Ma 0.5 0.7 0.9 1.1 1.3 1.5 1.7 1.9 2.2 2.4　　　p/p_∞ 7.5 7.6 7.7 7.9 8.0 8.1 8.2 8.4 8.5 8.6

图 8.17　马赫数 4、攻角 0° 时的隔离段出口马赫数和压力云图

表 8.4　来流马赫数 4 时的隔离段出口参数

来流马赫数	攻角/(°)	出口马赫数	总压恢复	流量系数	压升比
4	−4	2.33	0.67	0.57	6.70
4	0	2.24	0.70	0.67	8.33
4	4	2.10	0.71	0.78	10.56
4	8	1.93	0.67	0.87	13.29

通过以上的分析表明,该几何修型的一体化曲外锥乘波前体进气道,保持了一体化曲外锥乘波体进气道理论构型优良性能的同时,也具备较好的宽范围流动压缩能力。有关该一体化构型的升阻特性,需站在飞行器的角度分析,但从前体的乘波特性上判断,该构型的升阻比,应好于同等条件下的升力体构型。

8.3　一体化曲外锥乘波前体进气道试验研究

基于 8.2 节设计分析获得的几何修型 OCCWI 构型,开展一体化曲外锥前体进气道的试验研究,并基于与试验结果对比确认的数值仿真,完成进气道宽范围性能仿真,详细获得了 OCCWI 的基本性能,为该类一体化前体进气道的研究提供借鉴参考。

8.3.1　试验系统介绍

试验在 0.6 m 风洞中进行。本次试验马赫数为 4.03、3.53、3.01,表 8.5 为对应的风洞来流参数。

表 8.5　试验来流条件

Ma_∞	p_0/MPa	T_0/K	$Re/\mathrm{m^{-1}}$
4.03	0.63	288	3.09×10^7
3.53	0.54	288	3.37×10^7
3.01	0.36	288	2.91×10^7

图 8.18 为试验系统示意图。试验模型通过矩形转圆形的转接段和圆形流量计连接,流量桶后端连接有堵锥和直线步进电机,用来控制隔离段反压。模型

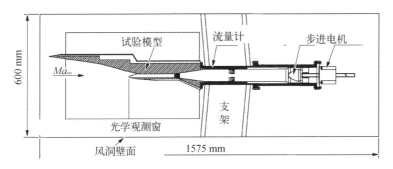

图 8.18　风洞试验系统示意图

支架固连在流量桶外部,支架和外部的作动机构连接。堵锥有效移动区间为 0~100 mm,对应流量桶完全打开和全部堵塞。在每次试验前,模型攻角设 0°,锥位放空;当风洞完全起动、流场稳定以后,模型运动到需要的试验的攻角,然后堵锥按照预设值逐次前进,并在每个位置保持 3 s,以获得稳定流态,此时采集模型表面静压和皮托压力等数据。在进气道到达完全不起动状态后,堵锥进入退锥过程。图

图 8.19　试验模型在风洞中的实物照片

8.19 为试验模型安装在风洞试验段的实物照片。

图 8.20 为试验系统静压/皮托压测点位置示意图。模型表面分布了 110 个静压测点,分别位于机体和唇罩对称面及乘波前体的另两个密切面上;隔离段出

口平面(HH)布置了 25 个皮托压探针,分布在 5 个截面上;12 个总压探针和 4 个表面静压测点分布在流量桶中部 EE 截面上。测压孔通过密封的金属管及聚乙烯软管和电子扫描系统连接。试验模型的压力采集系统使用的是型号为 Pressure SystemsInc. Model 9016 的电子压力扫描系统。不同区域采用不同的量程:进气道外压缩区域采用 0~50 kPa 量程;进气道内通道采用 0~200 kPa 量程;皮托压和流量测量系统的量程为 0~500 kPa。测量精度为满量程的 0.06%。试验模型的外部流场采用高速纹影系统进行观测。试验采用的纹影系统最高帧频为 2 000 帧/s,最大像素为 800×800,可根据需求调整。

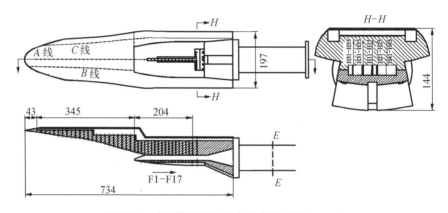

图 8.20　试验模型压力测点示意图(单位: mm)

8.3.2　流量捕获特性

流量系数通过流量计上的 12 个总压探针和 4 个静压探针数据计算获得,计算公式考虑了总压在空间的非均匀特性。流量的计算公式为

$$\phi = \frac{\sum\limits_{j=1}^{12} s_j p_{tj} q(\lambda_j)}{A_0 q(\lambda_\infty) p_{t\infty}} \tag{8.2}$$

其中,$q(\lambda_j) = \left(\dfrac{\gamma+1}{2}\right)^{\frac{1}{\gamma-1}}\left(1 - \dfrac{\gamma-1}{\gamma+1}\lambda_j^2\right)\lambda_j$;$\lambda_j = \sqrt{\dfrac{\gamma+1}{\gamma-1}\left[1 - (\bar{p}/p_{tj})^{\frac{\gamma-1}{\gamma}}\right]}$,$\bar{p} = \dfrac{1}{4}\sum\limits_{i=1}^{4} p_i$,$p_i$ 为静压探针 i 的静压数据;p_{tj} 为总压探针 j 的总压数据;s_j 为探针 j 所代表的控制面积;s_j 之和等于流量计截面积,A_0 为前体进气道的捕获面积;$q(\lambda_\infty) p_{t\infty}$ 为自由来流参数计算获得的流量因子。

图 8.21 为通流条件下,试验模型在 Ma_∞ 为 3、3.5 和 4,攻角 0°时,唇口区域的纹影图。可以看出,一体化 OCCWI 在 Ma_∞ 为 3 时,没有完全起动。在 Ma_∞ 为 3.5 和 4 时,前体进气道是完全起动的,通过进锥退锥过程,也证实了 Ma_∞ 为 3.5 和 4 时的自起动性能。

图 8.21　Ma_∞ 为 3、3.5、4,攻角为 0°时的唇口区域纹影图

图 8.22 为来流马赫数 4、攻角 0°,不同锥位条件下,流量桶 EE 截面上的马赫数云图,同时也标注出了对应的流量系数。马赫数是通过亚声速条件下总压和静压关系换算得到的,静压采用的是 EE 截面上的壁面静压测点的平均值。图中黑点表示总压耙的位置,x_c 为流量计堵锥的位置,φ 为流量系数。从图可见,在对应的堵锥位置,EE 截面上的马赫数都小于 0.5,处于亚声速状态。马赫数在 EE 截面上的分布是不均匀的,但均匀度随堵塞度的增加而提升。图 8.23

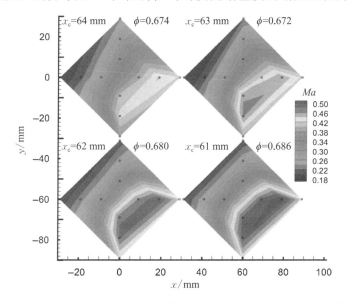
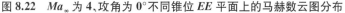

图 8.22　Ma_∞ 为 4、攻角为 0°不同锥位 EE 平面上的马赫数云图分布

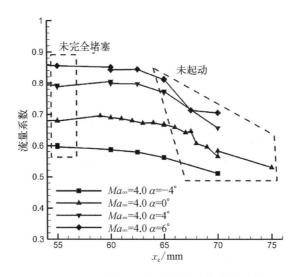

图 8.23 不同锥位及来流条件时的流量系数

为采用非均匀的流量公式计算得到的各堵锥位置上的进气道流量系数,来流状态涵盖了 Ma_∞ 为 4、攻角为 $-4° \sim 6°$。

图 8.24 为试验获得的流量系数在不同马赫数和攻角下的分布图。去除掉图 8.23 所示的进气道的不起动状态和未完全堵塞情况下的试验数据,在各有效堵锥位置上,获得的流量捕获系数一致性较好,其均方根偏差都在 2% 以内。可以看出,在 Ma_∞ 为 4、攻角为 0° 时流量系数可以达到 0.68 左右。流量系数随攻

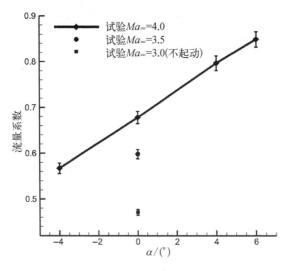

图 8.24 不同来流条件试验测得的流量系数

角的增加近似线性增长,在 4°攻角时流量系数为 0.80。在马赫数为 3.5、攻角为 0°时,流量系数达到 0.6 左右。在来流马赫数 3 时,由于进气道没有完全起动,此时的流量系数只有 0.47。从获得的试验实测流量系数来看,试验数据一致性好,OCCWI 构型在 Ma_∞ 为 4 和 3.5 时的流量捕获率高。

8.3.3　自起动特性

图 8.25 为 Ma_∞ 为 4、攻角为 0°时,进锥和退锥过程中,试验模型机体侧对称面(图 8.20 中 A 线)的静压分布。可以看出,随着锥位增加,进气道反压上升,高压区在进气道内部持续前传,在 $x_c = 65$ mm 处,达到临界点,堵锥位置若持续增大,高反压将导致进气道内部流动扰出进气道豁口处,被扰出的流动甚至可达前体区域,此时进气道已经完全不起动,如 $x_c = 67.5$ mm 分布线所示。此时,堵锥位置逐渐后退,高反压区域逐渐缩回内通道,进气道又重新恢复起动状态。例如当堵锥位置后退至 $x_c = 60$ mm 时,高反压区域已完全缩回内通道内,和进锥时 $x_c = 60$ mm 时的压力分布完全重合。从机体侧对称面静压在进锥退锥过程中的分布来看,OCCWI 在 Ma_∞ 4、攻角 0°具备自起动能力,且自起动过程未见明显流动迟滞现象。

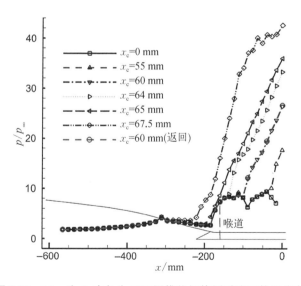

图 8.25　Ma_∞ 为 4、攻角为 0°不同锥位机体侧对称面静压分布

图 8.26(a)为 OCCWI 构型在 Ma_∞ 为 4、攻角为 0°时,不起动和再起动后的纹影照片。当进气道不起动时,在唇口前部机体侧出现明显的非定常分离激波

流动结构;而当进气道完全起动后,可见清晰的激波-压缩波和边界层结构,观测区域未见流动分离结构,流场纹影图清晰干净。图 8.26(b)为 OCCWI 自起动过程中,动态压力监测点上的脉动压力信号随时间的分布图。在进气道不起动时,检测点上存在周期性的喘振信号,而当进气道恢复完全起动状态后,监测点上压力脉动消失。在不起动到起动过程中,喘振发生在 89.5~90 s,其周期随时间逐渐拉长,然后突然消失。

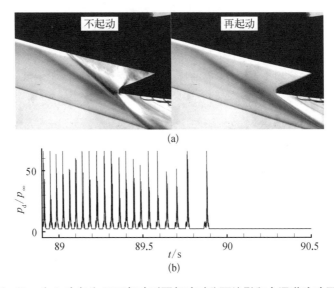

图 8.26　Ma_∞ 为 4、攻角为 0° 不起动到再起动对称面纹影和内通道脉动压力分布

图 8.27(a)为 OCCWI 构型在 Ma_∞ 为 3.5、攻角为 0° 时,OCCWI 不起动和自起动后的纹影照片。图 8.27(b)为 OCCWI 在自起动过程中,动态压力监测点上的脉动压力信号随时间的分布图。整体的流动结构和动态压力分布趋势和 Ma_∞ 为 4、攻角为 0° 时的结果一致,OCCWI 在 Ma_∞ 为 3.5 的状态具备自起动能力,只是 Ma_∞ 为 3.5 时,前体激波离进气道唇口更远一些,不起动时,动态压力监测点上的喘振压力峰值要低一些。

图 8.28(a)为 OCCWI 构型在 Ma_∞ 为 3、攻角为 0°,堵锥放空时的纹影照片。图 8.28(b)为动态压力监测点上的脉动压力信号分布图。进气道在该状态下,即使没有反压的存在,唇口附近也存在明显的分离激波结构,动态压力信号出现无规则脉动,说明进气道在 Ma_∞ 为 3 不能实现完全起动。

图 8.29 给出了 Ma_∞ 为 4、攻角为 0°,进气道处于起动和由反压导致的不起动状态,及 Ma_∞ 为 3、攻角为 0° 进气道由低马赫数来流导致的不起动状态时,脉

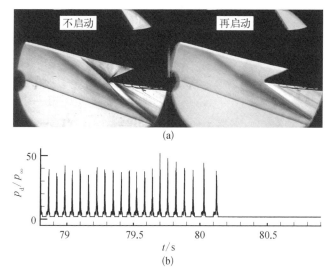

(a)

(b)

图 8.27　Ma_∞ 为 3.5、攻角为 0° 不起动到再起动对称面纹影和内通道脉动压力分布

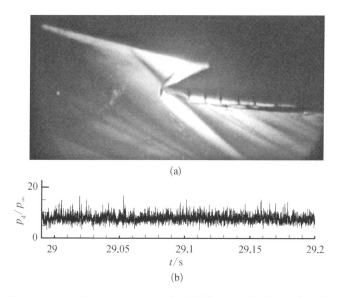

(a)

(b)

图 8.28　Ma_∞ 为 3、攻角为 0° 对称面纹影和内通道脉动压力分布

动压力传感器测量信号的功率谱密度图。功率谱密度采用文献[21]介绍的方法换算。当在 Ma_∞ 为 4、攻角为 0°，进气道由高反压导致不起动时，功率谱密度整体分布在 10^6 Pa²/Hz 以上，存在 26.6 Hz 的喘振基准频率峰值，在 53.4 Hz 和 80 Hz 附近存在和基准喘振频率共振的次峰值。当进气道完全处于起动状态后，

整体的功率谱要较不起动时的低数个数量级,在 10^2 Pa^2/Hz 附近,且无明显的峰值频率。当进气道在 Ma_∞ 为 3,处于由低马赫数导致的不起动状态时,其整体的功率谱密度较进气道完全起动时更高,处在 10^5 Pa^2/Hz 附近,但并无明显的峰值,其分布形态完全不同于由反压导致的不起动功率谱密度分布,说明此时的脉动处在一个宽频范围内的不稳定状态。OCCWI 在 Ma_∞ 为 3.5 不起动-再起动状态下的功率谱密度分布和 Ma_∞ 为 4 状态下的类似,不再详述。

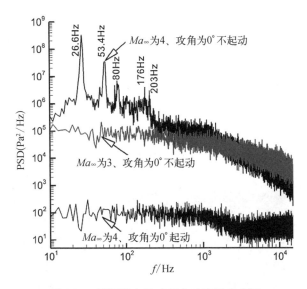

图 8.29　不同状态脉动压力功率谱密度图

8.3.4　抗反压性能

对于高超声速前体进气道,获得内通道-隔离段的抗反压性能,是确定与其匹配的燃烧室最大允许反压及设计燃烧室型面/释热规律十分关键的参数。定义机体侧对称面(A 线)压升前传到喉道附近时的隔离段出口压力,为进气道所能承受的最大反压。如图 8.30 所示,在 Ma_∞ 为 4、攻角为 6°,在堵锥从 0 mm 进锥到 70 mm 位置的过程中,反压逐步增高,至锥位 62.5 mm 处,压力升高区域已经前传到喉道附近,随后当锥位进一步增加至 65 mm 时,进气道将不起动。此时认定锥位 62.5 mm 时,隔离段出口的压力即为 Ma_∞ 为 4、攻角为 6°攻角时,进气道的最大抗反压数值。通过以上方法,研究了一体化 OCCWI 试验模型,在 Ma_∞ 为 4、攻角为 -4°、0°、4°及 6°和 Ma_∞ 为 3.5、攻角为 0°时的最大抗反压性能。图 8.31 为获得的马赫数为 4 和 3.5 条件下的进气道最大抗反压数值。可以看出试验模型的最大抗反压能力随着马赫数和攻角的增加而增大,马赫数为 4 时为 35 倍左右的来流压力,马赫数为 3.5、攻角为 0° 为 24 倍的来流压力。目前限于进锥位置数量的限制,并不能完全精确地获得内通道压升刚好到达喉道位置时的隔离段出口压力,但给出的结果对前体进气道最大抗反压能力估计具有指导意义。

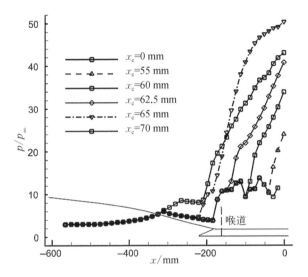

图 8.30　Ma_∞ 为 4、攻角为 6° 不同进锥位机体侧对称面压力分布

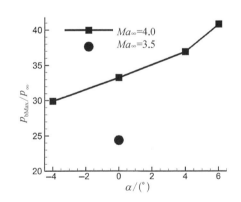

图 8.31　不同马赫数和来流攻角的最大抗反压性能

8.3.5　侧滑角对性能的影响

性能良好的吸气式高超声速飞行器前体进气道构型,其压缩及流动特性应该对飞行器侧滑不敏感。对侧滑对 OCCWI 构型性能的影响做了试验研究。图 8.32 为 Ma_∞ 为 4、攻角为 0°,不同侧滑角条件下,OCCWI 构型对称面上的压力分

布。可以看出,侧滑对外压缩段对称面压力分布基本没有影响;在内通道,侧滑角 4° 以内的压力分布基本无差别,在侧滑角 6° 时,在内通道 $x = 150$ mm 附近的激波反射局部区域,压力分布略高于无侧滑的情况,在其他位置,侧滑造成的压力分布差别都很小。通过试验数据换算得到的侧滑角 4° 时的流量系数,比无侧滑时的小 1.5%。图 8.33 为不同侧滑角下,隔离段出口的皮托压力分布,图中黑

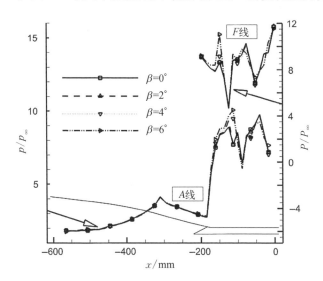

图 8.32　Ma_∞ 为 4、攻角为 0° 不同侧滑角对称面压力分布

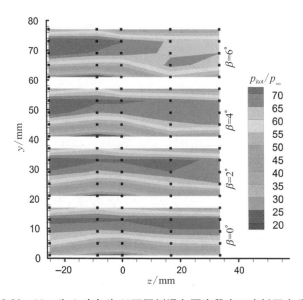

图 8.33　Ma_∞ 为 4、攻角为 0° 不同侧滑角隔离段出口皮托压力分布

点为皮托压测点位置。侧滑角 $\beta=0°$ 时,隔离段出口皮托压力沿对称线 $z=0$ mm 的对称性较好。在侧滑角 $\beta=4°$ 以内,流动核心区域的皮托压分布均匀,靠近物面的低皮托压区域,略向迎风侧移动。当侧滑角 $\beta=6°$ 时,迎风方向核心流动区域的皮托压力增加,背风方向的皮托压力减小;靠近物面的低皮托压力区域,进一步向迎风侧扩张移动。总的来说,在侧滑角不大于 $4°$ 时,侧滑对 OCCWI 性能的影响并不明显。

8.3.6　试验和仿真计算的对比验证

数值仿真采用同 8.1.3 小节的数值策略[22]。图 8.34 为仿真计算网格,具有 92 个物理块,4 754 万网格点,为了捕获到内通道的激波结构,在内通道沿流向分布了 1 251 个网格点。壁面法向第一层网格间距为 10^{-6} m,由此换算得到的壁面 y^+ 在 1 以内。采用 $k-\omega$ SST 两方程湍流模型,无黏通量格式为 AUSMPW+。计算状态和试验状态相同,来流马赫数为 4.03,总压为 0.63 MPa,总温为 288 K,雷诺数为 3.09×10^7/m,绝热壁面条件。

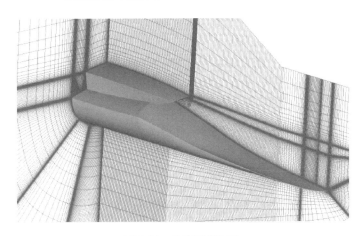

图 8.34　仿真计算网格

图 8.35 为 Ma_∞ 为 4、攻角为 $4°$,静压测量线 A、B、C 和 F 上(图 8.20),仿真计算和试验静压结果的对比,图中的灰色曲线为机体侧和唇罩侧对称面的型线。在外压缩区域,计算和试验结果的重合性很好;在内压缩段,可以观察到明显的激波反射现象,尽管在个别峰值位置,试验和计算结果略有偏差,但数值仿真和试验测量结果的整体符合度还是很高的。

图 8.36 为通流状态下,Ma_∞ 为 4、攻角为 $-4°$、$0°$ 及 $4°$ 条件下,隔离段出口皮

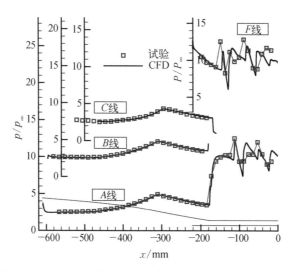

图 8.35 Ma_∞ 为 4、攻角为 4° 计算和试验壁面压力结果对比

托压力试验和数值仿真结果对比,图中黑点表示试验皮托压测点位置。可看出,皮托压在核心区域分布较为均匀,随着攻角的增加而增大,计算和试验具有一致的规律性。尽管试验结果的核心流区域面积比计算结果略小,但试验和仿真获得的皮托压分布的趋势及数值在整体上吻合度较高。在核心流动区域,皮托压要高于近壁区的数值。

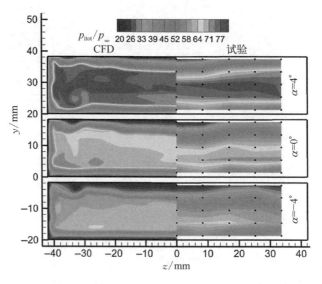

图 8.36 隔离段出口皮托压力计算和试验结果对比

图 8.37 为计算和试验获得的流量系数在 Ma_∞ 为 4、攻角为 $-4^\circ \sim 6^\circ$ 时的比

较。计算和试验结果在 0° 攻角时几乎完全重合;计算和试验结果随攻角变化的线性度较好;在攻角为 4° 和 6° 时,试验结果略大于计算值,在攻角为 -4° 时略小于计算值,但都在试验误差范围内。从以上的计算试验对比研究结果来看,目前的计算策略在模拟一体化 OCCWI 构型的通流条件下的流动特性是可靠的,可以应用于宽来流状态下的 OCCWI 构型通流特性数值模拟,以获得更宽范围内一体化 OCCWI 模型的性能参数。

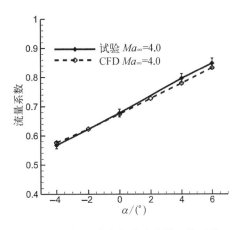

图 8.37　数值仿真和试验流量系数对比

8.3.7　马赫数 4 和 6 通流状态下的性能分析

采用经过验证的数值软件和网格划分策略,分析了一体化 OCCWI 试验构型在 Ma_∞ 为 4 和 6、攻角为 $-4^\circ \sim 8^\circ$ 时的通流压缩特性,包括质量加权的隔离段出口马赫数、总压恢复系数和流量系数。计算方法和模型同 8.3.6 小节,各来流状态下的雷诺数都为 $3.09 \times 10^7/\text{m}$。图 8.38 为一体化 OCCWI 试验构型隔离段出口质量加权马赫数分布。Ma_∞ 为 6 和 4、攻角为 0° 时,OCCWI 前体进气道将来流压缩到马赫数 3 和马赫数 2.2 左右,攻角为 4° 时的结果分别为马赫数 2.7 和马赫数 2.1,可以满足冲压燃烧室对入口马赫数的需求。图 8.39 为隔离段出口的质量加权总压恢复系数。攻角 0° 条件下,对应 Ma_∞ 为 6 和 4,总压恢复系数分别为 0.5 和 0.7。总压恢复系数在正负攻角 4° 范围内的上升或下降的幅度都不大。图

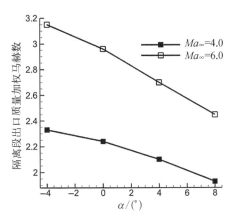

图 8.38　OCCWI 试验构型隔离段出口质量加权马赫数分布

8.40 为一体化 OCCWI 构型的流量系数随来流马赫数和攻角的变化规律图,在 Ma_∞ 为 6、攻角为 0° 的流量系数达到 1.0,攻角为 4° 和 6° 的数值分别为 1.2 和 1.3。注意到该 OCCWI 构型设计马赫数为 5.5,在考虑了钝度、黏性及部分几何

切除后的流量系数,在 Ma_∞ 为 6、攻角为 0° 正好可以达到 1.0。Ma_∞ 为 4、攻角为 0° 的流量系数为 0.68,在攻角为 4° 和 8° 时的流量系数分别为 0.78 和 0.87,流量系数随攻角的线性增长性较好。以上分析表明,一体化 OCCWI 构型,在实现曲外锥乘波体和进气道一体化设计的同时,也具备较好的宽范围流动压缩能力及优良的流量捕获特性。OCCWI 实现了曲外锥乘波体和类二元进气道符合气动规律的一体化设计,其继承的乘波特性,使得其升阻特性将会好于同等条件下的升力体构型。

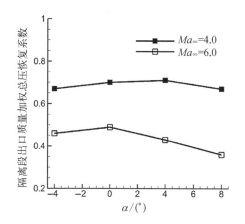

图 8.39　OCCWI 试验构型隔离段出口质量加权总压恢复系数分布

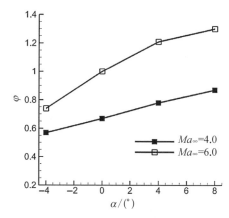

图 8.40　OCCWI 试验构型流量系数随来流马赫数和攻角的变化规律图

8.4　本章小结

本章提出了内外流一体化的流线追踪技术,结合内外流匹配的一体化曲外锥进气道基准流场和密切轴对称方法,开展了 OCCWI 的设计方法和性能分析研究,设计了曲外锥乘波前体进气道的理论构型。在设计状态,对一体化前体进气道进行了无黏数值仿真,将获得的流场结构及流动参数同理论设计结果进行了对比分析,验证了设计方法的正确性。

基于设计的理论 OCCWI 构型,设计了试验构型,分析了截断、钝度等对理论 OCCWI 构型的影响,并完成了 OCCWI 试验构型宽范围性能仿真,获取了该型进气道宽范围流动压缩特性。

基于 OCCWI 试验构型,开展了马赫数为 4、3.5 和 3 条件下的试验研究。一体化 OCCWI 构型在来流马赫数为 4 和 3.5,宽攻角范围内都可以实现自起动;来流马赫数为 3 时,进气道不能完全起动。进气道的最大抗反压性能在来流马赫数为 4 时为 35 倍左右来流压力,在来流马赫数为 3.5 时为 25 倍来流压力。侧滑对一体化 OCCWI 构型流动压缩性能及隔离段出口均匀度的影响小。

本章介绍的一体化密切曲外锥乘波前体进气道设计技术及相关研究内容,实现了乘波体和进气道符合气动规律的一体化匹配,并证实该类一体化前体进气道在宽范围具有良好气动性能,为乘波类一体化高超飞行器的创新研究提供了新的方法途径。

参考文献

[1] Shukla V, Gelsey A, Schwabacher M, et al. Automated design optimization for the P2 and P8 hypersonic inlets[J]. Journal of Aircraft, 1997, 34(2): 308 - 316.

[2] Berens T M, Bissinger N C. Forebody precompression effects and inlet entry conditions for hypersonic vehicles[J]. Journal of Spacecraft and Rockets, 1998, 35(1): 30 - 36.

[3] Billig F S, Baurle R A, Tam Chung-Jen, et al. Design and analysis of streamline traced hypersonic inlets[C]. Norfolk: 9th International Space Planes and Hypersonic Systems and Technologies Conference, 1999.

[4] Smart M K. Design of three-dimensional hypersonic inlets with rectangular to elliptical shape transition[J]. Journal of Propulsion and Power, 1999, 15(3): 408 - 416.

[5] O'Neill M K L, Lewis M J. Optimized scramjet integration on a waverider[J]. Journal of Aircraft, 1992, 29(6): 1114 - 1123.

[6] Takashima N, Lewis M J. Engine-airframe integration on osculating cone waverider-based vehicle designs[C]. Lake Buena Vista: 32nd Joint Propulsion Conference and Exhibit, 1996.

[7] O'Brien T F, Lewis M J. Rocket-based combined-cycle engine integration on an osculating cone waverider vehicle[J]. Journal of Aircraft, 2001, 38 (6): 1117 - 1123.

[8] Starkey R P, Lewis M J. Design of an engine airframe integrated hypersonic missile within fixed box constraints[C]. Reno: 37th Aerospace Sciences Meeting and Exhibit, 1999.

[9] He X Z, Le J L, Wu Y C. Design of a curved cone derived waverider forebody[C]. Bremen: 16th AIAA/DLR/DGLR International Space Planes and Hypersonic Systems and Technologies Conference, 2009.

[10] 贺旭照,乐嘉陵.曲外锥乘波体进气道实用构型设计和性能分析[J].航空学报,2017,38(6): 120690 - 1 - 120690 - 11.

[11] 贺旭照,乐嘉陵.曲外锥乘波体进气道的一体化设计和性能分析[J].推进技术,2018,39(10): 2313 - 2319.

[12] He X Z, Le J L. Design and performance analysis of the integrated curved cone waverider-inlet[C]. Xiamen: 21st AIAA International Space Planes and Hypersonics Technologies Conferenc, 2017.

[13] 贺旭照,乐嘉陵,秦思.曲外锥乘波体进气道的一体化设计和性能分析[C].西安: 第九

届全国高超声速科技学术会议,2016.

[14] 贺旭照,乐嘉陵,秦思.一体化曲外锥乘波前体进气道设计和性能分析[C].中山:第七届中国航空学会青年科技论坛,2016.

[15] 贺旭照,乐嘉陵,秦思.曲外锥乘波前体进气道实用构型设计和性能分析[C].杭州:第18届全国高超声速气动力热学术会议,2016.

[16] 卫锋,周正,李莉,等.曲外锥乘波前体进气道低马赫数段实验研究[J].实验流体力学,2017,31(6):1-7.

[17] 贺旭照,乐嘉陵.曲外锥乘波体进气道的一体化设计和性能分析[J].推进技术,2018,39(10):2313-2319.

[18] 贺旭照,周正,张俊韬,等.曲外锥乘波前体进气道流量测量及实验与仿真对比研究[J].试验流体力学,2020,34(6):18-23.

[19] He X Z, Zhao H Y, Le J L. Application of wall function boundary condition considering heat transfer and compressibility[J]. ACTA Aerodynamic SINICA, 2006,24(4):450-453.

[20] Taylor T, VanWie D. Performance analysis of hypersonic shape changing inlets derived from morphing streamline traced flowpaths[C]. Dayton:15th AIAA International Space Planes and Hypersonic Systems and Technologies Conference, 2008.

[21] Trapier S, Duveau P, Deck S. Experimental study of supersonic inlet buzz[J]. AIAA Journal, 2006, 44(10):2354-2365.

[22] 贺旭照.高超声速飞行器气动力气动热数值模拟和超声速流动的区域推进求解[D].绵阳:中国空气动力研究与发展中心,2007.

第9章

一体化曲内锥乘波前体进气道

内锥具有较好的压缩特性[1],如何将内锥乘波体[2]同内锥进气道进行一体化设计,获得新型一体化乘波前体进气道方案,拓展内锥压缩系统在吸气式高超声速气动布局中的应用边界,是本章重点介绍的内容。

实际的飞行器设计中,X‐51A[3]、Japhar[4]和HTV3[5]等飞行器都采用了乘波前体进气道一体化设计。X‐51A和Japhar飞行器采用了乘波体同二元压缩进气道一体化设计方案,HTV3采用乘波体同三维内转式进气道的一体化设计方案。从公开的外形图片上判断,这些飞行器的设计过程中不同程度地采用了几何修型和几何渐变技术,以实现乘波体和进气道的匹配。采用几何修型和渐变技术的不足之处在于设计凭借经验,乘波体和进气道的匹配不完全符合气动原理,在几何融合后,乘波体和进气道的性能将受到明显影响,性能会低于原有单独设计指标,且进气道出口流动参数偏离设计值及产生明显畸变,不利于进气道和燃烧室的匹配,因此,发展符合气动原理,具有理论支撑的乘波前体进气道的一体化技术十分必要。

本章系统介绍作者在密切一体化曲内锥乘波前体进气道方面开展的研究工作[6-13]。9.1节给出基于密切轴对称和内外流一体化流线追踪技术的密切内锥乘波前体进气道(osculating inward turning curved cone waverider inlet, OICCWI)的一体化设计方法,通过对设计的密切内锥乘波前体进气道的理论设计和数值模拟结果的对比验证,确认了设计方法的正确性,并给出了这种一体化前体进气道黏性状态和非设计状态上的气动性能评估结果;9.2节介绍针对设计的OICCWI理论构型,开展的风洞试验和数值仿真研究;9.3节介绍几何修型的OICCWI构型的风洞试验和数值评估研究结果,为该类进气道的拓展应用提供技术基础;9.4节是本章小结。

9.1 密切曲内锥乘波前体进气道设计分析

9.1.1 一体化曲内锥基准流场设计分析

曲内锥基准流场的结构示意图如图 9.1 所示,采用 4.3 节介绍的 ICFA 流动和第 6 章介绍的特征线设计方法完成设计。设计的可控消波一体化曲内锥基准流场包含以下几个部分: ① 直线激波压缩区域 $E'HB$,此区域是由部分 ICFA (internal conical flow A)流动的型面产生[2, 14],用于生成内锥乘波体; ② 外压缩区域 HIB,HI 段由与 $E'H$ 型面相切的三次曲线构成,通过调整 HI 型线来调整外压缩比例及内收缩比; ③ 激波反射区域 IBJ,此区域由入射激波反射到一定半径的内锥中心体后产生,反射激波 BI 与 HI 型线相交于 I 点; ④ 消波控制区域 $IJFG$,此区域通过指定内锥出口马赫数、在 IF 型线上给定内锥型线及对应马赫数分布,通过流量匹配消波设计原理,获得消除壁面激波反射的中心体型线 JG,同时获得在 FG 截面上出口参数均匀的内锥内收缩段。详细的设计过程可参考 6.3 节和 6.4 节的相关内容。

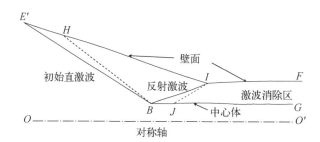

图 9.1 一体化曲内锥基准流场结构示意图

图 9.2 为采用上述方法设计的一个基准内锥流场的马赫数等值线图。设计来流马赫数 $Ma=6$,初始激波角为 $17°$,内锥中心体半径 $R_c=0.55R_s$(R_s 为内锥前缘半径),给定基准内锥设计出口马赫数 $Ma_{out}=3.8$。通过调整 HI 型线来匹配内外压缩比例及控制内收缩比,在此条件下设计的基准内锥总收缩比约 4.5,内收缩比为 1.85。

图 9.3 为基准内锥流场压力等值线 CFD 仿真云图和特征线(method of characteristics, MOC)方法设计结果的比较。从图 9.3 中可以看出,CFD 设计结果和特征线设计得到的流场结构一致,在内收缩段基本消除了激波二次反射,流

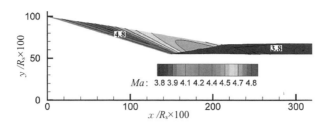

图 9.2 特征线方法获得的一体化曲内锥马赫数分布

场中的压力等值线也吻合较好。图 9.4 为 CFD 计算得到的内锥表面和中心体压力同特征线设计结果的比较,两种结果基本一致,只是在激波和内锥表面相交消波后的区域略有差别。设计的该内锥压缩系统,在无黏设计状态下,将马赫数 6 的自由来流压缩到马赫数 3.8,压升 10.3,总压恢复 0.756。

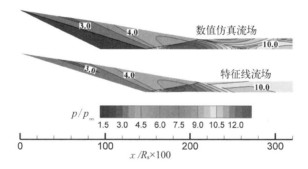

图 9.3 特征线方法和 CFD 方法计算获得的内锥流场压力分布比较

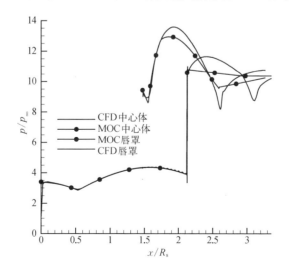

图 9.4 特征线和 CFD 方法中心体和锥面上压力比较

9.1.2 OICCWI 设计

OICCWI 是基于具有直线初始激波结构和消除激波二次反射的内外流一体

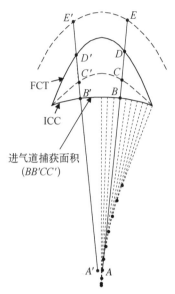

图9.5 设计方法在 OICCWI 唇口截面上的示意图

化曲内锥基准流场,采用从头到尾的内外流一体化流线追踪技术,基于发展的 OIC[2] 设计方法设计得到的。该乘波前体进气道在一体化设计过程中不存在几何修型和几何渐变处理,进气道根据基准内锥流场、唇口激波形状及前体前缘形状唯一确定,设计过程符合气动原理。乘波前体进气道外形可通过调整 ICC 和 FCT 灵活改变,有利于同飞行器和燃烧室型面的匹配设计。

OICCWI 在前体进气道的唇口截面上的设计示意如图 9.5 所示,首先定义下凹的前体进气道唇口激波型线 ICC,ICC 采用超椭圆型线定义,见式(9.1)。L 为确定 ICC 曲线宽度和高度的因子,本次设计实例中,取 $\phi = 3$、$\theta = 0.8$、$n = 2$,ICC 曲线宽度为 300 mm。

$$x = L\phi(\cos\theta)^{2/n} \qquad y = L(\sin\theta)^{2/n} \qquad (9.1)$$

前体进气道前缘型线 FCT 采用平直段+2 次曲线形式构成,二次曲线和平直段光滑衔接。本次设计实例中,FCT 曲线的平直段长 0.01H,FCT 曲线在对称面上的坐标为 6H,H 是 ICC 曲线中点至侧缘的高度,坐标原点由式(9.1)确定。

沿着 ICC 曲线,生成 ICC 曲线的曲率中心,曲率中心指向激波下凹的一面,例如在 ICC 曲线的 B 点处,生成对应的曲率中心 A。ICC 曲线上的某点(B 点)和自身的曲率中心(A 点)就形成了密切面,在密切面内,A 点对应一体化基准内锥流场(图 9.1)的对称轴,B 点对应初始激波与中心体的交汇点,D 点对应前体进气道前缘 FCT 曲线与初始激波的水平交汇点。基准内锥流场与密切面 AB 的匹配关系是通过几何相似缩放建立的,如图 9.6 所示。

将一体化基准内锥流场按上述对应关系变换到密切面 AB 内,如图 9.6 所示。OICCWI 的上表面和进气道下压缩面通过如下方法获得:在 AB 密切面上,找到对应的乘波前体前缘点 D,D 点与直线初始激波 EB 水平相交,沿着交点向

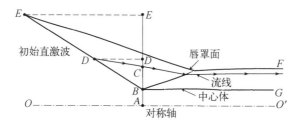

图 9.6　在密切面 *AB* 内,OICCWI 流线追踪方法

后在一体化基准内锥流场内进行内外流一体化流线追踪,就获得了一体化乘波前体进气道的上压缩面;进气道下压缩面由对应的 *B* 点之后的中心体型线获得(在无黏设计中中心体型线实际上也是一条无黏流线)。在实际设计中,仅选择ICC 曲线的一部分(*BB'* 段)作为进气道捕获段,对应的进气道捕获面为 *BB'DD'*。进气道的侧板由对应的密切面构成,在图 9.5 中的投影即为 *BC* 和 *B'C'*。图 9.7 为采用上述方法设计的 OICCWI。一体化乘

图 9.7　设计的 OICCWI 三维视图

波前体进气道宽 0.3 m,乘波前体长 0.33 m,至隔离段出口长 0.68 m,流道捕获宽度 0.14 m。进气道在 0°攻角时的总收缩比为 4.47,进气道内收缩比为 1.85。

9.1.3　OICCWI 性能仿真分析

　　OICCWI 的流动参数、内外压缩比及出口流动参数可通过基准流场的设计进行定制化调节,实现了通过基准流场控制三维一体化前体进气道的流场分布的精确化设计。在设计状态,乘波前体的三维激波同进气道唇口完全贴合,进气道流量捕获率高,前体进气道溢流阻力小。对一体化密切内锥乘波前体进气道在设计状态下的无黏和黏性性能进行数值模拟,同理论设计结果进行了对比。设计状态来流条件 $Ma = 6$, 25 km 高度大气参数。数值模拟采用 CFD 软件 SMPNS 的时间迭代模块进行[7],无黏通量采用 3 阶 MUSCL 差值的 AUSMPW+格式,湍流模型采用 $k - \omega$ TNT 两方程模型,采用壁面函数修正技术[15],计算网格总数约 200 万。

　　图 9.8 为前体进气道对称面上的无黏马赫数和压力等值线云图,其流场结构和基准内锥流场完全一致,前体入射激波相交于进气道唇口,唇口的反射激波没有在隔离段内产生激波反射,符合消波设计预期。图 9.9 为前体进气道对称

面上的黏性数值模拟马赫数和压力等值线云图,由于黏性的存在,进气道在内通道出现了一定强度的激波反射。图 9.10 为黏性和无黏模拟结果在前体进气道唇口截面上的马赫数云图,进气道唇口与无黏计算的前体激波完全贴合,表明在

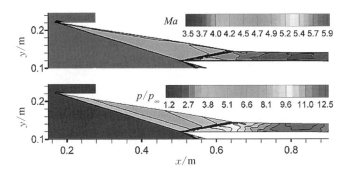

图 9.8　OICCWI 对称面无黏马赫数和压力分布

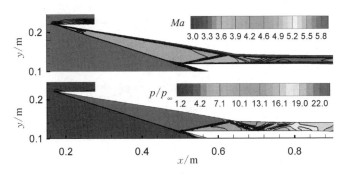

图 9.9　OICCWI 对称面黏性马赫数和压力分布

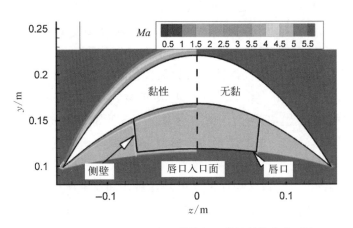

图 9.10　OICCWI 唇口平面黏性和无黏马赫数分布对比

理论设计状态,此类前体进气道可以完全捕获前体压缩空气;在黏性状态下,由于黏性边界层的排挤作用,进气道唇口包含在前体产生的激波面内,从流量系数上看,设计状态下无黏流量系数为 1,黏性流量系数为 0.967。

图 9.11 为进气道隔离段出口截面上黏性和无黏数值模拟得到的马赫数和压力等值线分布图,在进气道出口截面上无黏计算的马赫数和压力参数分布均匀,质量加权马赫数为 3.8,质量加权压升为 10.3,和理论设计结果完全一致;黏性计算的结果核心流区域的马赫数和压力分布也比较均匀,质量加权压升值为 14.28,质量加权马赫数为 3.18。

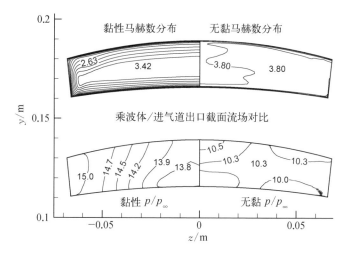

图 9.11　OICCWI 隔离段出口截面黏性和无黏马赫数和压力分布对比

图 9.12 为 OICCWI 无黏流场压力等值线三维结构,从图中可以看出,激波被封闭在了前体进气道的下部,激波紧贴唇口。图 9.13 为 OICCWI 黏性流场压力等值线三维结构,由于黏性边界层的排挤,激波向下略有偏移。

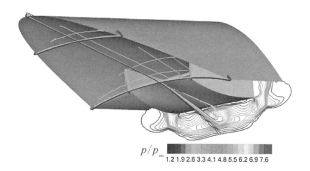

图 9.12　OICCWI 无黏流场三维结构

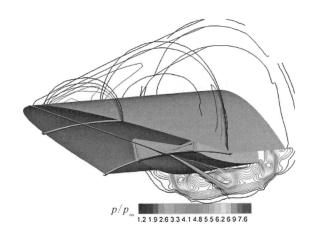

图 9.13   OICCWI 黏性流场三维结构

表 9.1 给出了 OICCWI 出口马赫数、总压恢复、压升系数、流量系数等的理论设计、无黏模拟和黏性模拟结果的对比。可以看出,无黏计算和理论设计结果是完全吻合的,从前体进气道的流场结构看,无黏流场结构也和理论设计完全吻合,这两点说明密切曲内锥乘波前体进气道的设计方法是正确的,实现了三维压缩外形的定制化设计。

表 9.1   设计条件下 OICCWI 理论、无黏、黏性结果对比

性　　能	理　　论	无　　黏	黏　　性
质量加权马赫数	3.80	3.80	3.13
总压恢复	0.756	0.744	0.484
压升系数	10.26	10.30	14.28
流量系数	1.0	1.0	0.967

进气道的理论设计或无黏数值模拟结果同有黏模拟结果之间存在较明显差异,这主要是在黏性流动中,存在边界层影响,改变了流线追踪乘波前体进气道的实际压缩型面,从而导致流动压缩偏离设计指标。在进一步研究中,可考虑边界层修正技术,将边界层的位移厚度在设计当中予以修正。

针对 OICCWI,对非设计状态进行了黏性数值评估。来流马赫数为 5 时的计算采用 22.5 km 高空大气条件。图 9.14 给出了马赫数为 6、攻角为 4° 对称面流场马赫数和压力等值线云图,图 9.15 给出了马赫数为 5、攻角为 0° 对称面流场马

赫数和压力等值线云图。从计算结果来看,在非设计状态,进气道内收缩段有反射激波串出现,在通流状态下没有出现明显分离。表 9.2 给出了 5 种条件下的进气道隔离段出口参数评估结果。

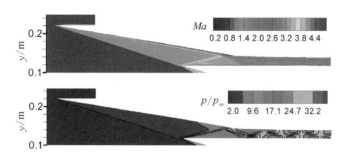

图 9.14　马赫数为 6、攻角为 4° 对称面流场马赫数和压力分布

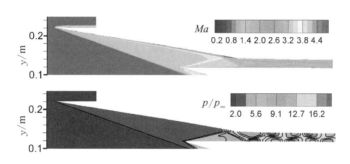

图 9.15　马赫数为 5、攻角为 0° 对称面流场马赫数和压力分布

表 9.2　OICCWI 非设计条件黏性结果

马赫数	攻角/(°)	质量加权马赫数	总压恢复	压升	流量系数
5	0	2.71	0.550	10.82	0.865
5	2	2.57	0.527	13.60	0.865
5	4	2.43	0.499	16.79	0.862
6	2	2.96	0.448	18.07	0.975
6	4	2.78	0.407	22.55	0.976

从计算结果看,进气道总压恢复随马赫数减小而增加,随攻角增加而减小,马赫数为 6 时总压恢复大于 0.4,马赫数为 5 时总压恢复不小于 0.5。流量捕获系数采用带攻角时的前体进气道投影面积,计算得到的捕获流量作为无量纲化参数。

从数值上看,流量系数较高,这一方面体现了内锥前体进气道的优势,另一方面是由于前体和进气道采用一体化乘波设计,抑制了非设计状态下的溢流的产生。出口压升系数随攻角和马赫数增加而增加,出口马赫数随来流马赫数增加而增加,随攻角增加而减小,这是由于压缩量的变化导致的相应出口参数变化,符合基本流动规律。

9.2 理论构型试验研究

9.2.1 试验基本情况

对设计的如图 9.7 所示的理论构型,开展了风洞试验研究。试验是在 $\phi 0.5$ m 高超声速风洞中开展的,试验马赫数范围为 5~7。采用 PSI9016 – 9116 型号压力测量系统测量进气道内壁面沿程静压,精度为满量程的 0.05%。采用纹影结合高速 CCD 采集方法进行流场显示,设置高速 CCD 分辨率为 896×704,帧频为 125 FPS。

针对图 9.7 所示的 OICCWI 的理论构型,对其沿展向进行了适当切削,为了便于流场观察及提升进气道自起动性能,增加了进气道内收缩段的溢流斜豁口,前体进气道的前缘唇口钝度为 1 mm。在机体和唇罩侧对称面,布置了压力测点,在乘波体的展向位置也布置了压力测点,如图 9.16 所示。OICCWI 试验模型如图 9.16 所示。图 9.17 为 OICCWI 试验模型在风洞中的实物照片,试验模型长约 1 m,宽约 0.3 m。

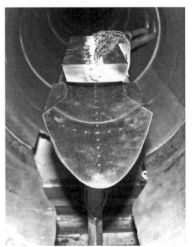

图 9.16　OICCWI 试验模型三维视图　　图 9.17　OICCWI 试验模型在风洞中的实物模型

9.2.2　OICCWI 通流特性测试及数值仿真对比

图 9.18 为 OICCWI 在马赫数为 4.95、总压 $p_0 = 0.74$ MPa、总温 $T_0 = 363$ K 条件下,攻角 4°~−2°时的流场纹影图。图 9.19 为一体化曲内锥乘波前体进气道在马赫数为 5.96、$p_0 = 1.44$ MPa、$T_0 = 475$ K 条件下,攻角为 4°~−2°时的流场纹影图。图 9.20 为 OICCWI 在马赫数为 6.97、$p_0 = 3.02$ MPa、$T_0 = 602$ K 条件下,攻角为 4°~−2°时的流场纹影图。从试验获得的纹影照片来看,一体化曲内锥乘波前体进气道在马赫数为 5~7、攻角为 4°~−2°都能顺利实现起动,前体进气道流场中包含两个主要波系,第一道为乘波前体压缩激波,第二道为唇口反射激波,这两道激波都呈现明显三维特征。在马赫数为 5~7 非设计状态范围内,前体激波距离进气道唇口的位置都非常近,表明非设计状态下的溢流较小,OICCWI 具有较好流量捕获特性。

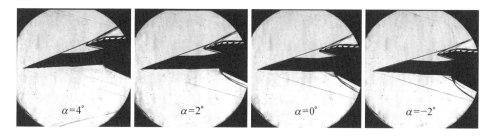

图 9.18　OICCWI 在马赫数为 4.95、攻角为 4°~−2°时的流场纹影图

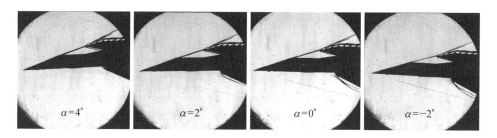

图 9.19　OICCWI 在马赫数为 5.96、攻角为 4°~−2°时的流场纹影图

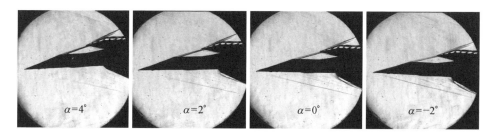

图 9.20　OICCWI 在马赫数为 6.97、攻角为 4°~−2°时的流场纹影图

针对试验马赫数为 5.96、总压 $p_0 = 1.44$ MPa、总温 $T_0 = 475$ K、攻角为 0°状态,开展了计算试验的对比研究,图 9.21 为马赫数为 5.96、攻角为 0°,进气道机体压缩面仿真计算和试验压力分布比较,图 9.22 为马赫数为 5.96、攻角为 0°,进气道唇口压缩面仿真计算和试验压力分布比较,图 9.23 为马赫数为 5.96、攻角为 0°,OICCWI 乘波前体展向压缩面(距离前体前缘 125 mm)试验、计算的压力

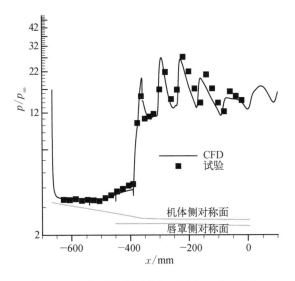

图 9.21 机体压缩面计算和试验压力分布比较

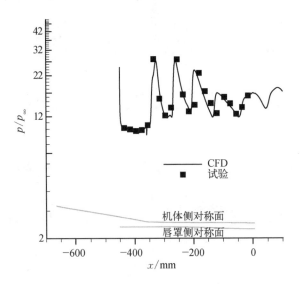

图 9.22 唇口压缩面计算和试验压力分布比较

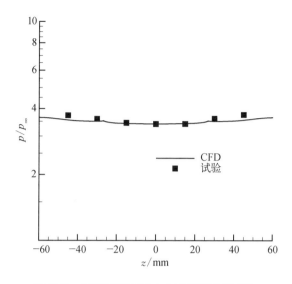

图 9.23　乘波面展向压力分布试验计算对比

对比。从计算、试验的对比结果看,压力分布一致,进气道机体面压力在乘波前
体部分经过头激波压缩后逐渐上升,进气道上下表面的压力在经过唇罩三维斜激
波压缩后迅速上升,然后在隔离段内出现明显斜激波反射串。在乘波前体部分,压
力分布沿展向是逐渐上升的,这同设计规律是一致的,因为生成乘波前体展向侧
缘的流线靠近基准锥中心,其压升要高于生成对称面靠近基准锥面的流线。

图 9.24 为马赫数为 5.96、攻角为
0°乘波前体进气道流场三维结构,从图
中可以看出,在乘波前体部分,流场保
持了较好的乘波特性,激波都封闭于
乘波体表面内,在进气道对应的捕获
型面内,乘波前体产生的激波形状没
有受到几何修型的影响,这也使得乘
波前体进气道在经过几何修型后,仍
然保持较高的流量捕获特性,针对马
赫数为 5.96、攻角为 0°风洞试验状态,
计算获得的流量捕系数达到 0.963。图
9.25 为马赫数为 5.96、攻角为 0°乘波
前体进气道隔离段出口马赫数和压力

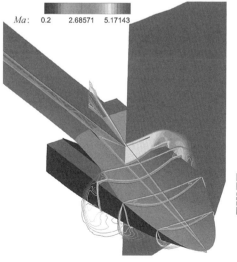

图 9.24　OICCWI 流场三维结构

等值线分布图,压力分布在隔离段出口最大偏差为 1 个来流压力,压力及马赫数分布在隔离段出口都比较均匀。

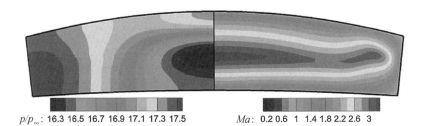

p/p_∞: 16.3 16.5 16.7 16.9 17.1 17.3 17.5 Ma: 0.2 0.6 1 1.4 1.8 2.2 2.6 3

图 9.25   OICCWI 隔离段出口马赫数和压力等值线分布图

9.2.3   OICCWI 边界层修正试验研究

采用黏性 CFD 数值模拟,获得前体进气道的三维流场,采用 6.5 节中的边界层修正方法,通过对物面附近流场的积分处理,获得 OICCWI 对称机体侧的边界层位移厚度,通过上移唇口高度的方法,获得了边界层修正的 OICCWI 构型,相比原始 OICCWI 构型,进气道唇罩抬高厚度为 3~5 mm。

图 9.26 和图 9.27 为原始和边界层修正 OICCWI 在马赫数为 4.95 条件下的流场纹影图。图 9.28 为马赫数为 4.95、攻角为 0° 条件下的原始和边界层修正 OICCWI 对称面试验测量压力分布比较。从图中可以看出,经过边界层修正后

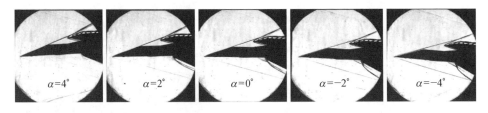

图 9.26   原始 OICCWI 在马赫数为 4.95、攻角为 4°~-4°时的流场纹影图

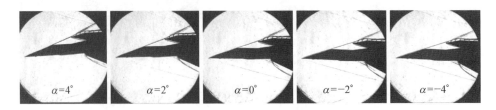

图 9.27   边界层修正 OICCWI 在马赫数为 4.95、攻角为 4°~-4°时的流场纹影图

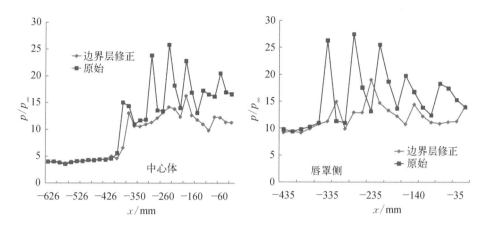

图 9.28 边界层修正和原始 OICCWI 在马赫数为 4.95、攻角为 0°的对称面压力对比分析

的前体进气道,其前缘激波更贴近唇口,从压力分布可以看出,通道内的激波反射强度明显弱于原始前体进气道构型,这说明经过边界层修正后的 OICCWI,内通道激波反射减弱、流场均匀性增加。

图 9.29 和图 9.30 为原始和边界层修正 OICCWI 在马赫数为 6、侧滑角为 0°不同攻角条件下的流场纹影图。图 9.31 为马赫数为 6、攻角为 0°、侧滑角为 0°条件下的原始和边界层修正 OICCWI 对称面压力分布随图。和马赫数 4.95 条件下的结论类似,经过边界层修正的 OICCWI 前体激波更靠近进气道唇口,内通道的压力波动明显减弱,说明通道内的激波反射强度变弱,更接近理论设计预期。

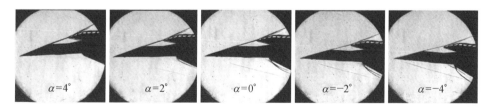

图 9.29 原始 OICCWI 在马赫数为 6、攻角为 4°~−4°时的流场纹影图

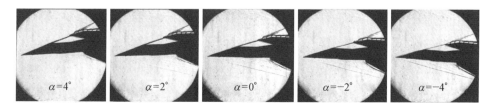

图 9.30 边界层修正 OICCWI 在马赫数为 6、攻角为 4°~−4°时的流场纹影图

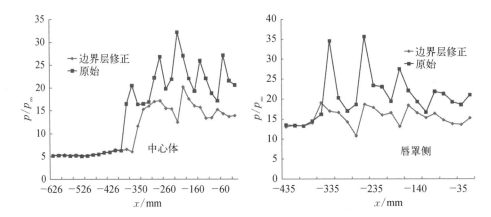

图 9.31　边界层修正和原始 OICCWI 在马赫数为 6、攻角为 0° 的对称面压力对比分析

本节研究的一体化曲内锥乘波前体进气道的设计马赫数为 6，为了研究进气道在超过设计马赫数时的性能，开展了马赫数为 7 条件下的实验研究。图 9.32 和图 9.33 为原始和边界层修正一体化乘波前体进气道在马赫数为 7 条件下的流场纹影图。从纹影图中可以看出，在超过设计马赫数后，前缘激波交汇于唇口内，边界层修正的构型还更明显。图 9.34 为马赫数为 7 条件下的原始和边界层修正 OICCWI 在马赫数为 7、攻角为 0° 的对称面压力分布对比，可以看出边界层修正构型在内通道也存在比较明显的激波反射现象，压升整体小于未修正构型，边界层修正唇罩第一测压点压力较低是由于此测量点处于唇罩反射激波之前的缘故。

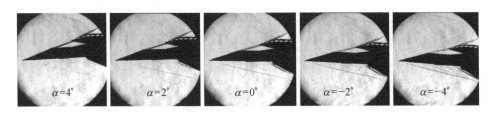

图 9.32　原始 OICCWI 在马赫数为 7、攻角为 4° ~ −4° 时的流场纹影图

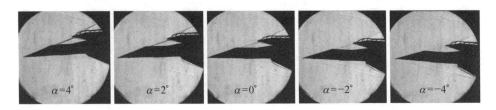

图 9.33　边界层修正 OICCWI 在马赫数为 7、攻角为 4° ~ −4° 时的流场纹影图

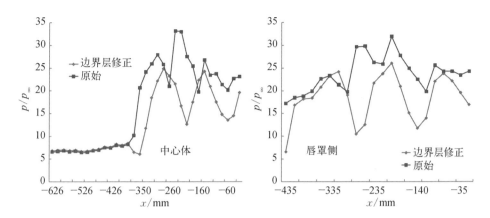

图 9.34　边界层修正和原始 OICCWI 在马赫数为 7、攻角为 0° 的对称面压力对比分析

9.3　几何修型 OICCWI 试验研究

9.3.1　试验模型及试验系统

在几何约束条件下,对原始 OICCWI 构型,沿着侧缘方向进行了切除,但从乘波前体前缘到进气道喉道的压缩面未做任何改动。进气道侧壁沿着 70.5° 线进行切除(这条线近似与来流马赫数为 3.5 条件下的唇口反射激波相重合),以便低马赫数泄流以增强进气道的起动能力。图 9.35 为获得的几何约束条件下的 OICCWI 构型的三维视图。最大宽度 0.15 m,前体前缘至唇口长度 0.297 m,至隔离段出口 0.632 8 m。捕获面积 7.326×10^{-3} m²,喉道面积 1.690×10^{-3} m²。总收缩比 4.6,内收缩比约 2.0。前体前缘钝度 0.5 mm,进气道唇口钝度 0.25 mm。

采用型面渐变技术[16]设计了异型转方形的隔离段,如图 9.36 所示。曲线所围成的形状表示喉道型面,矩形表示隔离段出口形状。在设计过程中控制隔离

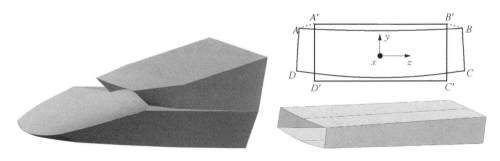

图 9.35　几何约束 OICCWI 构型三维视图　　**图 9.36　异型转方形隔离段设计**

段面积和面心沿着 x 轴方向保持不变。隔离段长度为 0.211 m,约为 9.7 倍的喉道对称面高度,隔离段出口的宽高比为 4.2。

试验在 0.6 m 风洞中进行。试验马赫数为 4.03、3.53、3.01。图 9.37 为整个实验系统示意图。实验模型通过一个矩形转圆形的转接段,和圆形流量计连接,流量计后端连接有堵锥和步进电机,用来控制隔离段反压,在流量计内形成亚声速气流,以便精确测定流量。整个实验系统通过与流量桶相连接的支撑系统,连接在试验段的风洞壁上。堵锥有效移动区间为 80~110 mm,表示完全打开和全部堵塞。在每次实验前,先根据试验需求确定初始锥位,当风洞完全起动、流场稳定以后(一般设定稳压时间 5 s),堵锥逐次前进至预设位置并在每个位置保持 3 s 以便数据采集。在进气道进入完全不起动状态后,堵锥进入退锥过程,和进锥的锥位次序相同。图 9.38 为试验模型安装在风洞试验段的实物照片,实验模

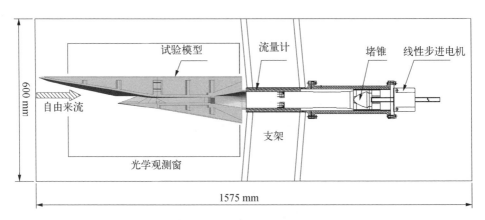

图 9.37 风洞试验系统示意图

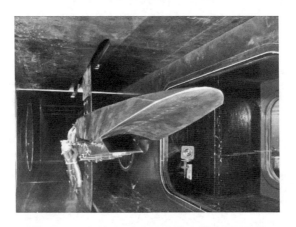

图 9.38 几何约束 OICCWI 试验模型风洞照片

型攻角变化范围为 -6°~6°。

　　图 9.39 为实验系统静压/皮托压主要测点位置图示。表面静压测点有 168 个,分布在机体和唇罩对称面及与对称面平行的内通道截面上;隔离段出口平面布置了 25 个皮托压力探针,分布在 5 个截面上;16 个皮托探针和 16 个静压探针组成 4 组测压耙,用于测量进气道流量。进气道的流量采用误差较小的节流式阻塞测量方法获得[17]。试验模型的压力采集及高速纹影系统同 8.3.1 小节。

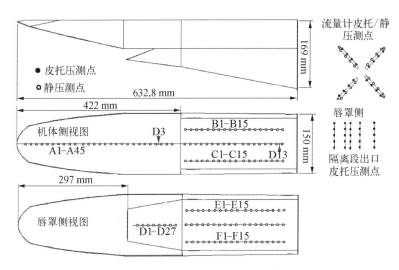

图 9.39　几何约束 OICCWI 试验模型压力测点示意图

9.3.2　起动与不起动特性

　　图 9.40 为几何约束 OICCWI 在马赫数为 4、攻角为 0°时的起动、进锥不起动、退锥再起动的纹影图。在初始锥位处(80 mm),进气道完全起动;反压随着锥位的增加而升高,至锥位 100 mm 时,进气道完全不起动;随后在退锥至初始位置的过程中,进气道再起动。从纹影图很难观测出进气道内通道流动的迟滞现象。图9.41

图 9.40　Ma_{∞} 为 4、攻角为 0°几何修型 OICCWI 自起动过程纹影图

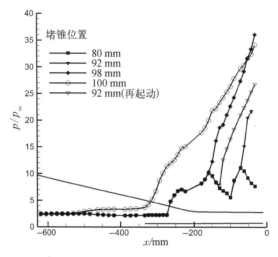

图 9.41 Ma_∞ 为 4、攻角为 0° 进退锥过程中机体侧对称面的静压分布

为马赫数为 4、攻角为 0° 时,起动、不起动和再起动过程中机体侧对称面的静压分布,进锥和退锥过程中,当锥位同处 92 mm 时,内通道对称面上的静压分布并不重合,退锥 92 mm 处的激波串前缘位置比进锥 92 mm 时的位置更加靠近喉道位置,这意味着在进气道的内压缩段发生了一定程度的流动迟滞现象。

图 9.42 为马赫数为 3.5、攻角为 0° 进退锥过程中,OICCWI 起动、不起动、再起动的纹影图片,现象与马赫数为 4、攻角为 0° 时类似。主要差别是,在进锥至 95 mm 位置时,进气道已经处于完全的不起动状态。造成该现象的主要原因是在马赫数为 3.5 条件下,进气道抗反压能力降低,导致最大进锥量减小。

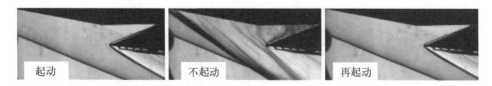

图 9.42 Ma_∞ 为 3.5、攻角为 0° 几何修型 OICCWI 自起动过程纹影图

马赫数为 3 的试验纹影如图 9.43 所示。在攻角为 −4~4° 的通流条件下,在风洞流场稳定之后,进气道均未建立稳定的流态结构,处于不起动状态。前体进气道机体侧的压缩型面上产生了强的分离激波,但唇口处形成的反射激波也清晰可见,这意味着唇口处捕获的气流仍然处于超声速状态,流动分离区域主要集中在机体侧的压缩型面。

图 9.43　Ma_∞ 为 3、攻角为 $-4°\sim4°$ 几何修型 OICCWI 流场纹影

9.3.3　最大抗反压特性

定义反压前传到机体侧喉道附近时的隔离段出口压力,为进气道所能承受的最大反压。最大抗反压特性由堵锥逐步前向移动得到,从通流到进气道不起动,根据不同状态,一般设定 7~10 个左右的锥位。如图 9.44 所示(马赫数为 3.5、攻角为 0°),在堵锥从 80 mm 位置进锥到 95 mm 位置的过程中,最大反压逐步增高,至 92 mm 锥位;随后当锥位进一步增加时,进气道出现不起动。目前限于进锥位置的密度,并不能完全精确地获得隔离段压升刚好到达喉道位置时的隔离段出口压力,但基本范围是确切的。图 9.45 为通过以上方法获得的马赫数为 4 和 3.5 条件下的进气道最大抗反压数值,可以看出最大反压随着马赫数和攻角的增加而增大,马赫数为 4 时为 40 倍左右的来流压力,马赫数为 3.5、攻角为 0° 为 26 倍的来流压力,略高于 8.3.4 小节中的一体化曲外锥乘波前体进气道的抗反压能力。

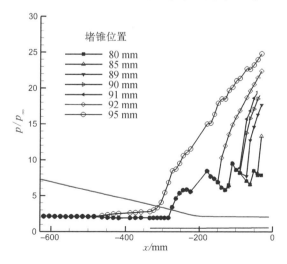

图 9.44　Ma_∞ 为 3.5 、攻角为 0° 进锥过程中机体侧对称面的静压分布

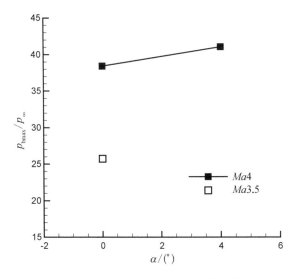

图 9.45　试验测得的几何约束 OICCWI 最大抗反压系数

9.3.4　流量捕获特性

流量系数通过流量计上的 16 个总压探针数据和 16 静压探针数据获得,计算公式考虑了总压和静压在空间的非均匀特性。采用 8.3.2 小节相同的流量计算公式,通过获取的流量筒内的皮托压和静压数据,计算前体进气道的流量。在选定的一些试验状态下(马赫数为 4、攻角为 0°、4°和马赫数为 3.5、攻角为 0°),在不同锥位条件下,可以获得多个流量数据,去除不起动和完全堵塞情况下的实验数据,通过平均加权的方式获得平均流量系数,获得的流量系数的均方根偏差都在 2%以内。

图 9.46 为在测量马赫数为 4 时的流量系数时,不同攻角时的试验纹影。图 9.47 是马赫数为 3.5 时,不同攻角的实验纹影。在测量不同马赫数及攻角的流量过程中,马赫数为 4 和 3.5 分别设定堵锥位置为 90 mm 和 89 mm,在保证流量计内流动处于充分亚声速区域的同时,保证进气道处于起动状态。图 9.48 为获得的流量系数在不同马赫数和攻角下的分布图。可以看出,在马赫数为 4、攻角为 0°时可以达到 0.73 左右,在马赫数为 3.5、攻角为 0°时,也可以达到 0.65 左右;在 4°攻角条件下分布达到 0.87 和 0.76,该几何修型 OICCWI 在低马赫数条件下仍然具有较高的流量系数,充分说明一体化曲内锥压缩系统具有独特的流量捕获优势。在来流马赫数为 3 时,由于 OICCWI 处于不起动状态,流量系数为 0.4~0.5。

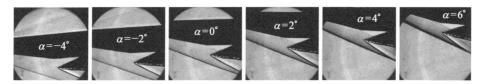

图 9.46　Ma_∞ 为 4 时不同攻角时的试验纹影图

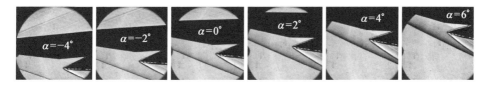

图 9.47　Ma_∞ 为 3.5 时不同攻角时的试验纹影图

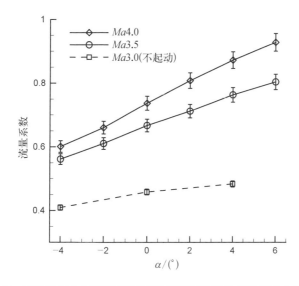

图 9.48　试验测量几何修型 OICCWI 流量系数随马赫数和攻角的分布

9.4　本章小结

　　本章首先给出了 OICCWI 的设计方法,并对其设计及非设计状态下的性能进行了计算分析。前体进气道设计采用一体化流线追踪和密切内锥技术,设计完全符合气动原理,实现了三维前体进气道型面的精确定制化设计。理论设计结果和设计状态无黏数值模拟结果吻合一致。设计和非设计状态下的计算结果表明,前体进气道具有较高的总压恢复、较好出口流场均匀度及较高的流量捕获率,三维状态下的溢流小。

然后对原始和经过边界层修正的乘波前体进气道开展了风洞试验研究,原始和边界层修正设计前体进气道在马赫数为 5~7 条件下都可以正常起动;边界层修正能有效消除激波在内通道的反射,前缘激波更加贴近唇口,内通道压力分布更为均匀。

最后基于原始 OICCWI 构型,在几何约束条件下,获得了几何修型 OICCWI 构型并在低马赫数端开展了实验研究。几何修型 OICCWI 在来流马赫数为 3 时,不能完全起动;在马赫数为 3.5 和 4,具备起动和自起动能力;在马赫数为 4 时的最大抗反压约为 40 倍来流压力,马赫数为 3.5 时约为 26 倍来流压力;所获构型具有较高的流量捕获能力。

通过本章的工作,建立了 OICCWI 一体化构型的设计理论方法,将一体化流线追踪技术拓展应用到了内锥乘波前体进气道设计领域,使得可以定制化设计全三维的一体化乘波前体进气道三维型面,拓宽了高超飞行器一体化设计新途径。通过仿真和试验研究,获得了该类一体化前体进气道的基本性能,为新型 OICCWI 前体进气道的深化应用奠定了基础。

参考文献

[1] Goonko Y P, Mazhul I I, Markelov G N. Convergent flow derived waveriders[J]. Journal of Aircraft, 2000, 37(4): 647 – 654.

[2] 贺旭照, 倪鸿礼. 密切内锥乘波体-设计方法和性能分析[J]. 力学学报, 2011, 43(5): 803 – 808.

[3] Hank J M, Murphy J S, Mutzman R C. The X – 51A scramjet engine flight demonstration program[C]. Dayton: 15th AIAA International Space Planes and Hypersonic Systems and Technology, 2008.

[4] Th. Eggers, Ph. Novelli. Design Studies for a Mach 8 dual mode ramjet flight test vehicle[C]. Norfolk: 9th International Space Planes and Hypersonic Systems and Technologies Conference, 1999.

[5] Walker S, Tang M, Morris S. Falcon HTV – 3X – A reusable hypersonic test bed[C]. Dayton: 15th AIAA International Space Planes and Hypersonic Systems and Technologies Conference, 2008.

[6] He Xuzhao, Le Jialing, Qin Si, et al. Design and experimental study of a practical osculating inward cone waverider inlet[J]. Chinese Journal of Aeronautics, 2016, 29(12): 1582 – 1590.

[7]　贺旭照,周正,倪鸿礼.密切内锥乘波前体进气道一体化设计和性能分析[J].推进技术,
　　　　2012,33(4):510－515.

[8]　贺旭照,秦思,周正,等.一种乘波前体进气道的一体化设计及性能分析[J].航空动力学
　　　　报,2013,28(6):1270－1276.

[9]　贺旭照,乐嘉陵.密切曲面内锥乘波前体进气道设计和实验研究[J].实验流体力学,
　　　　2014,28(3):39－45.

[10]　周正,贺旭照,卫锋,等.密切曲内锥乘波前体进气道低马赫数性能试验研究[J].推进技
　　　　术,2016,37(8):1455－1460.

[11]　He X Z, Le J L, Zhou Z, et al. Osculating inward turning cone waverider/inlet (OICWI)
　　　　design methods and experimental study[C]. Tours:18th AIAA/3AF International Space
　　　　Planes and Hypersonic Systems and Technologies Conference, 2012.

[12]　He X Z, Le J L, Zhou Z, et al. Osculating inward turning cone waverider/inlet (OICWI)
　　　　design analysis and experimental study[C]. Rome:The 4th Sino-Italian Symposium on
　　　　Aerothermodynamics of Aerospace Vehicle, 2012.

[13]　He X Z, Le J L, Zhou Z, et al. Osculating inward turning cone waverider/inlet (OICWI)
　　　　design and experimental study with boundary layer correction[C]. Busan:23th International
　　　　Symposium on Air Breathing Engines, 2013.

[14]　Molder S. Internal axisymmetric conical flow[J]. AIAA Journal, 1967, 5(7):1252－1255.

[15]　贺旭照,赵慧勇,乐嘉陵.考虑可压缩与热传导的壁面函数边界条件及其应用[J].空气
　　　　动力学报,2006, 24(4):450－453.

[16]　Taylor T M, VanWie D. Performance analysis of hypersonic shape changing inlets derived
　　　　from morphing streamline traced flowpaths[C]. Dayton:15th AIAA International Space
　　　　Planes and Hypersonic Systems and Technologies Conference, 2008.

[17]　Moerel J L, Veraar R G, Halswijk W H C, et al. Internal flow characteristics of a rectangular
　　　　ramjet air intake[C].Denver:45th AIAA/ASME/SAE/ASEE Joint Propulsion Conference
　　　　and Exhibit, 2009.

第 10 章

一体化最小阻力乘波体/内转式进气道

内转式进气道具有压缩阻力小、流量捕获能力强等特点,其在实际飞行器上的进一步应用,需要解决同飞行器机体的一体化匹配问题。从飞行器一体化设计的角度考虑,对于腹部为平面结构的飞行器而言,进气道进口通常是矩形(如第 7 章介绍的微修型方转圆进气道),同时(椭)圆形燃烧室在结构重量、浸润面积、热防护、减阻及角区流动控制方面要明显优于矩形燃烧室,因而各国学者对矩形转(椭)圆形进气道的设计方法开展了大量的研究[1, 2],对这类矩形入口转圆形出口的进气道设计方法及流场性能有了比较深入的认识。

乘波体压缩面具有比较光顺的曲面形状,与乘波三维前体实现匹配设计的内转式进气道研究,国内外公开的研究工作及文献都不多。但从国外公开的未来重点发展的新概念高超声速飞行器布局看(如 Lapcat[3]、HSSW[4]、SR72[5]等),均大量采用三维前体+内转式进气道的布局形式,这说明与三维前体匹配的内转式进气道设计技术是具有优势的,是值得进一步发展和研究的技术方向。

通过第 5 章的介绍可知,最小阻力锥乘波体在相同体积系数下,较其他类型的乘波体具有更小的阻力和更高的升阻比,是飞行器机体设计的较优选项,如果能和三维内转式进气道进行一体化设计,将充分利用最小阻力乘波体和内转式进气道的优势,为未来先进高超飞行器的布局设计奠定理论基础。本章介绍了作者开展的一体化最小阻力乘波体和内转进气道(minimal drag waverider with inward turning inlet, MDWITI)的设计方法、仿真及试验研究等结果。10.1 节首先介绍最小阻力锥乘波体的设计方法,然后介绍流线追踪三维内转式进气道同最小阻力锥乘波体的一体化设计方法,并对设计状态及非设计状态下的基本性能进行评估;10.2 节介绍针对设计的 MDWITI 开展的实验研究工作,包括进气道的自起动、流量、抗反压及泄流孔特性能等;10.3 节介绍数值对比验证的研究工作内容;最后是本章小结。

10.1　最小阻力乘波体和内转进气道设计及分析

10.1.1　最小阻力锥乘波体设计

本节介绍基于轴对称最小波阻构型的乘波体设计方法,并完成对设计方法的验证。需要指出的是,这种最小阻力母锥,可以通过第 3 章介绍的经典最小阻力理论获得的,也可以通过 3.6 节中介绍的优化方法获取,作为一个实例,采用第 3 章中 Harder 和 Rennemann 给出的在确定长度、体积及底部面积条件下的轴对称最小波阻构型[6]来演示最小阻力锥乘波体的设计方法。

采用设计来流参数马赫数 6, $R(l)/l = 0.1$, $V/l^3 = 0.02$,获得了一个轴对称最小波阻构型,如图 10.1 所示。这里 l 为构型的长度,V 为构型的体积,$R(l)$ 为构型的底部半径。流场参数分布及前缘曲激波型线等通过第 5 章介绍的特征线方法计算获得。

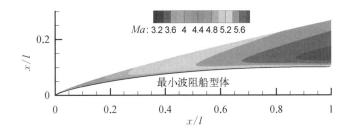

图 10.1　最小阻力基准锥流场马赫数云图

图 10.2 是最小阻力锥乘波体流线追踪设计的三维示意图,图 10.3 是设计方法在最小阻力旋成体底端截面上的示意图。在设计时,先在最小波阻体底端截面上定义乘波体的压缩面型线,如图中绿色型线所示;然后在此曲线上,逐点在轴对称流场中逆向流线追踪流线并止于激波曲面,所获得的流线集合,就构成了最小波阻乘波体的压缩面;乘波体的上表面用自由流面或其他满足装载需求的低阻型面生成。

为了验证设计方法,在设计状态下对乘波体的流场进行了数值模拟,并和设计结果进行了比较。设计结果是通过对基准流场特征线结果,进行插值变换获得的。数值模拟采用了 CFD 软件 SMPNS 的时间迭代模块[7]。

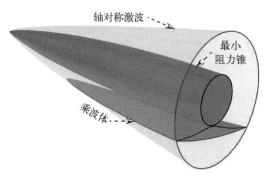

图 10.2 最小阻力锥乘波体设计方法三维视图

**图 10.3 最小阻力锥乘波体设计方法
在底端截面上的示意图**

图 10.4 为计算结果和设计结果的压力等值线,在乘波面和乘波体出口截面上的比较。从图中可以看出,数值模拟结果和设计结果——对应,完全吻合,验证了最小波阻锥乘波体设计方法的正确性。

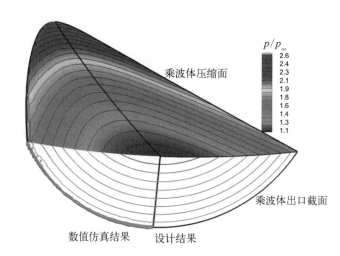

图 10.4 乘波体压缩面和出口截面上理论设计和 CFD 模拟结果对比

10.1.2 乘波体进气道一体化设计方法

在把最小波阻锥乘波体和内转式进气道一体化设计之前,需要先建立它们之间的对应关系。如图 10.5 所示,最小波阻乘波体被塞进预先设计好的曲内锥流场中(曲面内锥基准流场的设计将在下文介绍)。为了保证乘波体激波正好贴合在内转式进气道的三维唇口前缘上,采用乘波体激波面和内锥激波面的部

分交线,如曲线 *CD*,作为进气道的一段捕获型线;通常交点 *D* 位于内转进气道
基准流场的中心体上。进气道的另一段捕获型线由乘波体的压缩面和曲内锥激
波面相交产生,如在图 10.6 中的 *BB′* 曲线。曲线 *BC* 连接曲线 *DC* 和 *BB′*,它是乘波
体的一个子午面和曲内锥激波的交线,如图 10.6 中所示。考虑到流场的对称性,
曲线 *DC*、*CB* 和 *BB′* 就可以构成三维内转进气道闭合的捕获型线 *DCBB′C′D*。

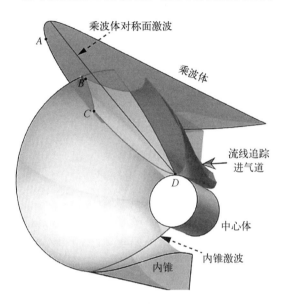

图 10.5　最小阻力乘波体/内转式进气道一体化设计方法的三维示意图

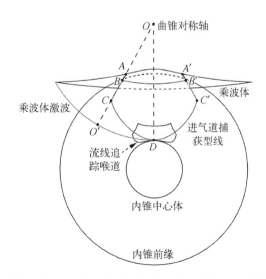

图 10.6　最小阻力乘波体/内转式进气道一体化设计方法的前视示意图

沿着进气道的捕获型线 $DCBB'C'D$ 在图 10.8 所示的曲内锥流场中沿流向流线追踪,就可以获得一个和最小波阻锥乘波体相匹配的三维内转式进气道。乘波体和三维内转进气道的三维构型如图 10.5 所示。图 10.6 给出了乘波体的进气道的前视图,其中乘波体在进气道豁口面的激波型线、进气道的喉道形状及捕获型线等都在图 10.6 中注明。前体进气道的捕获型线为曲线 $D-C-B-A-A'-B'-C'-D$ 围成的绿色型线。按照设计预期,乘波体前缘从 A 点发出的激波应相交于进气道唇口前缘于 C 点,从乘波体对称面前缘发出的激波,应相交于进气道豁口 D 点处。以此类推,沿乘波体前缘 AA',在子午面内的乘波体激波都会相交于三维内转进气道唇口前缘 CDC' 对应的位置上,可以实现三维状态条件下的"激波封口"约束。

在实际的流动中,气流经过乘波体压缩后,并不是完全均匀的。图 10.7 给出了乘波体对称面及压缩面流场的马赫数云图。如前所述,三维内收缩进气道是被嵌入乘波体流场中的,在选定的进气道捕获型面区域,乘波体的空间马赫数分布在 5.4~5.7,为了简化设计,选定马赫数 5.5 为进气道的设计来流马赫数。虽然采用均匀来流马赫数来近似乘波体流场中的非均匀马赫数分布,会对进气道在理论设计状态下的性能产生一定的偏差,但后文的分析结果表明,这种偏差是可以忽略的。

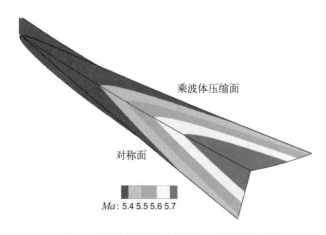

乘波体压缩面

对称面

Ma: 5.4 5.5 5.6 5.7

图 10.7　乘波体压缩面和对称面马赫数云图

设计三维内转式进气道的内锥基准流场,采用预先设计好的基准流场的压缩型线,通过 7.1.3 小节介绍的特征线设计方法获得基准流场的特征线流场结构。本节采用的内锥型线和流场马赫云数图如图 10.8 所示,来流马赫数为 5.5。

压缩型面采用三次曲线构建,初始压缩角为 5°,总收缩比为 5.0,内收缩比为 1.55,喉道位于反射激波和压缩型面的交点处。压缩型面在喉道处的斜率接近 0。基准流场采用了 0.3 倍前缘半径的中心体,用以避免激波在轴对称中心的过度聚焦。

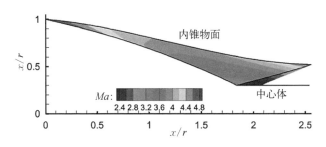

图 10.8　特征线计算的基准内锥流场马赫数云图

　　由于流线追踪获得的进气道喉道是非规则的,如图 10.6 所示,采用了型面渐变技术[8]来获得圆形隔离段出口的一体化乘波前体进气道。型面渐变始于进气道内收缩段入口,止于隔离段出口。在每个流向截面上,确保形变前后的内通道截面面心不变,并通过下式来控制渐变型面的形状:

$$r_{\mathrm{trans}}(x_{\mathrm{in}},\theta) = \phi(x_{\mathrm{in}}) \times r_{\mathrm{targ}}(x_{\mathrm{in}},\theta)^{(1-E_x)} \times r_{\mathrm{orig}}(x_{\mathrm{in}},\theta)^{E_x}, \quad E_x = (x_{\mathrm{in}}/l_{\mathrm{in}})^{\alpha}$$

(10.1)

其中,x_{in} 为等流向截面的流向坐标;θ 为弧度角;ϕ 是控制内收缩比的变量;r_{targ} 为目标圆的半径;r_{orig} 为原始形状的半径;r_{trans} 为变形体的半径;E_x 和 α 为控制形状的参数,在本次设计中取 $\alpha = 3.5$。图 10.9 是沿流向截面进行形变的示意图。

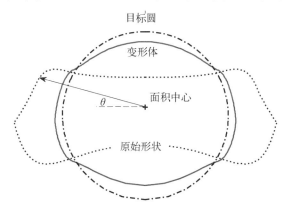

图 10.9　进气道隔离段型面渐变过程示意图

图 10.10 为设计获得的一体化乘波前体进气道的三维视图,进气道的内压缩面位于图中上方。前体进气道的总收缩比为 6.2,其中包含了前体压缩部分。进气道的总收缩比为 5.2,内收缩比为 1.6。

图 10.10　最小阻力乘波体内转式进气道三维视图

10.1.3　理论构型仿真分析

计算软件采用如前所述的仿真软件 SMPNS 的时间迭代模块[7],对设计状态的分析计算,采用了三套结构网格,分别为 1 210 万、1 810 万和 2 800 万个网格点,18 个物理块。

表 10.1 为设计状态马赫数为 6、攻角为 0°无黏数值模拟获得的结果。三套网格都收敛到了非常接近的结果。以中密度网格为例,在设计状态下,前体进气道的流量系数可以达到 99%,基本实现了压缩流量的全捕获,这是符合设计预期的。在隔离段出口处的质量加权参数,总压恢复系数接近 0.6,压升达到 20.7 倍的来流压力,出口马赫数为 3.16。

表 10.1　不同网格密度无黏结果的对比

网格密度	ϕ	p_t/p_0	p/p_∞	Ma_{mw}
粗网格	0.98	0.59	20.1	3.12
中等网格	0.99	0.59	20.7	3.16
密网格	0.99	0.59	20.5	3.16

　　图 10.11 为设计状态下的马赫数空间等值线图和表面压力云图。从流向截面和对称面上的马赫数等值线图可以看出,乘波体激波呈现向外凸起的外锥特性,紧密贴合在三维进气道唇口前缘上,同时乘波体自身的乘波特性未受到置入其流场内部进气道的影响,激波紧贴前体侧缘;进气道自身的激波则呈现内锥特性,凹向内侧,且紧贴进气道前缘。

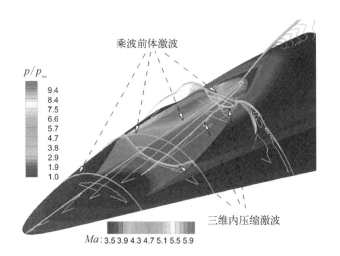

图 10.11　设计条件等流向截面马赫数和物面压力云图

　　图 10.12 为进气道内通道沿流向截面上的马赫数云图分布,可以看出除了豁口处的反射激波在进气道内通道形成了较小的低马赫数区域,整个流道内部流场的均匀性较好。

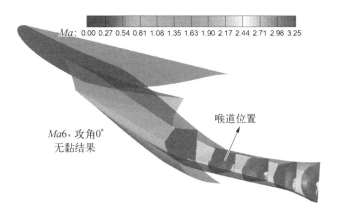

图 10.12　设计条件内压缩段沿流向切面马赫数云图

表 10.2 是前体进气道在马赫数为 6、攻角为 $-2° \sim 6°$,质量加权参数在隔离段出口的分布特性。可以看到质量加权马赫数的分布在 3 左右,压升系数基本在 20 以上,总压恢复系数在设计状态最大,达到 0.59,其余状态在 0.52 以上。流量系数也是比较高的,在设计状态可以达到 0.99,随攻角的线性增长性较好。

表 10.2 最小阻力乘波体/内转式进气道无黏模拟结果

$\alpha/(°)$	ϕ	p_t/p_0	p/p_∞	Ma_{mw}
−2	0.84	0.55	16.18	3.27
0	0.99	0.59	20.67	3.16
2	1.10	0.57	24.89	3.00
4	1.20	0.55	28.35	2.87
6	1.29	0.52	32.51	2.74

图 10.13 为马赫数为 4、攻角为 0° 时的等流向截面及对称面马赫数和表面压力云图。从图中可以看出,激波聚集在了乘波体的压缩面侧;在对称面上,进气道的压缩激波已经溢过进气道豁口,和前体激波相交于豁口之外。进气道的压缩激波仍然保持了内凹特性,在前端部分基本被封闭在进气道内部,越靠近豁口,激波溢出效应越明显。

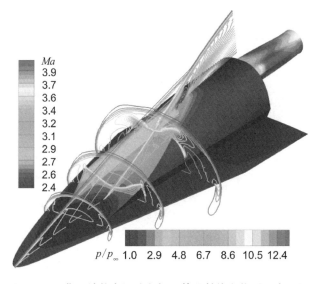

图 10.13 非设计状态沿流向切面等马赫线和物面压力云图

图 10.14 为来流马赫数为 4、攻角为 0°时内通道马赫数云图分布。从图中可见,在压缩面相交的角落区域,马赫数较低,在隔离段出口,马赫数分布整体还是较为均匀的。前体进气道的流量捕获系数可以达到 0.7,总压恢复 0.78。隔离段出口马赫数为 2.15,平均压升 12.0 左右。

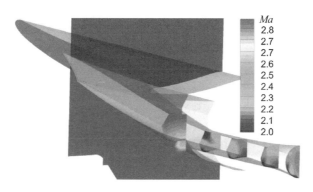

图 10.14　非设计状态沿流向切面内压缩段马赫数云图

10.2　一体化乘波内转式进气道试验研究

10.2.1　试验模型及试验系统

基于 10.1 节介绍的一体化最小阻力乘波体/内转式进气道设计方法,设计了地面试验模型,三维图如图 10.15 所示,模型主要包含一体化前体进气道、泄流区、流量筒等。模型总长 1.74 m,展宽 0.3 m,高度为 0.23 m,前缘钝度半径 0.5 mm。

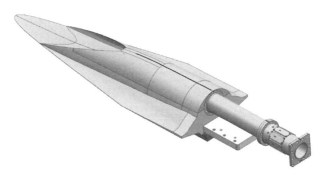

图 10.15　最小阻力乘波体/内转式进气道试验模型三维视图

　　模型采用腹支方式,前体进气道捕获面朝上,通过转接支架安装在 $\phi1$ m 高超声速风洞的攻角机构上。图 10.16 为试验模型的对称面剖视图。模型共有测点 131 个,其中进气道尾部米字耙 8 个分叉,加中心点共 48 个总压测点,流量计静压测点 8 个,进气道唇口板 24 个静压测点,机体压缩面 48 个静压测点,共计 128 个静态压力测点,抽吸区域前后及流量筒腔内共 3 个动态压力测点。图 10.17 是一体化最小阻力乘波体/内转式进气道模型在风洞中的实物照片。

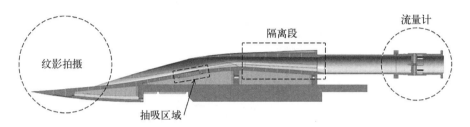

图 10.16　试验模型对称面剖视图

图 10.17　试验模型风洞安装图

　　试验在 $\phi1$ m 高超声速风洞中开展的。在马赫数 4、5、6 条件下开展了共计 20 个车次的试验研究,分别研究了前体进气道的起动特性、流量特性及抗反压特性等。流量计测量截面为 8 个静压点,49 个皮托压力测点。前体进气道流量性能参数通过如下方法获取[9]。截面气流有可能是超声速气流,数据处理前需按以下方法判断各总压测点当地气流马赫数。测量截面平均静压为

$$\bar{p} = \frac{1}{m} \sum_{i=1}^{m} p_m (m = 8) \tag{10.2}$$

当 $\bar{p}/p_t < 0.528$ 时,判断该总压测点气流为超声速气流;$\bar{p}/p_t > 0.528$ 时,判断气流为亚声速气流,其中 p_t 为测量点得到的皮托压力;

当测点为超声速时利用式(10.3)迭代求当地马赫数 Ma_{ij}:

$$\frac{p_{tij}}{\bar{p}} = \frac{166.92 \times Ma_{ij}^7}{(7 \times Ma_{ij}^2 - 1)^{2.5}} \quad (i = 1 \sim 8, j = 1 \sim 6) \tag{10.3}$$

式中,i 为测压耙号;j 为耙上测点号。

测点为亚声速时利用式(10.4)求当地马赫数 Ma_{ij}:

$$Ma_{ij} = \sqrt{\frac{2}{\gamma - 1}\left[\left(\frac{p_{tij}}{\bar{p}}\right)^{\frac{\gamma-1}{\gamma}} - 1\right]} \quad (i = 1 \sim 8, j = 1 \sim 6) \tag{10.4}$$

测点处气流如为超声速,则需换算出正激波前气流总压 p'_{tij}:

$$p'_{tij} = p_{tij}2.143\,3 \times 10^{-5}\left(1 + \frac{5}{Ma_{ij}^2}\right)^{3.5}(7Ma_{ij}^2 - 1)^{2.5} \tag{10.5}$$

测点处气流为亚声速时,利用总压测量值 p_{tij} 进行以下计算。超声速流动时,需要用换算得到的 p'_{tij} 代替当地测量值 p_{tij} 进行以下计算:

$$\lambda_{ij} = \frac{Ma_{ij}}{\sqrt{\frac{2}{\gamma + 1} + \frac{\gamma - 1}{\gamma + 1}Ma_{ij}^2}} \quad (i = 1 \sim 8, j = 1 \sim 6) \tag{10.6}$$

$$q(\lambda_{ij}) = \left(\frac{\gamma + 1}{2}\right)^{\frac{1}{\gamma-1}}\left(1 - \frac{\gamma - 1}{\gamma + 1}\lambda_{ij}^2\right)^{\frac{1}{\gamma-1}}\lambda_{ij} \quad (i = 1 \sim 8, j = 1 \sim 6) \tag{10.7}$$

质量流量加权平均总压:

$$\bar{p}_t = \frac{\displaystyle\sum_{i=1}^{m}\sum_{j=1}^{n} p_{tij}^2 q(\lambda_{ij})}{\displaystyle\sum_{i=1}^{m}\sum_{j=1}^{n} p_{tij} q(\lambda_{ij})} \quad (m = 8, n = 6) \tag{10.8}$$

质量流量加权平均总压恢复:

$$\sigma = \frac{\bar{p}_t}{p_0} \tag{10.9}$$

流量系数：

$$\Phi = \frac{A \sum\limits_{i=1}^{m} \sum\limits_{j=1}^{n} p_{tij} q(\lambda_{ij})}{m \cdot n \cdot A_0 q(\lambda_\infty) p_0} \quad (m = 8, \ n = 6) \quad (10.10)$$

式中，A_0 为进气道参考面积；A_2 为流量测量截面面积。

10.2.2 乘波体/进气道自起动及抗反压特性

首先研究了乘波体进气道的通流起动特性。图 10.18 为风洞名义来流马赫数 4、5、6，攻角 0° 时的纹影图片，同图中可以看出马赫数为 5、6 时，进气道是通流起动的，马赫数 4 时进气道前体唇口区域存在分离激波，不能通流自起动。图 10.19 和图 10.20 为马赫数为 4、5、6，攻角为 0° 时乘波体进气道通流状态机体侧和唇罩侧的压力分布。可以看出，在马赫数为 4 时进气道内通道无明显激波反射，不起动涡前传导致进气道机体侧对称面压力抬高；在马赫数为 5、6 时，进气道内通道存在明显的激波反射。综合试验纹影和对称面静压分布，判定进气道在马赫数为 4 时不能通流起动，在马赫数为 5、6 时可以通流起动。

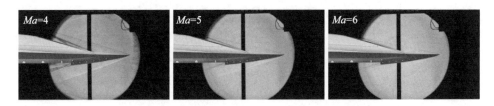

图 10.18　不同马赫数工况乘波体进气道流场纹影图

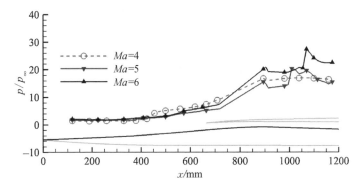

图 10.19　通流条件下机体侧不同马赫数来流前体进气道对称面沿程压力

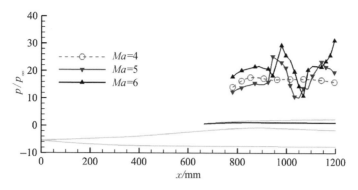

图 10.20　通流条件下唇罩侧不同马赫数来流前体进气道对称面沿程压力

以马赫数为 5、攻角为 0° 条件为例,考察乘波体进气道的自起动特性。图 10.21 和图 10.22 为马赫数为 5、攻角为 0° 条件下,不同堵锥位置乘波体进气道机体侧和唇罩侧的压力分布。从图中可以看出,进气道在通流条件下是起动的,随着进锥位增加,内通道高压区前传,进气道在一定锥位达到最高反压状态,随后进气道

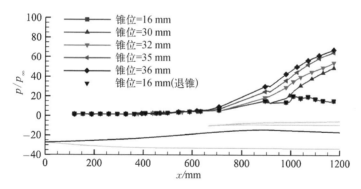

图 10.21　*Ma* = 5、*α* = 0° 不同堵锥位置乘波体进气道机体侧对称面压力

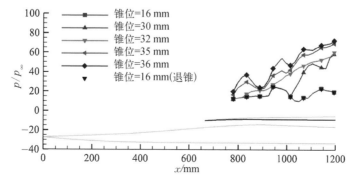

图 10.22　*Ma* = 5、*α* = 0° 不同堵锥位置乘波体进气道唇罩侧对称面压力

分离激波推出唇口,导致前体区域的压力抬高,进气道内通道达到亚声速状态,进气道不起动。随着锥位减小,进气道能完全恢复到起动状态。对应马赫数为5、攻角为0°状态,进气道处于临界起动状态时的最大反压约为60倍的来流压力。

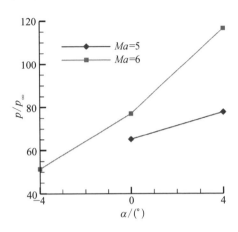

图 10.23　乘波体进气道不同来流状态的最大抗反压特性

图 10.23 给出了乘波体进气道在不同马赫数和攻角下的最大抗反压能力,在马赫数为 5 和 6、攻角为 0°时,进气道最大抗反压能力分别可以达到约 60 倍和 80 倍的自由来流压力,最大抗反压特性随着来流马赫数和攻角的增大而增大,在马赫数为 6 和 5、攻角为 4°条件下可以分别达到约 110 倍和 75 倍的来流压力。

10.2.3　乘波体进气道流量捕获特性

图 10.24 给出了 $Ma = 4$、进锥位为 0 时,不同攻角无泄流孔时的流量系数,从图中可以看出,由于进气道在马赫数为 4 时不能通流起动,进气道的流量系数较低,变化范围为 0.2~0.26。模型攻角正负变化经过 0°攻角时,换算得到的流量结果略有差异,表明不起动的非定常流动存在一定迟滞现象,此时的流量系数在 0.235 左右。

图 10.25 给出了 $Ma = 6$、不同攻角流量系数在不同进锥位工况下换算得到

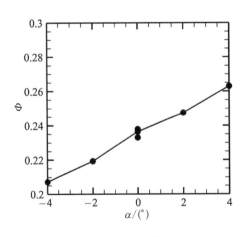

图 10.24　无泄流孔马赫数 4 不同攻角流量系数曲线

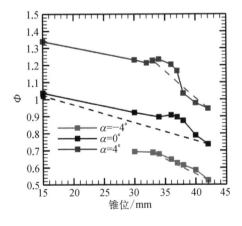

图 10.25　来流马赫数 6 不同锥位及攻角时的流量系数

的流量系数对比结果。来流状态涵盖了马赫数为 6,攻角为−4°、0°和 4°。去除进气道的不起动状态和未完全堵塞情况下的实验数据,在各有效堵锥位置上,获得的流量捕获系数一致性较好。图中虚线表示堵锥撤回后,流量系数从不起动时的低流量系数恢复到起动状态的流量捕获能力。

图 10.26 为实验获得的流量系数在马赫数为 5 和 6、攻角为−4°、0°、4°时的分布图。可以看出,在马赫数为 6、攻角为 0°,进气道的流量系数可达 0.90 以上,具有较好的流动捕获能力;在马赫数为 5、攻角为 0°时,进气道的流量系数约为 0.82。在马赫数为 5 和 6、攻角为 4°条件下,进气道的流量系数可达 1.23 和 1.05。设计状态前体进气道流量系数较理论值较小,是由于前体进气道的钝度、黏性效应及前体展向切除等,导致前体进气道溢流明显;即便出现溢流,在非设

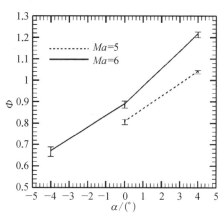

图 10.26　MDWITI 不同马赫数和攻角试验测得的流量系数

计状态,马赫数为 5、攻角为 0°,仍然有 0.82 的流量系数,说明乘波前体三维内转式进气道的非设计状态仍有较高的流量捕获能力。

10.2.4　泄流孔对乘波体进气道性能的影响

为了增强进气道的起动特性,在图 10.27 所示的进气道唇口机体侧布置了泄流孔,泄流孔的堵塞比约 50%。

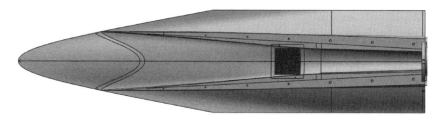

图 10.27　泄流孔位置示意图

增加了泄流孔,进气道的起动和自起动特性有明显改善。图 10.28 给出了 $Ma=4$、$\alpha=0°$ 有无泄流孔进气道通流流场纹影图。在有泄流孔工况下,可以看到进气道唇口前激波明显减弱,气流可以进入进气道,实现进气道通流起动。而

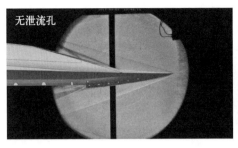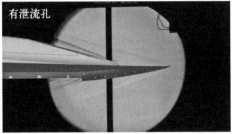

图 10.28　$Ma = 4$、$\alpha = 0°$ 有无泄流孔流场纹影对比图

在无泄流孔时,进气道唇口存在明显的溢流激波,进气道处于不起动状态。

图 10.29 给出了 $Ma = 4$、$\alpha = 0°$ 工况下,有泄流孔乘波体进气道对称面机体侧的沿程压力随进锥位置变化的结果,图 10.30 为唇罩侧沿程压力随进锥位置变化的结果。增加泄流孔后,在堵锥为 0 锥位时,可以明显看到进气道内通道出现明显激波反射,进气道可以实现通流起动。增加进锥位置,进气道内通道压力

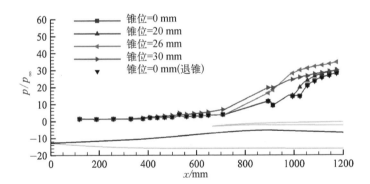

图 10.29　$Ma = 4$、攻角 $0°$ 有泄流孔机体侧沿程压力分布

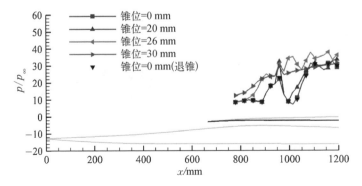

图 10.30　$Ma = 4$、攻角 $0°$ 有泄流孔唇罩侧沿程压力分布

抬升,进气道具备一定的抗反压能力。通过对内通道压力分布随进锥位置变化的结果分析,乘波前体进气道在 $Ma = 4$、$\alpha = 0°$ 情况下最大可以抵抗约 30 倍来流压力的反压,且当反压撤除后,乘波前体进气道具备自起动能力。

图 10.31 给出了 $Ma = 4$ 不同攻角流量系数在有泄流孔条件,不同进锥位工况下的结果。在进气道起动后,$\alpha = 0°$ 和 $\alpha = 4°$ 工况的流量系数均远大于无泄流孔工况。随着进锥位增加,流量系数突然减小,从自起动状态转变为不起动状态。在退锥时,流量系数能够迅速恢复至起动状态,进气道迟滞现象弱,泄流孔明显有利于进气道的再起动。

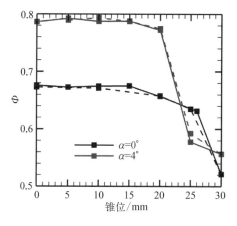

图 10.31　有泄流孔 $Ma = 4$ 不同攻角流量系数随进锥位变化曲线

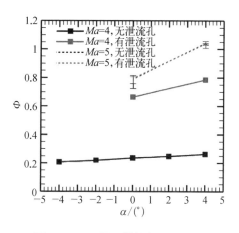

图 10.32　不同马赫数有无泄流孔流量系数对比

图 10.32 给出了不同马赫数有无泄流孔不同攻角流量系数结果对比。当 $Ma = 4$ 时,无泄流孔工况进气道无法起动,流量系数较低。增加泄流孔后,进气道可以自起动,流量系数增加,范围达到 $0.65\sim0.8$。在 $Ma = 5$ 时,无泄流孔工况进气道可以实现自起动,泄流孔对该状态下的流量系数影响不明显,但可以明显增强进气道的抗反压能力。泄流孔由于对边界层的泄流作用,可增加前体进气道的起动能力,同时泄流量较小,对起动后的进气道的流量捕获特性影响甚微。

图 10.33 和图 10.34 给出了 $Ma = 5$、$\alpha = 0°$ 工况下,乘波前体进气道有泄流孔对称面机体侧和唇罩侧沿程压力结果。增加泄流孔后,进气道不起动对应进锥位由锥位 $= 32$ mm 增大至锥位 $= 37$ mm,对比图 10.21 和图 10.22,对应的最大反压由约 60 倍的来流压力增大到约 70 倍的来流压力,泄流孔的增加,明显提高了进气道的抗反压能力。

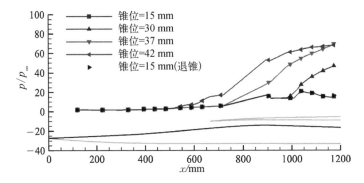

图 10.33 *Ma* = 5、*α* = 0° 有泄流孔机体侧沿程压力分布结果

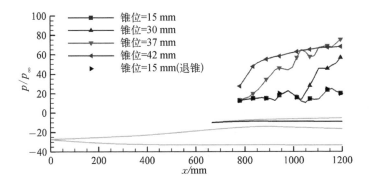

图 10.34 *Ma* = 5、*α* = 0° 有泄流孔唇罩侧沿程压力分布结果

综上研究结果,泄流孔可以扩大乘波体进气道的起动和自起动范围,且对乘波体进气道在起动条件下的流量特性影响较小,可以明显增加进气道的抗反压能力。分析原因,由于进气道在内通道具有较厚的边界层,泄流孔可以将边界层有效导出进气道内通道,增强了进气道内部高能流的范围,进而扩大了进气道的起动边界和抗反压能力。但泄流孔结构复杂,会产生额外阻力,且在高超声速飞行条件下带来气动加热问题,应用于飞行器方案时需综合权衡考虑。

10.3 数值仿真与实验对比

针对风洞试验的典型状态,开展了数值仿真和试验对比验证研究,校核试验状态。计算软件使用 NNW-FlowStar[10],采用 RANS(SST)模型、Roe 通量格式、LU-SGS 时间推进求解。CFD 计算的来流参数和风洞试验相同,见表 10.3。采用三套网格进行了计算,网格数分别为 791 万、1 298 万和 3 489 万。

表 10.3　计算来流参数表

来流马赫数	名义马赫数	来流静压/Pa	来流静温/K
3.96	4	1 393.0	67.0
4.958	5	749.3	70.37
5.961	6	410.3	54.77

　　图 10.35 和图 10.36 为 3 套网格在名义来流马赫数为 6、攻角为 0° 通流状态的对称面压力分布计算试验对比,机体侧和唇罩侧计算和试验压力分布变化规律一致,外流压缩部分吻合度最高,内通道的激波反射压力波动都能准确捕捉到,中等尺度和密网格压力分布几乎重合,数值仿真和试验研究的结果具有较好的一致性。图 10.37 是计算得到的马赫数为 6、攻角为 0° 的对称面压力分布云图,从图中可见前体外压缩激波和内通道反射激波清晰可见,由于钝度和黏性的影响,前体激波交汇于三维进气道豁口外,造成一定的溢流。

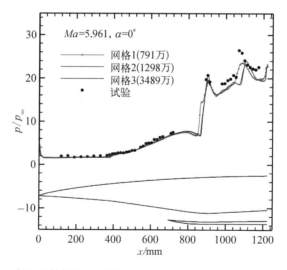

图 10.35　名义马赫数为 6、攻角为 0° 对称面机体侧压力分布的结果对比

　　图 10.38 和图 10.39 为名义来流马赫数为 5、攻角为 0° 通流状态的对称面压力分布计算试验对比。图 10.40 是名义马赫数为 5、攻角为 0° 的对称面压力分布云图。从图中可见计算试验的压力分布吻合度较高,前体外压缩激波和内通道反射激波清晰可见,外压缩激波交汇于进气道唇口外,造成一定的溢流。

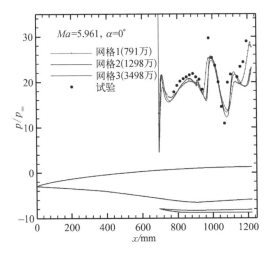

图 10.36　名义马赫数为 6、攻角为 0° 对称面唇罩侧压力分布的结果对比

图 10.37　名义马赫数为 6、攻角为 0° 对称面压力云图

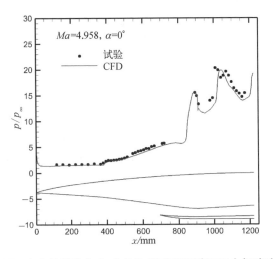

图 10.38　名义马赫数为 5、攻角为 0° 对称面壁面压力与试验对比

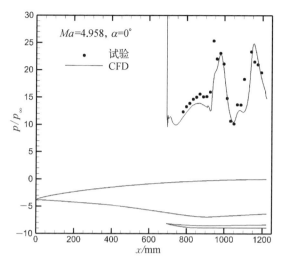

图 10.39　名义马赫数为 5、攻角为 0° 对称面壁面压力与试验对比

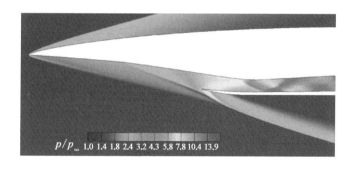

图 10.40　名义马赫数为 5、攻角为 0° 对称面压力云图

图 10.41 是计算获得的流量系数和试验数据的对比,带点竖线为试验测量值。计算获得的流量系数总体在试验测量值的误差带内,名义马赫数为 6 和 5、攻角为 4° 的仿真计算较试验测量值偏低。采用通流计算,乘波体进气道在马赫数为 4 时是起动的,流量系数也可达 0.6 以上,和采用泄流孔时的进气道起动状态的试验测量结果是一致的。

通过仿真计算和试验的对比研究,获得了一致的壁面压力分布和流量捕获特性;通过仿真计算获得的流场结构,进一步加深了对该类一体化前体进气道流动和性能的认知。

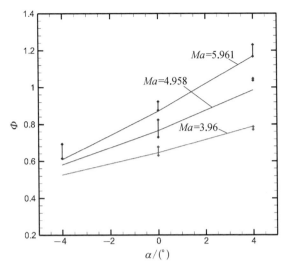

图 10.41　不同马赫数流量系数计算试验对比

10.4　本章小结

本章介绍了最小阻力锥乘波体和三维内转式进气道的一体化设计方法。最小阻力锥乘波体,通过流线追踪方法,可从最小阻力轴对称体的流场中流线追踪获得;三维内转式进气道通过与乘波体匹配的捕获型线,从轴对称曲内锥流场中追踪获得,采用型面渐变技术获得隔离段出口为圆形的内压缩通道。

采用无黏数值模拟方法,对乘波体进气道设计状态和典型马赫数和攻角范围内的流动形态和基本性能进行了仿真分析,总的来看,内外乘波特性良好,流量捕获率高,总压恢复和压升在合理范围。

通过试验研究,考察了乘波体进气道的起动特性、流量捕获特性和泄流孔对进气道性能的影响。研究表明,进气道可在马赫数为 5、6 实现起动和自起动;增加泄流孔后,自起动边界拓展到马赫数为 4;进气道具有较高的流量捕获特性和较强的抗反压能力。通过仿真计算深化了对该类一体化前体进气道性能的认知。

本章介绍的一体化最小阻力乘波体/三维内转式进气道研究结果,为乘波体和三维内转进气道的一体化研究提供了一种新的途径,将为新型吸气式飞行器的气动构型设计及内外流耦合特性研究提供借鉴参考。

参考文献

[1] Smart M.K. Design of three-dimensional hypersonic inlets with rectangular-to-elliptical shape transition [J]. Journal of Propulsion and Power, 1999,15(3): 408-416.

[2] Sabean J, Lewis M J. Optimization of a hypersonic inlet with a rectangular to circular transition[C]. Reno: 37th Aerospace Sciences Meeting and Exhibit, 1996.

[3] Langener T,Steelant J,Roncioni P, et al. Preliminary performance analysis of the LAPCAT-MR2 by means of nose-to-tail computations[C]. Tours: 18th AIAA/3AF International Space Planes and Hypersonic Systems and Technologies Conference, 2012.

[4] High Speed Strike Weapon (HSSW) [OL]. http://www.lockheedmartin.com/us/products/highspeed-strike-weapon--hssw--.html [2013-08-30].

[5] 胡晓煜,陈玉春.SR-72 高超声速飞机发展前景分析[J].国际航空,2014.

[6] Harder K C, Rennemann J R C. On boattail bodies of revolution having minimum wave drag [R]. NACA-TN-3478, 1955.

[7] 贺旭照,赵慧勇,乐嘉陵.考虑可压缩与热传导的壁面函数边界条件及其应用[J].空气动力学学报,2006,24(4): 450-453.

[8] Taylor T M, Van Wie David. Performance analysis of hypersonic shape changing inlets derived from morphing streamline traced flowpaths[C]. Dayton: 15th AIAA International Space Planes and Hypersonic Systems and Technologies Conference, 2008.

[9] 唐志共.高超声速气动力试验[M].北京: 国防工业出版社,2004.

[10] 陈坚强,吴晓军,张健,等.FlowStar: 国家数值风洞(NNW)工程非结构通用 CFD 软件[J].航空学报,2021, 42(9): 625-739.

第 11 章

双模态冲压燃烧室一维数值模拟

燃烧室是连接进气道和尾喷管的重要部件。在对吸气式高超声速飞行器整机带动力性能评估、推进流道评估优化及高超飞行器后体尾喷管的评估优化时，都要较为快速可靠地获得双模态冲压燃烧室的推力及出口参数数据。双模态冲压燃烧室的一维数值模拟，物理概念清晰，操作简便，结合相关经验参数及燃料分布规律等，可以在分钟级别的时间内，获得较为可信的发动机沿流向的压力、马赫数分布及出口参数和推力性能，可为吸气式高超飞行器及双模态冲压发动机在方案设计阶段的快速性能评估与优化提供一种高效、可靠的数值仿真手段。

在双模态冲压发动机一维数值模拟方面，国内外开展了较多研究[1-16]。在一维仿真模拟中，采用了大量的经验公式或试验数据，燃烧室一维模拟主要考虑面积变化、燃料添加、化学反应、壁面摩擦、壁面散热和变比热等因素的影响。一维仿真中对于化学反应主要有以下几种处理方法：① 有限速率化学反应模型（非平衡流），在欧拉方程的基础上添加 $N-1$ 个（其中 N 为组元个数）组分连续方程[14]；② 平衡化学反应模型[15]，假设化学反应速率无限大，此时组元浓度由平衡条件决定；③ "完全反应" 假设，这是平衡反应的特殊情况，此时不考虑反应的中间产物，考虑的组分较少，用元素守恒条件便可得出组分的质量分数[16]，本书采用第三种方式处理化学反应流动。

本章介绍双模态冲压发动机燃烧室一维数值模拟的控制方程、求解方法及结果验证。11.1 节介绍一维模拟的控制方程推导及相关添热添质等源项的引入；11.2 节介绍数值求解方法；11.3 节介绍氢燃料燃烧室的数值仿真结果验证；11.4 节介绍碳氢燃料燃烧室的仿真结果验证；最后是本章小结。

11.1　双模态冲压燃烧室广义一维控制方程

一维评估方法通常采用常微分方程组或者广义一维欧拉方程。所谓广义一维流是指在一维流动中除了通常的质量、动量和能量控制方程外,还有其他几个因素同时对流动起作用,其中包括面积变化、壁面摩擦、燃烧加热和简单的质量添加等。

11.1.1　广义一维欧拉方程

11.1.1.1　连续性方程

连续性方程反应的是质量守恒定律,只需在积分形式的连续性方程中加上添质项即可:

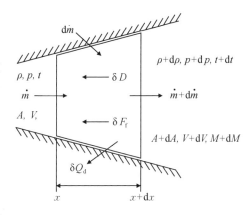

图 11.1　广义一维流动控制体

$$\frac{\partial}{\partial t}\iiint_{\tau}\rho\mathrm{d}\tau + \oiint_{\sigma}\rho\boldsymbol{V}\cdot\mathrm{d}\boldsymbol{S} = \mathrm{d}\dot{m}_s \tag{11.1}$$

在如图 11.1 所示的控制体内,方程中的积分项与时间无关,因此时间导数 $\partial/\partial t$ 可以置于积分号内,考虑一维情况,式(11.1)中的体积分就成为

$$\iiint_{\tau}\frac{\partial\rho}{\partial t}\mathrm{d}\tau = \frac{\partial}{\partial t}(\rho A\mathrm{d}x) \tag{11.2}$$

式中, $A\mathrm{d}x$ 表示控制体的体积。式(11.2)中的面积分成为

$$\oiint_{S}\rho\boldsymbol{V}\cdot\mathrm{d}\boldsymbol{S} = -\rho uA + (\rho + \mathrm{d}\rho)(u + \mathrm{d}u)(A + \mathrm{d}A) \tag{11.3}$$

展开式(11.3),在 dx 非常小的情况下,忽略高阶量(微元的乘积项)。把式(11.2)和式(11.3)代入式(11.1)中,并且两边同除以 dx,得到准一维连续性方程:

$$\frac{\partial}{\partial t}(\rho A) + \frac{\partial}{\partial x}(\rho uA) = \frac{\mathrm{d}\dot{m}_s}{\mathrm{d}x} \tag{11.4}$$

11.1.1.2 动量方程

摩擦和燃料添加效应直接影响动量方程。对于摩擦项,壁面剪切应力为 $\tau_w = f \cdot \rho u^2 / 2$,其中 f 为摩擦系数。注意到,由于超燃冲压发动机燃烧室截面为非圆截面管道,对于面积为 A 的非圆截面管道,可以转换为当量圆截面计算。由此定义水力学直径 $D_e = 4A/C_w$,其中 C_w 是非圆截面的周长,称为"润湿周长"。则作用在 $\mathrm{d}x$ 上的摩擦力为

$$\delta R_{fx} = \tau_w \cdot (C_w \mathrm{d}x) = -\frac{1}{2}\rho u^2 f \cdot (C_w \mathrm{d}x) = -\frac{1}{2}\rho u^2 f \cdot \left(\frac{4A}{D_e}\mathrm{d}x\right) \quad (11.5)$$

其中,负号表示摩擦力朝着 x 轴的反方向。对于燃料添加项,设添质流速为 u_s,它在 x 方向的分量为 u_{sx},则由添质引起的动量变化率为 $\mathrm{d}\dot{m}_s \cdot u_{sx}$。

利用积分形式的动量方程,不考虑质量力,把摩擦和添质对动量的影响添加到动量方程右端。有如下形式:

$$\frac{\partial}{\partial t}\iiint_\tau \rho \boldsymbol{V}\mathrm{d}\tau + \oiint_S \rho \boldsymbol{V}(\boldsymbol{V} \cdot \boldsymbol{n})\mathrm{d}S + \oiint_S p\mathrm{d}S = -\frac{1}{2}\rho V^2 \frac{4f}{D_e}A\mathrm{d}x + u_{sx} \cdot \mathrm{d}\dot{m}_s \quad (11.6)$$

利用如图 11.1 所示的控制体,考虑一维情况,方程左端前面两项和连续性方程推导相似,分别为

$$\frac{\partial}{\partial t}\iiint_\tau \rho \boldsymbol{V}\mathrm{d}\tau = \frac{\partial}{\partial t}(\rho u A \mathrm{d}x) \quad (11.7)$$

和

$$\oiint_S \rho \boldsymbol{V}(\boldsymbol{V} \cdot \boldsymbol{n})\mathrm{d}S = -\rho u^2 A + (\rho + \mathrm{d}\rho)(u + \mathrm{d}u)^2(A + \mathrm{d}A) \quad (11.8)$$

接下来计算压力项的积分,这里采用直接积分的方法,借助图 11.2,方程左端的压力项很容易计算。在控制体的四个侧面都给出了向量 $p\mathrm{d}S$, $\mathrm{d}S$ 总是指向控制体外侧。注意到作用在控制体上、下斜面的 $p\mathrm{d}S$,其方向分量可以表示为作用在斜面与 x 轴垂直的投影面积 $\mathrm{d}A/2$ 上的压力。因此,每个斜面对压力积分项的作用大小为 $-p(\mathrm{d}A/2)$。将四个侧面加在一起,压力积分项就是

$$\oiint_S p\mathrm{d}S = -pA + (p + \mathrm{d}p)(A + \mathrm{d}A) - 2p\left(\frac{\mathrm{d}A}{2}\right) \quad (11.9)$$

将式(11.7)~式(11.9)代入式(11.6),略去高阶小量,并整理得

$$\frac{\partial(\rho u)}{\partial t}A\mathrm{d}x + \frac{\partial(\rho u^2 A)}{\partial x}\mathrm{d}x + A\mathrm{d}p = -\frac{1}{2}\rho u^2 \frac{4f}{D_e}A\mathrm{d}x + u_{sx}\cdot\mathrm{d}\dot{m}_s \quad (11.10)$$

两边同除以 $\mathrm{d}x$ 有

$$\frac{\partial(\rho u)}{\partial t}A + \frac{\partial(\rho u^2 A)}{\partial x} + A\frac{\partial p}{\partial x} = -\frac{1}{2}\rho u^2 \frac{4f}{D_e}A + u_{sx}\frac{\mathrm{d}\dot{m}_s}{\mathrm{d}x}$$

为了能够写成强守恒形式,两边同时加上 $p\partial A/\partial x$ 有

$$\frac{\partial(A\rho u)}{\partial t} + \frac{\partial(A\rho u^2)}{\partial x} + A\frac{\partial p}{\partial x} + p\frac{\partial A}{\partial x} = p\frac{\partial A}{\partial x} - \frac{1}{2}\rho u^2 \frac{4f}{D_e}A + u_{sx}\frac{\mathrm{d}\dot{m}_s}{\mathrm{d}x}$$

即

$$\frac{\partial(A\rho u)}{\partial t} + \frac{\partial(A\rho u^2)}{\partial x} + \frac{\partial(Ap)}{\partial x} = p\frac{\partial A}{\partial x} - \frac{1}{2}\rho u^2 \frac{4f}{D_e}A + u_{sx}\frac{\mathrm{d}\dot{m}_s}{\mathrm{d}x}$$

合并有

$$\frac{\partial(A\rho u)}{\partial t} + \frac{\partial\left[A(p + \rho u^2)\right]}{\partial x} = p\frac{\partial A}{\partial x} - \frac{1}{2}\rho u^2 \frac{4f}{D_e}A + u_{sx}\frac{\mathrm{d}\dot{m}_s}{\mathrm{d}x} \quad (11.11)$$

这就是考虑摩擦和燃料添加效应的广义一维动量方程。

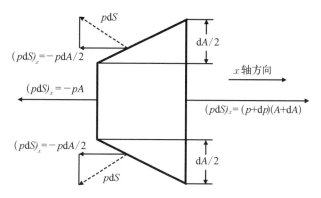

图 11.2 作用在控制体上 x 方向的作用力

11.1.1.3 能量方程

加热和燃料添加对能量方程都产生影响,这时流动是不等熵的。记 $e_t = e + u^2/2$,表示单位质量的总内能。令 e_s、$V_s^2/2$ 和 p_s/ρ_s 分别表示单位质量添质流体的内能、动能和压力功,总能量 $e_{ts} = e_s + u_s^2/2$。根据积分形式的能量方程,忽略

质量力,考虑添质添热的能量方程为

$$\frac{\partial}{\partial t}\iiint_{\tau}\rho e_t \mathrm{d}\tau + \oiint_{S}\rho e_t \boldsymbol{V} \cdot \mathrm{d}\boldsymbol{S} + \oiint_{S}p\boldsymbol{V} \cdot \mathrm{d}\boldsymbol{S} = \delta\dot{Q} + \left(e_{ts} + \frac{p_s}{\rho_s}\right)\mathrm{d}\dot{m}_s \quad (11.12)$$

其中,$\delta\dot{Q}$ 是对控制体 τ 的加热率;$\left(e_{ts} + \dfrac{p_s}{\rho_s}\right)\mathrm{d}\dot{m}_s$ 为由添质引起的能量增加。对于图 11.2 所示的控制体,上式可写成

$$\frac{\partial}{\partial t}(\rho e_t)A\mathrm{d}x + \frac{\partial}{\partial x}(\rho u e_t A)\mathrm{d}x + \frac{\partial}{\partial x}(puA)\mathrm{d}x - \left(e_{ts} + \frac{p_s}{\rho_s}\right)\mathrm{d}\dot{m}_s = \delta\dot{Q}$$

$$(11.13)$$

其中,左端第一项表示控制体内内能和动能随时间的变化率,它是由不定常引起的;左端第二项表示控制体内流入和流出两截面的内能和动能之差引起的变化率;左端第三项表示压力功的变化率;第四项表示由添质引起的内能、动能和压力做功的增加率。

由单位质量气体总焓定义:$h_t = h + u^2/2 = e + \dfrac{p}{\rho} + u^2/2$,式(11.13)可写成

$$\frac{\partial}{\partial t}(\rho e_t)A\mathrm{d}x + \frac{\partial}{\partial x}(\rho u e_t A)\mathrm{d}x + \frac{\partial}{\partial x}(puA)\mathrm{d}x - h_{ts} \cdot \mathrm{d}\dot{m}_s = \delta\dot{Q}$$

两边同时除以 $\mathrm{d}x$ 有

$$\frac{\partial}{\partial t}(A\rho e_t) + \frac{\partial}{\partial x}\left[A(p + \rho e_t)u\right] = \frac{\delta\dot{Q}}{\mathrm{d}x} + h_{ts}\frac{\mathrm{d}\dot{m}_s}{\mathrm{d}x} \quad (11.14)$$

其中,加热率 $\delta\dot{Q} = \rho u A \delta q$,$\delta q$ 为壁面对单位质量气体的加热量,故能量方程为

$$\frac{\partial}{\partial t}(A\rho e_t) + \frac{\partial}{\partial x}\left[A(p + \rho e_t)u\right] = \rho u A\frac{\delta q}{\mathrm{d}x} + h_{ts}\frac{\mathrm{d}\dot{m}_s}{\mathrm{d}x} \quad (11.15)$$

注意到方程(11.15)中的加热项表示的是外界对控制体的加热或者散热,和化学反应释热无关。能量方程中已经包含了化学反应的放热,通过化学反应,改变各组元的组分分配,来引入由于化学反应带来的放热。

11.1.1.4 广义一维非定常流动控制方程

综上所述,考虑面积变化、燃料添加、壁面摩擦、壁面加热和化学反应,并把添质、摩擦和热传导作为源项加到方程的右端,得出广义一维非定常流动的强守

恒形式的控制方程：

$$\frac{\partial(A\boldsymbol{u})}{\partial t} + \frac{\partial[A\boldsymbol{f}(\boldsymbol{u})]}{\partial x} = S \tag{11.16}$$

式中，$\boldsymbol{u} = (\rho, \rho u, \rho e_t)^{\mathrm{T}}$ 为守恒型变量；$\boldsymbol{f}(\boldsymbol{u}) = [\rho u, p + \rho u^2, (p + \rho e_t)u]^{\mathrm{T}}$ 为无

黏通量项；$S = \left(\dfrac{\mathrm{d}\dot{m}_s}{\mathrm{d}x}, p\dfrac{\mathrm{d}A}{\mathrm{d}x} - \dfrac{\rho u^2}{2}\dfrac{4f}{D_e}A + u_{sx}\dfrac{\mathrm{d}\dot{m}_s}{\mathrm{d}x}, \rho uA\dfrac{\delta q}{\mathrm{d}x} + h_{ts}\cdot\dfrac{\mathrm{d}\dot{m}_s}{\mathrm{d}x}\right)^{\mathrm{T}}$ 为源项。

其中，ρ 为气流密度；u 为气流沿 x 方向速度；p 为静压；e_t 表示气体单位质量的

总内能；A 为燃烧室横截面积；$\dfrac{\mathrm{d}\dot{m}_s}{\mathrm{d}x}$ 为质量添加和轴向步长之比，表示在 $\mathrm{d}x$ 的微

元内的质量添加为 $\mathrm{d}\dot{m}_s$；f 为壁面摩擦系数；D_e 为水力直径；u_{sx} 为添质流速 u_s 在

x 方向的分量；$\dfrac{\delta q}{\mathrm{d}x}$ 为单位质量气体通过壁面散热量和轴向步长之比；h_{ts} 为添质

项的单位质量总焓。

11.1.2　控制方程源项及组分的确定

11.1.2.1　添质项的确定

$\mathrm{d}\dot{m}_s/\mathrm{d}x$ 可以通过沿着燃烧室燃料喷注点的位置及各喷注点注入燃料的多

少来确定，其离散化形式为 $\Delta\dot{m}_s/\Delta x$，表示在 Δx 网格间距内添加的燃料质量

$\Delta\dot{m}_s$。燃料喷射添加项 $\Delta\dot{m}_s$ 沿 x 轴的分布须人为的控制。

11.1.2.2　燃烧室面积和水力直径

燃烧室面积 $A(x)$ 沿 x 轴的分布可以根据燃烧室的构型给出。对于面积为 A

的非圆截面管道，可以转换为当量圆截面计算，由此定义的水力学直径 $D_e(x)$ 为

$$D_e(x) = \frac{4A(x)}{C_w} \tag{11.17}$$

式中，C_w 为气流横截面接触壁面周长，称为湿润周长。

11.1.2.3　燃烧效率的确定

燃烧效率用 η 表示：

$$\eta = \frac{\dot{m}_{\mathrm{Fi}} - \dot{m}_{\mathrm{F}}}{\dot{m}_{\mathrm{Fi}}} \times 100\% \tag{11.18}$$

式中，$\dot{m}_{\mathrm{Fi}}$、$\dot{m}_{\mathrm{F}}$ 分别表示注入的燃料流量和剩余的燃料流量。

超声速燃烧室内的燃烧过程主要由混合来控制。本书中，燃烧效率 η 近似等于混合效率 η_{m}。混合效率是衡量燃料与氧化剂相互参混的指标，混合效率定义为参与反应的燃料与全部燃料的比值。混合效率采用经验公式，氢燃料混合效率具体表达形式[17]如下：

$$\eta_{\mathrm{m}} \cong \begin{cases} x/L_{\mathrm{m}} & \text{平行喷射} \\ \left[\dfrac{x}{L_{\mathrm{m}}} + \dfrac{1}{(50 + 1\,000\alpha)}\right]^{\alpha} & \text{垂直喷射} \\ \dfrac{1 - \mathrm{e}^{Ax/L_{\mathrm{m}}}}{1 - \mathrm{e}^{-A}} & \text{支板喷射} \end{cases} \tag{11.19}$$

式中，η_{M} 为混合效率；x 为计算点到喷射点的距离；常数 $\alpha = 0.17 \sim 0.25$；$A = 1.77 \sim 3.4$；L_{m} 为燃料与空气完全混合所需的长度：

$$L_{\mathrm{m}} \cong \begin{cases} 0.179 C_{\mathrm{m}} \mathrm{e}^{1.72\phi_0} \times b & \phi_0 \leqslant 1 \\ 3.333 C_{\mathrm{m}} \mathrm{e}^{-1.204\phi_0} \times b & \phi_0 > 1 \end{cases} \tag{11.20}$$

其中，b 为计算节点处燃烧室截面的高度；ϕ_0 为当量油气比；混合长度常数 $C_{\mathrm{m}} = 25 \sim 60$。对于斜向喷射喷嘴，可改变其中的常数 α 来拟合实验曲线，并调整 L_{m} 中的有关常数可得到满意的计算结果。

由于缺乏碳氢燃料的燃烧混合和混合效率的经验公式，因此采用氢燃料混合效率经验公式近似计算其燃烧效率。

11.1.2.4 燃料的化学当量比的定义

通常情况下，超燃冲压发动机采用碳氢燃料作为主燃料（必要时还使用液态氢燃料）。假设碳氢燃料的分子式可以表示为 C_xH_y，并与来流发生化学反应，而来流是由体积比（或摩尔数之比）为 21% 的氧气和 79% 的氮气组成的纯空气，则碳氢燃料完全燃烧的化学反应方程式可以表示为

$$C_xH_y + \left(x + \frac{y}{4}\right)\left(O_2 + \frac{79}{21}N_2\right) \Longrightarrow xCO_2 + \frac{y}{2}H_2O + \frac{79}{21}\left(x + \frac{y}{4}\right)N_2 \tag{11.21}$$

此时，定义碳氢燃料与空气的化学恰当比 f_{st} 为

$$f_{\mathrm{st}} = \frac{W_{C_xH_y}}{\left(x + \dfrac{y}{4}\right)\left(W_{O_2} + \dfrac{79}{21}W_{N_2}\right)} = \frac{36x + 3y}{103(4x + y)} \tag{11.22}$$

碳氢燃料的化学当量比 ϕ 则定义为

$$\phi = \frac{f}{f_{\text{st}}} = \frac{m_{\text{f}}/m_\infty}{f_{\text{st}}} \tag{11.23}$$

这里，W_i 为组分 i 的分子量，m_∞ 和 m_{f} 分别为来流空气及燃料的质量流率。氢燃料与空气的化学恰当比 $f_{\text{H}_2\text{.st}}$ 为

$$f_{\text{H}_2\text{.st}} = \frac{36x + 3y}{103(4x + y)} = \frac{3}{103} = 0.029\ 1 \tag{11.24}$$

乙烯（C_2H_4）燃料与空气的化学恰当比 $f_{C_2H_4\text{.st}}$ 为：$f_{C_2H_4\text{.st}} = 0.068$。

煤油（$C_{10}H_{22}$）燃料与空气的化学恰当比 $f_{C_{10}H_{22}\text{.st}}$ 为：$f_{C_{10}H_{22}\text{.st}} = 0.066\ 7$。

11.1.2.5　摩擦系数和传热系数的确定

摩擦系数 $f(x)$ 的计算采用经验公式[18-20]：

$$f(x) = 0.001\ 8 + 0.001\ 958(\phi \times \eta) + 0.009\ 27(\phi \times \eta)^2 - 0.008\ 852\ 5(\phi \times \eta)^3 \tag{11.25}$$

壁面热通量系数 $q(x)$ 采用经验公式[18-20]：

$$q(x) = 0.000\ 9 + 0.001\ 125(\phi \times \eta) + 0.005\ 94(\phi \times \eta)^2 - 0.004\ 69(\phi \times \eta)^3 \tag{11.26}$$

式中，ϕ 为当量油气比（$\phi = f/f_{\text{st}}$）；f_{st} 为化学恰当油气比；f 为油气比；η 为燃烧效率。

11.1.2.6　组分质量浓度的确定

假定燃料在各处的化学反应为完全燃烧，仅由燃烧效率控制。组分质量浓度取决于当量比 $\phi(\phi \leqslant 1)$ 和燃烧效率 η。忽略燃烧中间产物，对于 H_2 化学反应方程式为

$$\phi H_2 + 0.5(O_2 + 3.727\ 4N_2 + 0.045\ 92Ar) \longrightarrow \eta\phi H_2O + (1 - \eta)\phi H_2$$
$$+ 0.5(1 - \eta\phi)O_2 + 0.5 \times 3.727\ 4N_2 + 0.5 \times 0.045\ 92Ar \tag{11.27}$$

煤油采用近似分子式：$C_{10}H_{22}$，化学反应方程式为

$$\phi C_{10}H_{22} + 15.5(O_2 + 3.727\ 4N_2 + 0.045\ 92Ar) \longrightarrow 11\eta\phi H_2O + 10\eta\phi CO_2$$
$$+ (1 - \eta)\phi C_{10}H_{22} + 15.5(1 - \eta\phi)O_2 + 15.5 \times 3.727\ 4N_2 + 15.5 \times 0.045\ 92Ar \tag{11.28}$$

对于乙烯(C_2H_4),其化学反应式为

$$\phi C_2H_4 + 3(O_2 + 3.727\,4N_2 + 0.045\,92Ar) \longrightarrow 2\eta\phi H_2O + 2\eta\phi CO_2$$
$$+ (1 - \eta)\phi C_2H_4 + 3(1 - \eta\phi)O_2 + 3 \times 3.727\,4N_2 + 3 \times 0.045\,92Ar$$

$$(11.29)$$

由以上关系式可以得到当燃烧效率为 η,当量油气比为 ϕ 的混气各组分质量相对浓度。

11.1.2.7　定压比热、焓的求解

对于气体成分单一的量热完全气体,内能只是温度的线性关系式,只有平动能和转动能处于完全激发状态,对于空气等双原子分子气体,其定压比热和焓为

$$c_p = \frac{\gamma}{\gamma - 1}\frac{R}{W} \quad h = c_p T \tag{11.30}$$

其中,γ 为气体的比热比。

其气体状态方程为

$$p = \rho\frac{R}{W}T \tag{11.31}$$

其中,W 是气体的分子量;R 是气体常数。

对于化学反应流场中的多组分气体或组分不发生改变的热完全气体,内能与温度不再为线性关系,各个组分的热力学函数通常是作为温度的函数以多项式的形式给出。采用 Chemki[21] 给出的多项式拟合系数来计算各反应组分在给定温度下的定压比热和焓,并通过各组分的定压比热和焓得到混合气体的定压比热和焓:

$$c_{p,s} = \frac{R}{W_s}(a_1 + a_2 T + a_3 T^2 + a_4 T^3 + a_5 T^4)$$
$$c_p = \sum_{s=1}^{ns} c_s c_{p,s} \tag{11.32}$$

$$h_s = \frac{R}{W_s}T\left(a_1 + \frac{a_2}{2}T + \frac{a_3}{3}T^2 + \frac{a_4}{4}T^3 + \frac{a_5}{5}T^4 + a_6 T^{-1}\right)$$
$$h = \sum_{s=1}^{ns} c_s h_s \tag{11.33}$$

可由 $h_s = e_s + R_s T$ 计算得到气体的内能 $e = \sum\limits_{s=1}^{ns} c_s \cdot e_s$。其中，$c_{p,s}$ 为各组分的定压比热；c_s 为各组分的质量组分百分比；$R_s = \dfrac{R}{W_s}$ 为各组分气体常数，R 为通用气体常数；T 为气流温度；a_i 为各组分气体焓值的拟合常数[21]。

混气比热比为

$$\gamma = c_p / (c_p - R) \tag{11.34}$$

对于混合物的气体状态方程，根据道尔顿分压定理得到：

$$p = \sum\limits_{s=1}^{ns} \rho c_s \frac{R}{W_s} T \tag{11.35}$$

其中，W_s 是第 s 种组分的分子量。

值得注意的是，这里拟合出来的焓值为绝对焓，它包含了可感焓（也称显焓，和温度有关）和零点能（常数项）两部分，而零点能的变化也就是反应生成热的变化。因此，由于化学反应引起的放热已经考虑在内了。在燃烧室内，燃烧其实并不带来新的能量，只是通过改变各组元的分配，使得多余的零点能以能用温度表示的可感焓来体现。

11.2　数值计算方法

为了简化数值求解过程，时间方向采用三阶 TVD 形式的 Runge – Kutta 法进行离散求解，空间方向的通量计算采用一阶迎风格式。

对于上文得到的广义一维非定常流动控制方程：

$$\frac{\partial (A\boldsymbol{u})}{\partial t} + \frac{\partial [A\boldsymbol{f}(\boldsymbol{u})]}{\partial x} = \boldsymbol{S} \tag{11.36}$$

式中，$A = A(x)$ 是燃烧室横截面积，沿轴向是变化的；$\boldsymbol{u}$ 和 $\boldsymbol{f}(\boldsymbol{u})$ 是一维欧拉方程的守恒变量和通量，具体如下：

$$\boldsymbol{u} = \begin{pmatrix} \rho \\ \rho u \\ \rho e_t \end{pmatrix}, \quad \boldsymbol{f}(\boldsymbol{u}) = \begin{pmatrix} \rho u \\ p + \rho u^2 \\ (p + \rho e_t) u \end{pmatrix} \tag{11.37}$$

S 是源项,包括面积、化学反应质量以及摩擦源项等,具体如下:

$$S(\boldsymbol{u}) = \begin{pmatrix} \dfrac{\mathrm{d}\dot{m}_s}{\mathrm{d}x} \\[2mm] p\dfrac{\mathrm{d}A}{\mathrm{d}x} - \dfrac{\rho u^2}{2}\dfrac{4f}{D_e}A + u_{sx}\dfrac{\mathrm{d}\dot{m}_s}{\mathrm{d}x} \\[2mm] \rho uA\dfrac{\delta q}{\mathrm{d}x} + h_{ts}\dfrac{\mathrm{d}\dot{m}_s}{\mathrm{d}x} \end{pmatrix} \tag{11.38}$$

其中,$\dot{m}_s$ 为添质的质量流量;f 为壁面摩擦系数;D_e 为水力直径;u_{sx} 为添质流速 u_s 在 x 方向的分量;δq 为单位质量的气体通过壁面散热量;h_{ts} 为添质项的单位质量总焓。

记 $\boldsymbol{q} = A\boldsymbol{u}$,采用具有 TVD 保持性质的三阶 Runge – Kutta 方法[22]求解上述方程(11.36),其中无黏项的离散使用 Steger – Warming 矢通量分裂方法+一阶迎风格式:

$$\begin{aligned} \boldsymbol{q}_i^{(1)} &= \boldsymbol{q}_i^n + \Delta t L(\boldsymbol{q}_i^n) \\[1mm] \boldsymbol{q}_i^{(2)} &= \frac{3}{4}\boldsymbol{q}_i^n + \frac{1}{4}\boldsymbol{q}_i^{(1)} + \frac{1}{4}\Delta t L(\boldsymbol{q}_i^{(1)}) \\[1mm] \boldsymbol{q}_i^{n+1} &= \frac{1}{3}\boldsymbol{q}_i^n + \frac{2}{3}\boldsymbol{q}_i^{(2)} + \frac{2}{3}\Delta t L(\boldsymbol{q}_i^{(2)}) \end{aligned} \tag{11.39}$$

其中,

$$L(\boldsymbol{q}_i^n) = -\frac{\boldsymbol{f}^+(\boldsymbol{q}_i^n) - \boldsymbol{f}^+(\boldsymbol{q}_{i-1}^n)}{\Delta x} - \frac{\boldsymbol{f}^-(\boldsymbol{q}_{i+1}^n) - \boldsymbol{f}^-(\boldsymbol{q}_i^n)}{\Delta x} + S_i^n \tag{11.40}$$

$\boldsymbol{f}^{\pm}(\boldsymbol{q}_i^n)$ 使用 Steger – Warming 矢通量分裂方法给出,一维欧拉方程有三个不等的实特征值,走向各不相同,迎风格式无法直接应用,矢通量分裂方法(flux vector splitting, FVS),较完美地解决了这一问题。Steger – Warming 利用下式给出了 $\boldsymbol{f}^{\pm}(\boldsymbol{q})$ 的表达式:

$$\boldsymbol{f}^{\pm}(\boldsymbol{q}) = \boldsymbol{R}\boldsymbol{\Lambda}^{\pm}\boldsymbol{L}\boldsymbol{q} \tag{11.41}$$

其中,$\boldsymbol{L}$、$\boldsymbol{R}$、$\boldsymbol{\Lambda}$ 分别为 Jacobian 矩阵的左右特征向量和特征值。$\boldsymbol{f}^{\pm}(\boldsymbol{q})$ 具体表达式为

$$f^{\pm}(q) = \frac{\rho A}{2\gamma} \begin{bmatrix} 2(\gamma-1)\lambda_1^{\pm} + \lambda_2^{\pm} + \lambda_3^{\pm} \\ 2(\gamma-1)\lambda_1^{\pm}u + \lambda_2^{\pm}(u-c) + \lambda_3^{\pm}(u+c) \\ (\gamma-1)\lambda_1^{\pm}u^2 + \lambda_2^{\pm}(h_t-cu) + \lambda_3^{\pm}(h_t+cu) \end{bmatrix} \tag{11.42}$$

其中，$h_t = e_t + \dfrac{p}{\rho}$；$\lambda_1 = u$；$\lambda_2 = u - c$；$\lambda_3 = u + c$；$c$ 为当地声速。

特征值分裂一般采用如下形式：

$$\lambda_i^{\pm} = \frac{\lambda_i \pm |\lambda_i|}{2} \tag{11.43}$$

对特征值为零（驻点或声速点）的地方可采用如下修正方法：

$$\lambda_i^{\pm} = \frac{\lambda_i \pm \sqrt{\lambda_i^2 + \varepsilon^2}}{2} \tag{11.44}$$

为了保证差分格式的数值稳定性，计算时间步长受到一定的限制，时间步长按如下公式确定：

$$\Delta t = \min\left(\Delta t_0,\ \frac{1}{2} \frac{\Delta x}{\max\limits_{1 \leqslant i \leqslant N}(c_i + |u|_i)} \right) \tag{11.45}$$

式中，下标 i 表示网格点序号。

在计算过程中，对边界处理方法如下：① 在燃烧室入口截面，给定入口来流条件，即给定入口静压、静温及来流速度；② 在燃烧室的出流边界：对原始变量采用一阶精度外推（$\partial f / \partial l = 0$）。

在求解燃烧室一维流场的时间推进中，要想使所有守恒量都一致达到某种收敛准则，目前还比较困难。以密度收敛作为收敛准则较易获得，由此所获得的流场参数结果也满足工程上的要求。所以，本章计算中稳态解的获得是以下述准则来判定的，当前后两时间步，所有节点上密度的相对误差最大值小于或等于某一确定的值，即

$$\max\left| \frac{\rho_i^{n+1} - \rho_i^n}{\rho_i^n} \right| \leqslant \tau \tag{11.46}$$

就认为已获得稳态解。其中 τ 为一很小的正常数（例如 $\tau \leqslant 10^{-4}$）。

11.3 氢燃料双模态燃烧室

本节介绍按照上文建立的一维燃烧室模拟方案,编制的一维燃烧室模拟程序,与冲压燃烧室试验及文献结果进行了对比分析验证。试验方案采用的是日本国家空天实验室(National Aerospace Laboratory, NAL)的双模态超燃冲压发动机模型燃烧室[23],这个模型广泛应用于数值模拟对比验证。分别模拟了油气比为 $\phi = 1.0$ 的全尺寸燃烧室和油气比为 $\phi = 0.8$ 的半宽度燃烧室的结果,并与数值仿真文献结果[15]和试验结果[23]进行了比较。

11.3.1 计算模型和计算网格

试验模型尺寸来自文献[23],模型示意图如图 11.3 所示,试验模型分成三部分: 隔离段、等直段和扩张段。其中隔离段部分长 220 mm、宽 147.3 mm、高 32 mm;隔离段尾端上、下壁面各有一个后台阶,台阶高度为 3.2 mm。燃烧室等直段部分长 96 mm,高为 38.4 mm。燃烧室后为扩张段,模型上、下壁面均有扩张,扩张角均为 1.7°,燃烧室扩张段部分长为 350 mm。燃料喷射位置位于后台阶下游 12.8 mm 处,气态氢燃料以声速条件垂直喷射,喷射总温固定为 280 K(对应的静温为 233 K)。

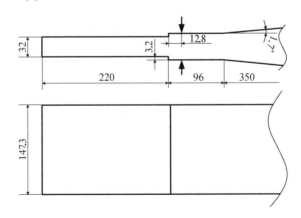

图 11.3 NAL 双模态燃烧室构型示意图(长度单位: mm)

来流条件和喷流条件见表 11.1。

表 11.1　NAL 双模态发动机隔离段入口和喷流条件

参　　数	来流条件	全宽度喷流条件	半宽度喷流条件
油气比	—	1.0	0.8
马赫数	2.5	1.0	1.0
静压/Pa	55 522	—	—
总压/MPa	1.0	—	—
总温/K	2 000	280	280
氧气质量分数	24.34%	—	—
氮气质量分数	58.32%	—	—
水质量分数	17.32%	—	—

发动机计算网格沿流向的高度变化规律如图 11.4 所示。由于是一维仿真，y 方向网格点个数为 2，网格在 x 方向均匀分布。图 11.5 给出了全尺寸工况下流

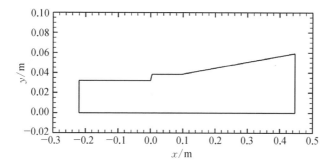

图 11.4　NAL 双模态燃烧室计算网格示意图

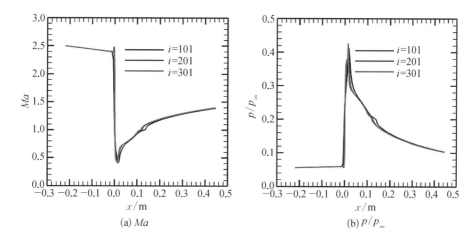

(a) Ma　　　　　　　　　　　　　　　(b) p/p_∞

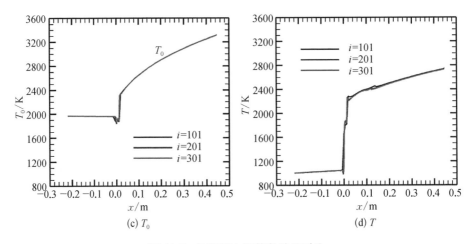

(c) T_0　　　　　　　　　　　　　　(d) T

图 11.5　不同流向网格数结果对比

向网格点数分别为 101、201 及 301 的结果对比。从图中可以看出,对于马赫数、静压、总温和静温 当流向网格点数为 101、201、301 时的结果基本一致,计算程序的网格无关性较好,后续仿真计算选择流向网格点数为 201。

11.3.2　数值模拟结果对比验证

本小节使用一维燃烧室程序,针对 NAL 双模态发动机进行数值模拟,分别计算了全宽度燃烧室和半宽度燃烧室两种工况下的仿真结果,并与文献数值仿真以及试验结果进行对比验证。

11.3.2.1　全宽度燃烧室结果

图 11.6 给出了 NAL 发动机全宽度燃烧室工况下的马赫数分布结果,其中黑线是一维燃烧室程序计算仿真结果,红线是文献[15]计算仿真结果。在隔离段内,由于气流摩擦作用,马赫数逐渐缓慢减小,在隔离段尾端扩张处由于面积突扩,马赫数突然增大。同时,由于燃料垂直喷注以及燃烧引起的扰动激波向上游传播到等直段入口截面,隔离段出口处为亚声速流。在燃烧室等直段内,马赫数从 0.4 逐渐增加至 1,随后在扩张段,马赫数持续缓慢增加,在出口处马赫数约为 1.4,与文献仿真结果吻合较好。

图 11.7 给出了 NAL 发动机全宽度燃烧室的压强分布结果。在隔离段内,压强缓慢增加。在等直段入口截面,由于燃烧释热导致的激波影响,压力突然增加,随后逐渐减小。本书一维程序仿真结果与试验结果和文献仿真结果一致,能较好地模拟燃烧室平均参数的分布。

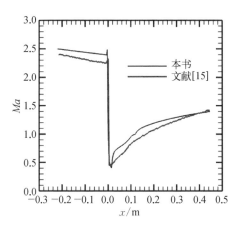

图 11.6　NAL 全尺寸燃烧室马赫数
分布结果对比

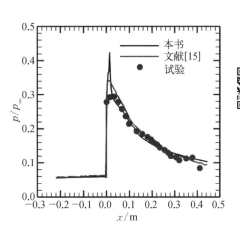

图 11.7　NAL 全尺寸燃烧室压强
分布结果对比

11.3.2.2　展向半宽燃烧室模拟

与展向全宽度工况相比,展向半宽度燃烧室计算网格与全尺寸工况一致,来流条件也一致,只有计算仿真时宽度减半,同时油气比相应减小到 $\phi = 0.8$。图 11.8 和图 11.9 给出了 NAL 半宽度燃烧室结果对比,计算结果与全宽度结果基本一致。

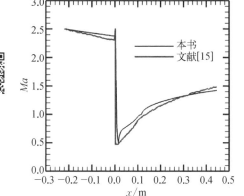

图 11.8　NAL 半宽度燃烧室马赫数
分布结果对比

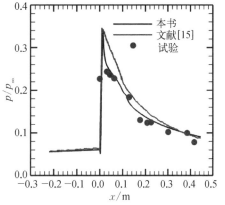

图 11.9　NAL 半宽度燃烧室压强
分布结果对比

本节针对开发的一维燃烧室仿真程序进行了验证,验证工况为 NAL 双模态超燃冲压发动机模型燃烧室,分别对比了全宽度燃烧室和半宽度燃烧室两种工况,油气比分别为 1.0 和 0.8。经对比分析,两种工况下,程序仿真结果均与试验及文献仿真结果吻合较好,证明一维燃烧室仿真程序结果可信,可以用来开展冲压燃烧室的一维设计优化模拟仿真等研究工作。

11.4 碳氢燃料一维燃烧室仿真

11.3 节针对氢燃料超燃冲压发动机燃烧室的工况进行了仿真模拟,本节对一个碳氢燃料超燃冲压发动机燃烧室进行仿真模拟,并与试验结果及文献二维数值模拟结果进行比较,验证一维燃烧室程序的有效性。

模型发动机几何外形可参考文献[15]。本节只模拟燃烧室部分结果,燃烧室全场 1 240 mm,隔离段长 340 mm、宽 400 mm、高 30 mm。来流条件和喷流条件如表 11.2 所示。

表 11.2   2 m 模型发动机来流条件和喷流条件

参　　数	来流条件	喷流条件
马赫数	2.86	1.0
总温/K	1 633.74	300
总压/atm	28.49	—
油气比	—	1.2
氧气质量分数	25.49%	—
氮气质量分数	57.39%	—
水蒸气质量分数	17.12%	—

将一维数值模拟结果与文献提供的二维数值模拟一维质量加权平均结果进行比较,并分别与燃烧室上、下壁面的试验数据进行比较。图 11.10 和图 11.11 给出了一维燃烧室程序仿真结果同二维仿真计算和试验研究的上下壁面压强分布的对比结果,试验结果和二维仿真结果在燃烧室中部的位置有跳跃,这是由燃料喷射、喷油支杆及稳焰凹槽等三维效应引起的。从图中可以看出,一维模拟整体和试验及二维仿真结果吻合度高,在燃烧室出口吻合度好,一维仿真模拟可以为碳氢燃料超燃冲压发动机燃烧室研究提供较为准确的宏观数据,可作为飞行器一体化布局设计燃烧室仿真优化的有效工具。

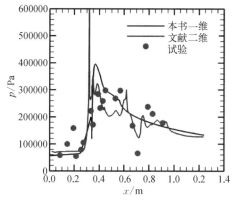

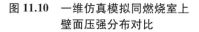

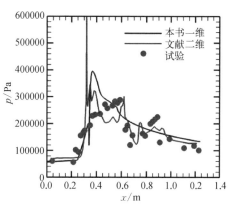

图 11.10　一维仿真模拟同燃烧室上
壁面压强分布对比

图 11.11　一维仿真模拟同燃烧室下
壁面压强分布对比

11.5　本章小结

本章首先介绍了多组分化学反应广义一维非定常流动控制方程组及源项和组分项的确定方法,然后介绍了采用时间方向三阶 TVD 形式的 Runge‐Kutta 法、空间方向采用一阶迎风格式的广义一维多组分化学反应非定常流动控制方程的数值求解方法。之后使用自主开发的一维燃烧室模拟仿真程序,分别完成了氢燃料双模态燃烧室、碳氢燃料冲压发动机燃烧室不同工况下的一维燃烧模拟仿真。将一维程序仿真结果分别与文献数值结果以及试验结果进行了对比,与试验及文献仿真结果一致,证明本章仿真程序结果可信,可以用来开展不同冲压燃烧室的一维仿真模拟与优化设计等研究工作。本章内容可为双模态冲压发动机的设计优化、释热／面积匹配规律等研究提供可靠有效的参考。

参考文献

[1] Wilson G J, MacCormack R W. Modeling supersonic combustion using a fully- implicit numerical method[J]. AIAA Journal, 1992, 30(4): 1008‐1015.

[2] Bradford J E, Olds J R. SCCREAM (simulated combined-cycle rocket engine analysis module): A conceptual RBCC engine design tool[C]. Seattle: 33rd AIAA/ASME/SAE/ASEE Joint Propulsion Conference and Exhibit, 1997.

[3] Bradford J E, Olds J R. Improvements and enhancements to SCCREAM, a conceptual RBCC

engine analysis tool[C]. Atlanta: 34th AIAA/ASME/SAE/ ASEE Joint Propulsion, 1998.

[4] Bradford J E. A technique for Rapid Prediction of aftbody nozzle performance for hypersonic launch vehicle design[D]. Atlanta: Georgia Institute of Technology, 2001.

[5] O'Brien T F, Starkey R P, Lewis M J. Quasi-one-dimensional high-speed engine model with finite-rate chemistry[J]. Journal of Propulsion and Power, 2001, 17(6): 1366 – 1374.

[6] Kliche D, Mundt Ch. Combustor modelling for multidisciplinary analysis and evaluation of supersonic combustion ramjets[C]. Bremen: 16th AIAA/DLR/DGLR International Space and Hypersonic Systems and Technologies Conference, 2009.

[7] http://www.openchannelsoftware.com/projects/SRGULL/[OL].

[8] Kathleen Tran. One dimensional analysis program for scramjet and ramjet flowpaths[D]. Virginia: Virginia Polytechnic Institute and State University, 2010.

[9] 余勇,丁猛,刘卫东,等.面向超声速燃烧室方案设计的一维流场分析模型[J].弹箭与制导学报,2004,(3): 53 – 57.

[10] 路艳红,凌文辉,刘敬华,等.双模态超燃燃烧室计算[J].推进技术.1999,20(3): 56 – 60.

[11] 刘敬华,凌文辉,刘陵,等.超音速燃烧室性能非定常准一维流数值模拟[J].推进技术, 1998,19(1): 1 – 6.

[12] 张鹏,俞刚.超燃燃烧室一维流场分析模型的研究[J].流体力学实验与测量,2003,17 (1): 88 – 92.

[13] 王元光,徐旭,蔡国飙.超燃冲压发动机燃烧室设计计算方法的研究[J].北京航空航天大学学报,2005,31(1): 69 – 73.

[14] 王兰,邢建文,郑中华,等.超燃冲压发动机内流性能的一维评估[J].推进技术,2008,29 (6): 641 – 645.

[15] 周凯.超燃冲压发动机燃烧室性能一维评估方法研究[D].绵阳:中国空气动力研究与发展中心,2011.

[16] 李建平.超燃冲压发动机/机体一体化优化设计研究[D].西安:西北工业大学,2009.

[17] Heiser W H, Pratt D T, et al. Hypersonic Airbreathing Propulsion[M]. AIAA Education Series, 1994.

[18] 刘陵,刘敬华,张棒,等.超音速燃烧与超音速燃烧冲压发动机[M].西安:西北工业大学出版社,1993.

[19] 刘敬华,凌文辉,刘兴洲,等.超音速燃烧室性能非定常准一维数值模拟[J].推进技术, 1998,19(1): 1 – 6.

[20] Orth R C, Billig F S, Grenleski S E. Measurement techniques for supersonic combustion testing[C]. Monterey: Symposium on Instrument for Airbreathing Propulsion, 1974.

[21] Kee R J, Rupley F M, Meeks E, et al. Chemkin – Ⅲ: A fortran chemical kinetics package for the analysis of gas-phase chemical and plasma kinetics[R]. Sandia National Laboratories report, SAND96 – 8216, 1996.

[22] 水鸿寿.一维流体力学差分方法[M].北京:国防工业出版社,1989.

[23] Komuro T, Kudo K, Masuya G, et al. Experiment on a Rectangular Cross Section Scramjet Combustor[R]. National Aerospace Laboratory, NAL TR – 1068, 1990.

第12章

高超声速飞行器后体尾喷管研究

吸气式高超声速飞行器后体尾喷管,是飞行器机体推进一体化匹配和超燃冲压发动机膨胀做功的核心部件,在吸气式高超声速技术中占有独特的重要地位。为提高吸气式高超声速飞行器综合性能,后体尾喷管多为单边膨胀非常规构型,后体尾喷管不仅产生推力,也产生升力和俯仰力矩,对尾喷管的综合设计优化,是提升飞行器的整体性能的重要方向。同时对超燃冲压发动机而言,推力的50%以上都由尾喷管产生[1],因此尾喷管的精细化设计,对提升发动机推进性能也显得十分必要。

在流动作用机理方面,后体尾喷管产生的高速尾喷流,在速度量值和方向、静压、总压、温度、比热比等方面都与飞行器外流存在明显差异。当两股气流相遇时,存在复杂的相互干扰。这使得对喷流同外流耦合干扰区域的气动力热分布、推力、升力及俯仰力矩的准确预测变得非常困难。高超声速吸气式飞行器后体尾喷流,和传统航空飞行器发动机尾喷流相比也存在明显差异,表现在喷流温度更高($\approx 2\,000\,\mathrm{K}$)、喷流与外流压比更大(>100)、喷流比热比变化大($\gamma = 1.4 \sim 1.25$)、喷流速度更高($Ma = 2 \sim 5$)等特点[2]。适用于传统航空飞行器的后体尾喷管设计、仿真及地面试验技术有待进一步发展,以适用速域空域更高的吸气式高超声速飞行器技术研究的需求。

本章重点介绍针对上述问题,在吸气式高超声速尾喷管研究方面开展的工作。12.1节介绍尾喷管的设计优化流程及二维和三维优化结果;12.2节介绍地面试验模拟高超声速尾喷流的相似准则及数值验证;12.3节介绍变比热比尾喷流的试验装置及实验研究结果;最后是本章小结。

12.1　高超声速尾喷管设计流程构建

与吸气式高超声速飞行器相匹配的后体尾喷管优化设计研究始于 20 世纪 70 年代,Edwards 等[3]将后体简化为斜平面,以喷管推力系数为性能目标,完成了尾喷管简化构型的优化设计。Baysal、Burgreen 等[4]将 CFD 技术引入尾喷管的优化设计领域,以轴向推力为目标,对二维尾喷管构型进行优化。Jacobs 等[5]采用 Simplex 方法对弹用轴对称超燃冲压发动机的尾喷管推力面进行了优化。罗世彬[6]基于二次和三次型线利用响应面和多目标优化方法,实现了二维构型的多目标优化;陈兵[7]采用空间推进方法求解层流 PNS 方程,对二维尾喷管进行了优化设计;贺旭照、周正等[8-10]采用湍流流动空间推进解算器,结合优化软件和自动网格生成技术实现了二维和三维后体尾喷管的多目标优化设计。本节主要介绍吸气式高超飞行器后体尾喷管的自动优化设计过程、优化软件、仿真算例验证确认等。

12.1.1　自动优化循环流程

气动仿真工具、对优化部件的参数化描述、网格的自动生成及优化软件等,构成了气动优化设计的主要内容,它们在优化设计中的流程关系如图 12.1 所示。

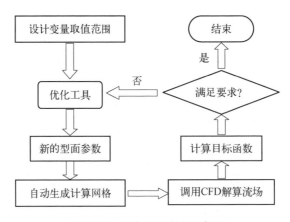

图 12.1　自动优化流程示意图

首先是对优化的气动部件进行参数化描述,确定设计变量及其取值空间,确定要进行优化设计的目标函数(升力、阻力、力矩等)。

　　优化工具根据设计变量的取值范围及设计变量对应的目标函数,采用优化算法,给出一组新的设计变量组合。优化工具常采用 NSGA – Ⅱ遗传方法[11]等。

　　当得到一个新的设计变量组合后,若采用 CFD 作为流动的分析工具,要求计算网格能根据设计变量自动生成。网格的自动生成可以通过基于原始网格的拉伸和压缩的方法来实现,也可以利用现成的网格生成软件的脚本和参数控制功能来实现。基于新的设计变量获得计算网格后,采用 CFD 工具,得到设计部件流场的信息,进而得到基于新的设计变量的目标函数值。如果目标函数达到设计的要求,那么整个循环就结束。若目标函数没有达到要求,优化工具将根据新得到的目标函数的数值,得到下一组新的设计变量组合。

　　图 12.1 显示了整个优化过程的循环迭代关系,在优化设计过程中可以人为地指定循环的次数,达到循环次数后优化过程终止。

12.1.2　优化工具的介绍

　　对于单目标优化问题的数学描述以最大优化设计目标为例,为

$$Maximize\ f(\boldsymbol{x}) \quad Subject: g_i(\boldsymbol{x}) \leqslant 0, \quad i = 1, \cdots, p; \boldsymbol{x}_\mathrm{l} \leqslant \boldsymbol{x} \leqslant \boldsymbol{x}_\mathrm{u}$$

$$(12.1)$$

其中,$f(\boldsymbol{x})$ 是标量目标函数;$g_i(\boldsymbol{x})$ 为对设计变量的 p 个非线性约束;$\boldsymbol{x} \in R^n$ 是 n 维设计变量向量;$\boldsymbol{x}_\mathrm{l}$ 和 $\boldsymbol{x}_\mathrm{u}$ 为设计变量的上下限。单目标优化设计就是在设计变量的取值空间,在满足约束的条件下寻求目标函数的极大值。

　　设计对象的目标函数往往不止一个,这就需要进行多目标优化问题(multi-objective optimization problem, MOP)的求解。多目标优化问题的优化目标往往是相互冲突的,一个目标性能的改善可能会引起另外一个目标性能的降低,各个目标不可能同时达到各自的最优值,只能在各个目标之间进行协调和折中,得到 Pareto 最优解集。Pareto 最优解集(非劣解集、Pareto 前沿)是指这样的一些解组成的集合:与集合之外的任何解相比,它们至少有一个目标函数比集合之外的解好,而其他目标函数又不比集合之外的差;在集合之内,各个解互有利弊,不好比较。Pareto 最优解集的定义,需要对解的相对好坏进行评价,即解的支配特性。对于一个 N 目标最大优化设计数学模型,表述为

$$Maximize \, \boldsymbol{f}(\boldsymbol{x}) \quad Subject: g_i(\boldsymbol{x}) \leqslant 0, \quad i = 1, \cdots, p; \, \boldsymbol{x}_1 \leqslant \boldsymbol{x} \leqslant \boldsymbol{x}_u \tag{12.2}$$

其中，$\boldsymbol{f}(\boldsymbol{x}) = \{f_1(\boldsymbol{x}) \quad \cdots \quad f_n(\boldsymbol{x})\}$ 是 N 维目标函数向量，$g_i(\boldsymbol{x})$ 为 p 个非线性约束，$\boldsymbol{x} \in R^n$ 是 n 维设计变量向量，$\boldsymbol{x}_1$ 和 $\boldsymbol{x}_u$ 为设计变量的上下限。多目标优化流行的做法是采用遗传算法(genetic algorithm)。NSGA－Ⅱ遗传算法[11]是一个更好的目标优化工具。本节使用成熟的 NSGA－Ⅱ遗传算法及编制的多目标优化软件 ACoMDOS[12]作为优化工具。

12.1.3　CFD 分析工具验证确认

整个优化过程最关键的是 CFD 分析工具的准确性和高效性。准确的 CFD 分析提供准确的优化目标函数值,给优化工具提供一个可靠的评估参数,才能使优化工具给出的下一组设计变量组合更真实可信。同时,整个优化过程中绝大部分的时间都消耗在了 CFD 分析阶段,为了能够快速得到优化结果,CFD 分析工具的高效性是整个优化过程快速完成的关键。采用第 1 章介绍的空间推进方法求解尾喷管流动,为进一步验证空间推进方法对单壁膨胀喷管流动模拟的准确性和高效性,对 NASA 二维单壁喷管模型进行了空间推进求解。

喷管几何模型如图 12.2 所示,入口高度为 $h = 1.524 \, \text{cm}$,流动参数为[13, 14]:入口马赫数 $Ma = 1.665$,入口总压、总温分别是 172 kPa、475 K;外部自由来流马赫数 $Ma = 6$,自由来流总压、总温分别是 2 520 kPa、478 K;固壁采用绝热壁无滑移条件;采用 $k-\omega$ 两方程湍流模型。流动的求解划分为 3 个推进区域,如图 12.3 所示,每个区域采用空间推进方法求解。为了比较,还采用了时间迭代方法进

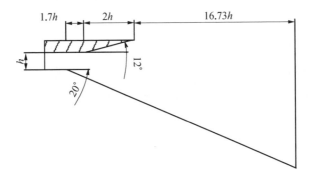

图 12.2　单臂膨胀喷管构型的几何尺寸

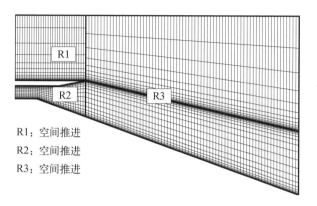

图 12.3　网格分布及推进区域划分

行计算。图 12.4 为空间推进方法和时间迭代方法求得的喷管上下壁面压力分布与实验结果的比较,图 12.5 给出了空间推进方法和时间迭代方法得到的上下壁面摩阻系数分布的比较。从结果来看,空间推进和时间迭代方法在求解这类问题中有着较好的一致性,它们得到的壁面压力分布结果和实验测得的结果符合较好,说明采用空间推进方法作为超声速尾喷管流动的 CFD 分析工具有足够的准确性。采用空间推进方法求解尾喷管的湍流流动,计算区域总共 1.2 万个网格,在主流 CPU 上求解仅需要 10 s 左右[每个推进面收敛到 $Max(\mathrm{d}\rho/\rho) < 10^{-4}$]。

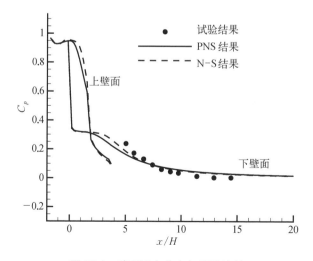

图 12.4　壁面压力分布与实验比较

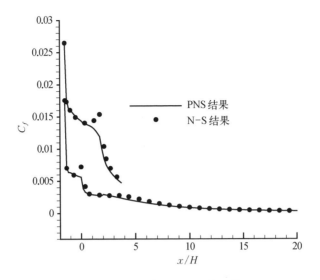

图 12.5 壁面摩阻系数分布比较

12.2 二维尾喷管型面优化

12.2.1 尾喷管参数化描述

尾喷管的外形参数及尾喷管在飞行器机体上的位置如图 12.6 所示。燃烧室出口和喷管上表面以半径为 R 的圆弧过渡,见图 12.6 中的圆弧 AB。BC 段和 AB 段以初始膨胀角 θ_1 相切,喷管出口角为 θ_2,BC 段以三次多项式表示。喷管长度为 L 和燃烧室出口高度 h 给定。下壁面膨胀出口 E 点的高度给定,OE 和水平轴的夹角 θ_c 可以变化。在图 12.6 中以 A 点作为坐标原点,可以得到 AB 圆弧的数学描述为

$$Y = R - \sqrt{R^2 - X^2} \tag{12.3}$$

若以 B 点作为坐标原点,三次曲线 BC 的方程为

$$Y = a_1 X + a_2 X^2 + a_3 X^3 \tag{12.4}$$

其中,$a_1 = \tan\theta_1$;$a_2 = (3\tan\alpha_c - 2\tan\theta_1 - \tan\theta_2)/L_n$;$a_3 = (\tan\theta_1 - 2\tan\alpha_c + \tan\theta_2)/L_n^2$,$L_n = L - X_B$。为保证曲线上凹,把拐点配置在 C 点,这时 $\tan\alpha_c = (\tan\theta_1 + 2\tan\theta_2)/3$。

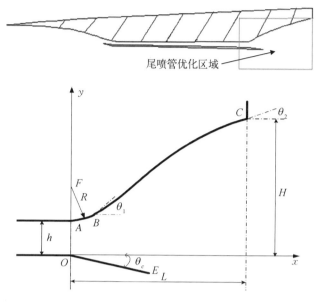

图 12.6　尾喷管的参数描述方案及其在机体上的位置

在优化设计中,设计变量为 θ_1、θ_2、θ_c、R。 设计变量的取值空间为: $0° < \theta_1 < 40°$、$0° < \theta_2 < 40°$、$5° < \theta_c < 15°$、$50 \text{ mm} < R < 500 \text{ mm}$。

开展尾喷管优化还需完成尾喷管网格的自动生成。在开始设计工作之前,先生成一套质量较好的基准网格,如图 12.7 所示。在优化过程中,基于新的设计参数的网格可以在原有网格的基础上,经过等比例缩放等就可以得到。假定网格区域的外边界已经确定,物面上的网格点分布按照等比缩放的原则得到:

$$\frac{x_i^{\text{new}} - x_1^{\text{new}}}{x_n^{\text{new}} - x_1^{\text{new}}} = \frac{x_i^{\text{old}} - x_1^{\text{old}}}{x_n^{\text{old}} - x_1^{\text{old}}} \quad \frac{y_i^{\text{new}} - y_1^{\text{new}}}{y_n^{\text{new}} - y_1^{\text{new}}} = \frac{y_i^{\text{old}} - y_1^{\text{old}}}{y_n^{\text{old}} - y_1^{\text{old}}} \quad i = 1, \cdots, n \quad (12.5)$$

离开物面的网格点的 x 坐标与物面点保持一致,y 坐标按照基准网格坐标的比例,等比缩放。如下式所示:

$$x_{i,j}^{\text{new}} = x_{i,1}^{\text{new}} \quad \frac{y_{i,j}^{\text{new}} - y_{i,1}^{\text{new}}}{y_{i,m}^{\text{new}} - y_{i,1}^{\text{new}}} = \frac{y_{i,j}^{\text{old}} - y_{i,1}^{\text{old}}}{y_{i,m}^{\text{old}} - y_{i,1}^{\text{old}}}$$

$$i = 2, \cdots, n - 1 \quad j = 2, \cdots, m - 1 \quad (12.6)$$

式中,n 为 x 方向的网格数;m 为 y 方向的网格数。在网格自动生成的过程中还要保证网格块搭接面上的网格匹配。

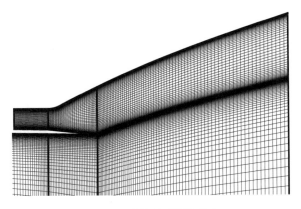

图 12.7　喷管基准网格分布

12.2.2　原始喷管的气动性能

为了便于比较优化前后喷管的力学性能,首先计算了优化前喷管的力学特性,并把空间推进方法得到的结果同时间迭代方法得到的结果进行了比较。流动的来流参数为:外部来流马赫数 $Ma = 6.0$,静压 $p = 2\,978$ Pa,静温 $T = 235.45$ K,攻角 $4.5°$;喷管入口处的流动参数为马赫数 $Ma = 1.2$,入口静温 $T = 2\,170$ K,静压 $p = 1.95$ atm。喷管的初始设计变量为 $\theta_1 = 30°$、$\theta_2 = 15°$、$\theta_c = 5°$、$R = 184.5$ mm,喷管的初始设计变量是文献[15]通过近似模型设计方法,以最大推力为设计目标得到的,应该说,此时的喷管推力特性已经比较高了。本章采用更为精确高效的 CFD 工具作为优化循环过程中的气动分析工具,结合遗传算法,对这种尾喷管进行了重新设计,进一步提高尾喷管的气动特性。

在推进求解中,总网格数为 1.98 万,求解耗时仅 10.8 s[每个推进面收敛到 $Max(\mathrm{d}\rho/\rho) < 10^{-4}$]。原始喷管的力学特性列于表 12.1,积分展向宽度取为 1 m。

表 12.1　不同求解方法原始喷管气动特性比较

求　解　方　法	F_x/N	F_y/N
空间推进方法	6 440.2	3 675.9
时间迭代方法	6 274.8	3 440.9

12.2.3　单目标优化结果及分析

为了提高喷管的轴向推力,以喷管轴向推力最大为设计目标 $Max(F_x)$,对喷管的外形进行了重新设计。表 12.2 列出了单目标最优喷管的最优参数及对应的力学特性,为了便于比较,表中还列出了原始喷管的对应参数。可以看出优化后的喷管轴向推力提高了 326.3 N,由于仅仅是以最大推力作为单目标优化,法向升力损失了 1 623.1 N。

表 12.2　原始喷管和单目标最优喷管设计变量和气动特性比较

优化前后喷管	$\theta_1/(°)$	$\theta_2/(°)$	$\theta_c/(°)$	R/mm	F_x/N	F_y/N
原始喷管	30	15	5	184.5	6 274.8	3 440.9
单目标优化	28	18	5	50	6 601.1	1 817.8

图 12.8 为单目标最优喷管型线和原始喷管型线的比较,单目标最优喷管型线上壁面明显较原始喷管上扬,对应的轴向投影面积增大。图 12.9 为单目标最优喷管和原始喷管的上壁面压力分布的比较。和原始喷管比较,单目标最优喷管上壁面的压力区域在喷管中部较原始喷管更高。

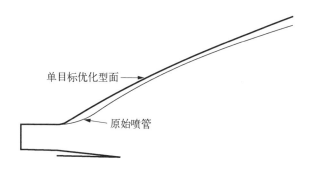

单目标优化型面

原始喷管

图 12.8　单目标最优喷管型线和原始喷管型线的比较

12.2.4　多目标优化结果及分析

单目标最优喷管虽然获得了较好的推力特性,但是对升力有较大的损失。这需要进行多目标优化,兼顾喷管的推力和升力特性。选择种群规模为 50,进化 20 代后,得到了尾喷管的多目标 Pareto 解集。图 12.10 为多目标优化的 Pareto 解集,图中标明了多目标优化的 Pareto 前沿和原始优化喷管[15]、单目标最优喷管,以及在多目标优化基础上兼顾推力和升力特性所选择的喷管的性能在 Pareto 解集上对应的位置。从图中可以看到单目标优化和多目标优选喷管的性能在不同程度上较原始喷管有了较大的提高。若要使多目标遗传优化的 Pareto

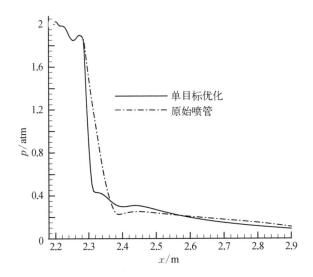

图 12.9　单目标最优喷管和原始喷管上壁面压力的比较

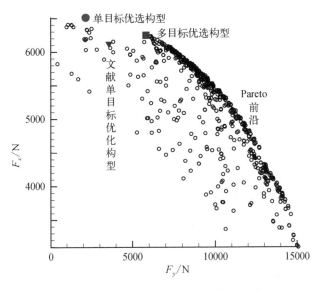

图 12.10　多目标优化 Pareto 解集及各种喷管性能在解集中的对应位置

前沿更加饱满,可以增大种群规模和进化代数以提升遗传优化的结果。

表 12.3 列出了根据多目标优化 Pareto 解集选择的最优喷管的型面参数及对应的力学性能,同时也列出了原始喷管的相应参数。从表中可以看出,在多目标优化基础上选择的喷管,在推力提升 49.2 N 的基础上,升力也提升了 2 222.2 N。当然根据多目标优化的 Pareto 解集,可以选择多个符合设计要求的喷管型面参数。

本次优化需要解算 1 000 次流场,整个优化过程的耗时大概 3 个小时。

表 12.3　多目标优化喷管和原始喷管的设计变量和力学特性的比较

优化前后喷管	$\theta_1/(°)$	$\theta_2/(°)$	$\theta_c/(°)$	R/mm	F_x/N	F_y/N
原始喷管	30	15	5	184.5	6 274.8	3 440.9
多目标优化喷管	25	12	6	59	6 324.0	5 663.1

图 12.11 为多目标选优喷管型线和原始喷管型线的比较图,图中的粗实线为多目标选优的喷管型线,多目标选优喷管和原始喷管的型线,除了在上壁面上的差别外,多目标选优喷管下壁面的型线要略短于原始喷管型线。图 12.12 为

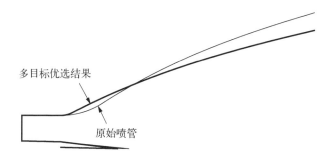

图 12.11　多目标选优喷管型线和原始喷管型线的比较图

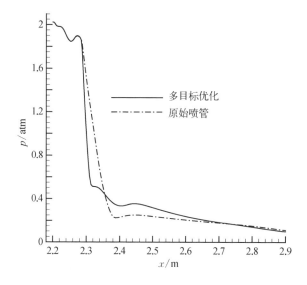

图 12.12　多目标选优喷管和原始喷管上壁面压力分布比较图

多目标选优喷管和原始喷管上壁面压力分布比较图,从图上可见,多目标选优喷管的上表面压力分布要明显高于原始喷管的值。

12.3　三维尾喷管构型优化结果分析

三维尾喷管优化是为了充分挖掘流动的三维膨胀性能,最大限度地提升三维尾喷管膨胀系统的推力和升力性能。本节利用上节得到的优选二维构型作为对称面构型作为选定对称面构型,在每个流向截面上给出了尾喷管沿展向的三维参数化构型,并实现三维网格的参数化自动生成。结合成熟的三维空间推进CFD 求解器[16]和 NSGA - Ⅱ 多目标遗传算法[11],对三维尾喷管构型进行了多目标优化设计。

本节选取喷管的推力和升力作为优化目标。选择推力作为优化目标,有助于飞行器实现推阻平衡。选择升力作为优化目标,有助于飞行器达到升重平衡和俯仰力拒的平衡。吸气式高超声速飞行器的前体进气道压缩系统会产生较大升力,对应较大抬头力拒,若尾喷管能提供合适的升力,可使飞行器俯仰力矩容易达到平衡。

12.3.1　尾喷管三维型面参数化描述

通过 12.2 节的研究,可以得到性能较优的喷管对称面型线。以对称面型线为基础,沿流向在对称面型线上定义一系列展向剖面线,就刻画出整个三维尾喷管上表面型线,如图 12.13 所示。尾喷管内膨胀段下表面型线,通过将对称面型线展向延拓得到。在一个展向剖面上,采用超椭圆定义展向剖面线,如图 12.14 所示。以对称面型线上 o 点为坐标原点的超椭圆函数表示为

$$z = -\phi H (\cos\theta)^{2/n} \quad y = H(\sin\theta)^{2/n} - H \quad \theta \in (0, \pi/2) \qquad (12.7)$$

o 点在对称面上,L 和 H 表示喷管型面在某个流向截面,延展向的宽度和高度,L 表示尾喷管侧缘距对称面的展向距离,H 表示侧缘距对称面的法向距离,指数 n 可以控制超椭圆的弯曲程度,$\phi = L/H$ 表示超椭圆的宽高比。三维尾喷管某个展向截面的剖面线通过 L、H、n 这三个参数就可得到完全描述。

L 在尾喷管的内膨胀段处宽度相等,设为 $L_e = 150$ mm,在外膨胀段,定义喷管末端宽度为 $L_b = 220$ mm。在外膨胀段,通过一段半径为 r、圆弧角为 θ 的过渡

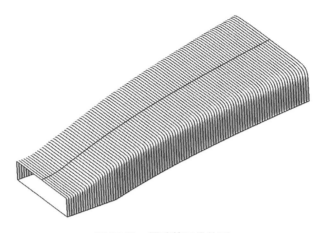

图 12.13　尾喷管三维构型

圆弧和一段与过渡圆弧相切,拐点配置在尾喷管末端且外凸的三次曲线定义 L 沿流向的变化规律。$r(50\sim200\ \text{mm})$ 和 $\theta(0°\sim10°)$ 为设计变量。图 12.15 为展向宽度变化规律示意图。

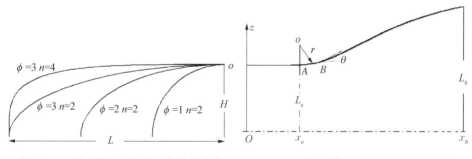

图 12.14　尾喷管沿展向构型参数化方案　　图 12.15　尾喷管沿展向扩张参数化方案

尾喷管侧壁面的高度,在内膨胀段由下挡板的位置确定,在外膨胀段侧壁沿流向的高度由下式确定:

$$H(x) = H_e [1 - a_h \cdot (x - x_e)/(x_b - x_e)] \tag{12.8}$$

其中,H_e 为尾喷管内膨胀段结束处上下表面之间的侧壁高度;a_h 为设计变量,变化范围 $[0.0,\ 0.5]$。

沿流向,喷管截面超椭圆曲线指数通过下式确定:

$$n(x) = M + c - M(x/x_b)^{a_n} \tag{12.9}$$

其中,M 为一正整数,本节取 200;c 为一较小整数,本节取 3;$a_n(0.01\sim0.2)$ 为设计变量。通过上面的外形建模过程,三维尾喷管的型面可以完全由 r、θ、a_h、a_n 四个参数描述。

12.3.2 多目标优化结果

通过尾喷管三维型面的参数化描述,首先生成尾喷管表面网格,通过生成的表面网格,按照指数分布规律,在物面附近对网格适当加密,生成两块对接网格,如图 12.16 所示。尾喷管的内扩张段为第一块,网格数 23×31×51;外扩张段为第二块,网格数为 79×81×51,网格总数为 36.3 万。采用空间推进求解无黏流动的 CFD 解算器求解,喷流条件及外部来流条件与上节相同。空间推进求解一个状态的三维尾喷管流动,需要耗时约 60 s。

图 12.16   三维尾喷管仿真计算网格

由于对三维尾喷管的数值模拟比较耗时,本节在做三维尾喷管多目标优化设计时,选取种群规模为 80,进化 30 代,整个优化循环在单机上耗时 20 h 左右。图 12.17 为优化得到的 Pareto 前沿,并标明了原始喷管和选优喷管在 Pareto 前沿中对应的位置。表 12.4 比较了原始喷管和选优喷管的推力、升力和力拒特性。三维选优喷管对应的设计变量为:$r=31$ mm,$\theta=9.32°$,$a_h=0.11$,$a_n=0.06$。选择选优喷管的依据是在 Pareto 前沿中,选用推力和升力都大于原始喷管,并且低头力拒和三维前体进气道系统的抬头力拒(3 607 N·m)最为接近的喷管构型。从表 12.4 的比较可看出,三维选优喷管的推力和升力比原始喷管有了明显的提升。图 12.18 比较了选优三维喷管和原始喷管的物面压力等值线,图中标注出了等值线上的压力数值,从图中可看出优化构型喷管的压力沿展向的下降趋势,比原始构型喷管的压力沿展向的下降缓慢。

表 12.4   选优喷管和原始喷管性能比较

优化前后喷管	推力/N	升力/N	力矩/(N·m)
优化喷管(3D)	3 309	1 903	3 582
原始喷管(3D)	3 167	1 833	3 069

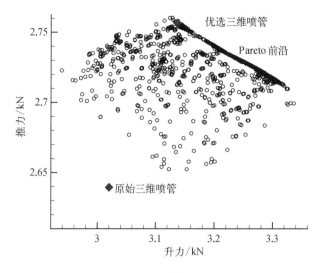

图 12.17　三维喷管优化结果

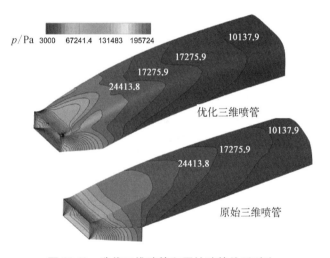

图 12.18　选优三维喷管和原始喷管外形对比

12.4　变比热比尾喷流实验相似率

吸气式高超声速飞行器的尾喷管,除了性能优化的问题,还存在强烈的内外流干扰,会对飞行器后体底部区域造成严重的气动干扰,对气动布局性能产生明显影响,也需要着重研究。发动机尾喷管和飞行器后体的高度一体化,使得发动机后体尾喷管不仅产生推力,而且产生升力和俯仰力矩(类似矢量喷管),且随喷流和外流状态改变,这表明对吸气式高超声速飞行器后体尾喷管的研究,不仅对提升发动机性能至关重要,还对飞行器性能预测包括操控配平极其关键。另一方面,由于内外流的相互干扰,造成后体尾喷流区域的流动现象和机理十分复杂,给后体尾喷管区域的流动模拟及性能评估造成了很大的困难。

国外在开展吸气式高超声速飞行器的研究中,十分重视后体尾喷流的干扰研究。早在 NASP 计划当中,就专门针对飞行器的后体尾喷流问题开展了专门的实验[17, 18]和计算[19]研究;对喷流干扰复杂流场进行了观测[20]及测量[21];对于喷流比热比的模拟,他们采用了氩气+氟利昂的混合策略[22],获得了相关的研究数据和后体尾喷流流态特征。德国启动了几类吸气式高超声速飞行器基础研究项目,其中就包括后体尾喷管内外流干扰研究,他们在 H2K 风洞中开展了内外喷流实验研究,对于喷流比热比对内外流干扰的研究,他们采用空气、SF_6 和氩气模拟内喷流比热比对喷流的影响[23];采用红外热像技术和皮托管对干扰流场进行了测量[24];利用压敏漆对干扰区域壁面压力进行了测量[25, 26],获得了主要流动参数对喷流干扰的影响规律及典型喷流干扰的流态,进一步加深了对喷流/内外流干扰问题的认识。

本节及下节介绍模拟真实飞行条件下的喷管内外流干扰试验模拟研究结果[27]。采用试验方法研究尾喷管内外流相互作用需要解决模拟准则、模拟方法、模拟设备等方面问题,确定相似参数是开展实验模拟的前提和重点,本节首先论述了模拟尾喷流干扰问题的相似准则,提出了采用加热空气+CF_4 混合气体模拟热态喷流的实验模拟方案,采用数值方法,完成了模拟方案的论证评估及确证,为采用实验手段开展变比热比后体尾喷流干扰问题研究提供了理论依据。

12.4.1 喷流模拟相似参数

根据对喷流结构特点的理论分析及试验研究结果,Pindzola[28, 29]在 20 世纪 60 年代初总结出了一套喷流外流干扰试验模拟的相似参数,包括喷流边界、投射激波、喷流质量流、喷流动能、喷管喷流初始膨胀角 δ_j 等相似参数,喷流试验模拟的基本相似参数有:

(1)几何模拟,包括飞行器及尾喷管外形尺寸;

(2)静压比,即 $SPR = \left(\dfrac{p_j}{p_\infty}\right)_m = \left(\dfrac{p_j}{p_\infty}\right)_f$;

(3)飞行马赫数相等,即 $Ma_{\infty m} = Ma_{\infty f}$;

(4)喷流出口马赫数相等,即 $Ma_{jm} = Ma_{jf}$;

（5）喷流动量比相等，即 $(\gamma_j Ma_j^2)_m = (\gamma_j Ma_j^2)_f$；

（6）喷流比热比相等，即 $\gamma_{jm} = \gamma_{jf}$；

（7）喷流气体常数与温度乘积相等，即 $(R_j T_j / R_\infty T_\infty)_m = (R_j T_j / R_\infty T_\infty)_f$；

（8）初始膨胀角 δ_j；

（9）外流雷诺数 $Re_m = Re_f$。

式中，下标 m 代表模型参数；f 代表真实飞行器参数。

通过对相似准则的模拟，就可以在风洞设备中以较小的模型尺寸来模拟较大尺度飞行器在真实条件下的力学特性。当然在一次实验中要满足所有的相似参数是不可能的，往往根据实验研究的重点选择主要相似参数来进行模拟。下面就针对冷态空气喷流和热态变比热比喷流的模拟讨论分析相关的模拟准则和方案。

12.4.2　相似准则仿真模型和条件

采用开放式尾喷管的一体化飞行器如图 12.19，对冷态以及热态条件下的相似模拟准则进行了研究，这一类型飞行器具有明显后体尾喷流内外流干扰特征。

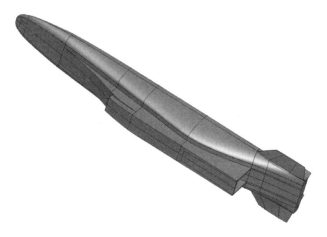

图 12.19　相似准则模拟仿真模型

全尺寸模型长度约 5 m，数值模拟采用结构网格，半模一共 145 个物理块，约 3 457 万，壁面第一层网格为 10^{-3} mm。风洞缩比模型为 10 : 1 缩比模型，长度约 0.5 m，缩比试验模型网格为全尺寸模型网格按 10 : 1 比例缩尺得到。采用 SMPNS 软件的时间迭代模块[16]。计算中无黏通量采用 Ausmpw+ 格式，壁面为绝热壁条件，湍流模型采用 k - ω TNT 模型，在模拟飞行条件热态喷流时考虑化学反应。

12.4.3 冷态喷流模拟方案

传统喷流试验一般采用常温压缩空气作为喷流介质,进行所谓"冷喷流"试验。根据设计的飞行器尺寸,将风洞模型按照 10∶1 缩比模拟。表 12.5 为对应飞行条件下的相似参数,表 12.6 为在相同相似参数下,对应飞行条件和风洞缩尺条件下的流动参数。风洞试验对应喷流的总温为 333 K,对于 1 000 K 以内的喷流总温,都可以采用电加热的方式来实现。

表 12.5　冷态喷流相似参数

Ma_∞	Re_∞	p_{0j}/p_∞	Ma_j	γ_j	$R_j T_j / R_\infty T_\infty$	$\gamma_j Ma_j^2$
4	1.18×10^7	50	3.1	1.4	1.42	13.454

表 12.6　相同冷喷流相似参数时对应的飞行状态和风洞状态

喷流条件	Ma_∞	p_∞/Pa	T_∞/K	Ma_j	γ_j	T_j/K	R_j	p_{0j}/Pa
风洞状态	4	16 749	70	3.1	1.4	100	287	837 450
飞行状态	4	8 850	216	3.1	1.4	310	287	442 500

图 12.20 为相同相似参数时,数值模拟得到飞行状态和风洞状态飞行器干扰区域壁面压力分布比较,图 12.21 为飞行状态和风洞状态飞行器干扰区域对称面马赫数等值线比较。从图中可以看出风洞条件模拟得到的干扰区域的无量

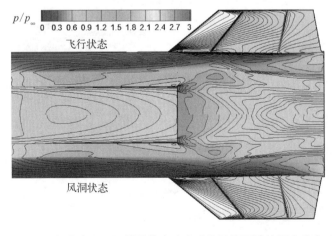

图 12.20　飞行状态和风洞模拟状态冷态喷流干扰区域的压力分布对比

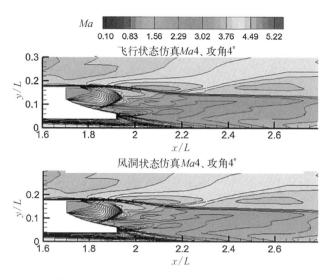

图 12.21　飞行状态和风洞状态冷态喷流干扰区域对称面马赫数分布对比

纲压力、马赫数分布与飞行条件下模拟得到的结果一致。

　　图 12.22、图 12.23 为喷管出口至飞行器底部区域内,距喷管出口 100 mm(缩比模型 10 mm)、700 mm(缩比模型 70 mm)处,等 x 面上飞行器腹部壁面压力分布图。图中风洞缩比模型的展向尺寸扩大了 10 倍。从图中可以看出飞行条件和风洞条件数值模拟得到的尾喷流干扰区域内的飞行器壁面压力分布曲线一致吻合。

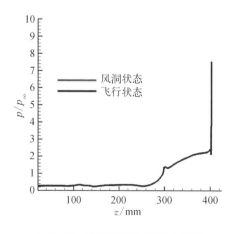

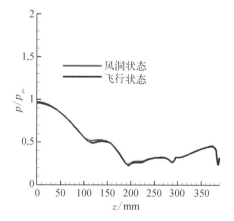

图 12.22　冷态喷流时距离内喷管
出口 **100 mm(10 mm)**
处的压力分布对比

图 12.23　冷态喷流时距离内喷管
出口 **700 mm(70 mm)**
处的压力分布对比

表 12.7 为模拟相似参数条件下的飞行状态和风洞状态,飞行器整体的气动力系数比较,得到的气动力系数(轴向力系数 C_A、法向力系数 C_N、力矩系数 C_{Mz})偏差均在 0.6% 以内。

表 12.7　模型相似参数条件下飞行器气动力系数比较

参　　数	飞行状态	风洞状态	偏差/%
C_A	0.037 1	0.037 3	−0.536
C_N	0.063 3	0.063 4	−0.158
C_{Mz}	0.114 1	0.114 3	−0.175

基于以上结果,这种模拟相似参数条件下的风洞冷态喷流试验,可以完全复现全尺寸飞行状态的气动性能。

12.4.4　热态喷流模拟方案

要完全模拟飞行器发动机工作条件下的热态喷流参数,除了常用的冷态喷流相似参数的模拟外,还要模拟比热比 $\gamma_{jm} = \gamma_{jf}$ 和喷流温度效应 $(R_j T_j / R_\infty T_\infty)_m = (R_j T_j / R_\infty T_\infty)_f$。表 12.8 给出了对应马赫数为 4、攻角为 4° 条件飞行状态下的流动参数,表 12.9 给出了在该飞行状态下的热态喷流组分及质量份数。表 12.10 给出了对应飞行状态的相似参数。

表 12.8　飞行状态下的流动参数

Ma_∞	P_∞/Pa	T_∞/K	Ma_j	γ_j	T_j/K	R_j	P_{0j}/Pa
4	8 850	216	1.34	1.25	2 114.2	288	212 400

表 12.9　飞行状态尾喷管入口多组分热态喷流组分质量比

喷流组分	$C_{10}H_{22}$	O_2	H_2O	CO_2	N_2
质量比	0.006 2	0.021 7	0.078 0	0.173 3	0.720 8

表 12.10　热态喷流模拟相似参数

Ma_∞	Re_∞	p_{0j}/P_∞	Ma_j	γ_j	$R_j T_j / R_\infty T_\infty$	$\gamma_j Ma_j^2$
4	1.18×10^7	24	1.34	1.25	9.94	2.244 5

要完全模拟热态喷流,必须要模拟 12.4.1 小节中(1)~(9)对应的全部相似参数。常规风洞中,考虑采用加热CF_4+空气的混合气体方案,来模拟热态喷流相似参数。CF_4的比热比在 1.1 左右,通过与适量空气的混合,可以实现喷流比热比 1.25 的条件,图 12.24 给出了 33.35%CF_4 和 66.65%空气的混合气体比热比随温度的变化关系。混合气体在 850 K 左右,其比热比为 1.25 左右,可以达到模拟热态喷流所需的比热比。表 12.11 中给出了对应相似参数条件下换算得到的热态喷流风洞模拟参数。

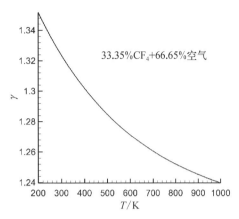

图 12.24　混合气体比热比随温度变化关系

从表 12.11 中可知,喷流入口对应温度约为 890 K,试验过程中通过将混合气体加热到总温 900 K 左右,来实现热态喷流入口温度以及比热比的模拟。

表 12.11　相似参数相同时风洞热态喷流模拟参数

Ma_∞	p_∞/Pa	T_∞/K	Ma_j	γ_j	T_j/K	R_j	p_{0j}/Pa
4	16 749	70	1.34	1.25	893.4	221	401 976

图 12.25 为在模拟相似参数条件下,风洞状态和飞行状态后体尾喷流干扰区域压力分布比较,图 12.26~图 12.28 为模拟相似参数条件下,风洞状态和飞行状态

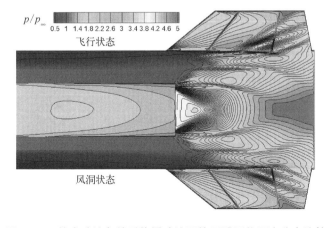

图 12.25　热态喷流条件后体尾喷流干扰区域压物面力分布比较

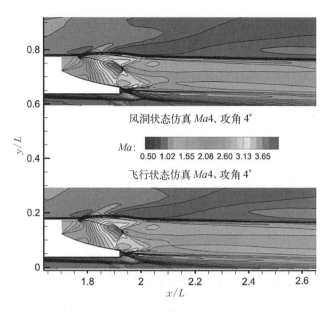

图 12.26　热态喷流条件后体尾喷流干扰区域对称面马赫数分布比较

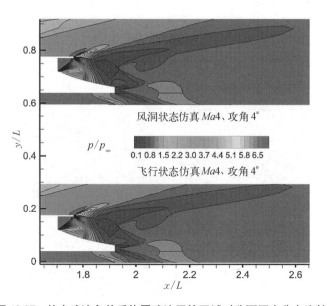

图 12.27　热态喷流条件后体尾喷流干扰区域对称面压力分布比较

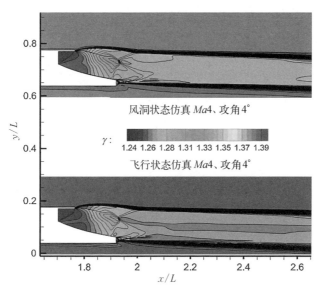

图 12.28 热态喷流条件后体尾喷流干扰区域对称面比热比分布比较

后体尾喷流干扰区域对称面马赫数、压力和比热比等值线比较,从图中可以看出,采用 CF$_4$+空气的模拟飞行器热态喷流方案,所获得的喷流干扰区域表面无量纲压力分布、对称面压力、马赫数及比热比分布同真实飞行条件下的分布非常一致。

图 12.29、图 12.30 为喷流干扰最为强烈的飞行器外喷管区域,距内喷管出口 100 mm(10 mm)、700 mm(70 mm)处,等 x 面上飞行器外喷管壁面压力分布比较图。从图可以看出,飞行状态和风洞状态数值模拟得到的尾喷流干扰区域内

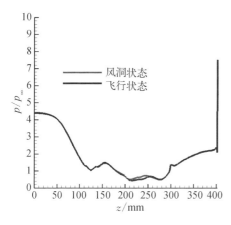

图 12.29 距内喷管 100 mm 截面处的压力分布比较

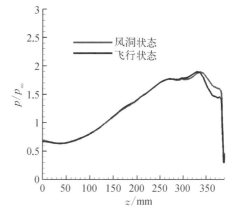

图 12.30 距内喷管 700 mm 截面处的压力分布比较

的飞行器壁面压力分布曲线大部分区域完全重合,只在局部区域略有出入。

表 12.12 给出了飞行状态和风洞状态下飞行器热态喷流干扰条件下的整机气动力系数,表 12.13 为模拟相似参数条件下的飞行状态和风洞状态喷流干扰局部区域(从喷管下腹板出口至飞行器底部区域)气动力系数比较(热态喷流),可以看出在模拟相似参数的条件下,整机气动力系数差别很小,后体喷流干扰区域的气动力系数差别占整机气动力系数的比例更小。以上结果说明,在模拟相似参数条件下,采用加热 CF_4+空气的模拟飞行器热态喷流的方案,可以模拟飞行器在真实飞行状态下的热态喷流气动性能。

表 12.12　热态喷流条件下的飞行状态和风洞状态整机气动力系数比较

参　　数	飞行状态	风洞状态	偏差/%
C_A	0.028 8	0.029 3	−1.71
C_N	0.078 4	0.078 2	0.26
C_{Mz}	0.082 2	0.082 4	−0.24

表 12.13　热态喷流条件下的喷流干扰局部区域气动力系数比较

参　　数	飞行状态	风洞状态
C_A	−0.008 9	−0.008 6
C_N	−0.032 2	−0.031 9

冷态喷流实验方案的飞行状态和风洞状态喷流入口均为空气,因此数值模拟得到的结果相差也较小;热态喷流实验方案的喷流入口为 CF_4+空气混合气体,而飞行状态喷流入口为模拟煤油燃烧后的产物,同时在计算过程中考虑了化学反应,尾喷管中可能会有化学反应发生,使飞行状态和风洞状态下两者的比热比略有不同,因此气动力系数差别略有增大,但差别均在2%以内。

通过本节的研究表明,冷喷流模拟试验在考虑几何模拟及压比、Ma_∞、$\gamma_j Ma_j^2$、δ_j等相似参数的条件下可以完全实现对飞行器飞行状态冷态喷流的模拟。采用加热一定混合比例的 CF_4+空气混合气体方案,来模拟吸气式高超飞行器真实飞行状态下的变比热比热态喷流,是完全可行的。

12.5　内外流耦合高超飞行器尾喷流试验

本节基于建立的喷流相似率的实验方法,在中国空气动力研究与发展中心 $\phi 0.5$ m 高超声速风洞中,开展了吸气式高超声速飞行器尾喷流/外流干扰实验的研究工作,考察了喷流对飞行器尾部壁面及机翼表面压力分布的影响情况,同时采用高清纹影观测了喷流干扰的流场结构,相关研究结果可为研究喷流对飞行器性能的影响等提供参考[30-32]。

12.5.1　实验模型

采用的实验模型为开放式单壁膨胀喷管构型,如图 12.31 所示,该模型长度约 0.5 m。飞行器外流采用常规风洞产生,内喷流采用在模型内部安装的拉瓦尔喷管产生,如图 12.32 所示。内喷流气体通过高压气管进入内喷管驻室,然后由内喷管产生超声速气流喷出。内喷管驻室安装了总压探针;在内喷管出口侧壁

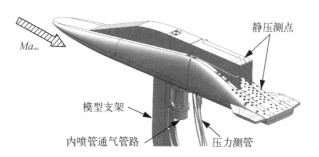

图 12.31　内外流耦合干扰尾喷流试验模型

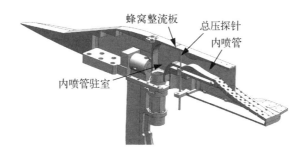

图 12.32　内喷流模拟方案示意图

和上壁面,分三排对称安装了 27 个静压测管用于检测内喷流在出口的对称性。在飞行器喷管内外膨胀面上布置了 8 排、水平翼表面上布置了 4 排,总共 86 个静压测点,采用左右间隔非对称形式分布,以便在对称来流条件下获得更详细的喷流干扰表面压力信息。

真实飞行条件下的尾喷管非均匀入口包括了马赫数、压力、温度等几乎所有流动变量的非均匀,在实验研究中,这些非均匀参数不可能全部模拟,但尾喷流出口的流向角是一个重要的非均匀参数[33],可以通过设计合适的内喷管型线,来模拟真实发动机出口的流动偏转特征。

均匀喷流内喷管,是通过特征线方法设计获得的。内喷管出口马赫数 2.2,喷流介质为空气。非均匀内喷管的面积膨胀比和均匀喷管一致,其上表面水平,下表面出口和喷管中心水平线的夹角 17°,模拟了超然冲压发动机燃烧室内喷管出口型线偏转角。其三维视图如图 12.33 所示。

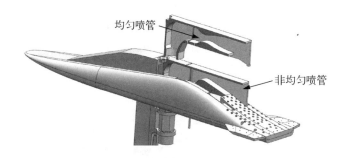

图 12.33　均匀/非均匀内喷管结构示意图

对设计的均匀和非均匀喷管进行了实验喷流总压条件下的数值模拟,图 12.34 为喷管出口对称面上的流动偏转角及出口马赫数的对比,可以看出,均匀喷管和非均匀喷管的出口马赫数接近,均匀喷管在出口截面的流动对称性较好,流动偏转角接近 0°,出口质量加权马赫数为 2.16。非均匀喷管在喷管扩张侧马赫数稍高,数值在 2.22 左右,水平侧的马赫数在 2.12 左右,出口截面的加权马赫数为 2.17,非均匀喷管流动偏转角从上壁面的 0° 逐渐过渡到下壁面的 −17°,可近似模拟燃烧室内喷管出口流动的偏转现象。

12.5.2　内外流实验模拟方案

$\phi 0.5$ m 高超声速风洞为下吹、引射、暂冲式常规高超声速风洞,实验段采用封闭自由射流模式,实验马赫数范围为 5~10。实验模型如图 12.35 所示放置于

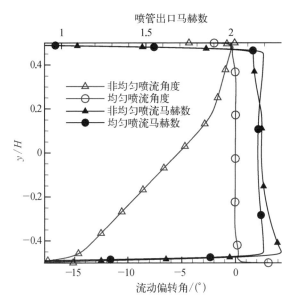

图 12.34　均匀/非均匀内喷管出口流动参数对比

试验段,模型通过位于其背部的曲臂支撑机构和风洞支撑系统相连接,可实现前后上下平移和±6°攻角内的俯仰运动。

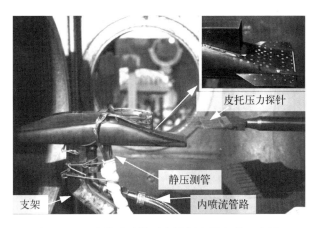

图 12.35　喷流试验模型在风洞中的安装示意图

模型内喷管通过高压软管和外部气源系统连接,外部气源系统如图 12.36所示,其上的两路自动调压系统和模型内喷管内的总压探针形成闭环反馈通路,可以精确调节模型内喷管的驻室压力。外部气源系统容积 0.5 m³,最大充气压力 20 MPa,可实现对内喷管 300 s 以上的稳定供气。

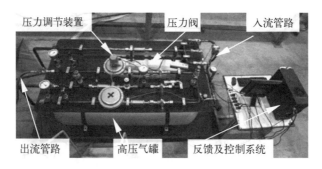

图 12.36 内喷流供气和控制系统

模型表面静压测点通过铜制金属管及橡胶软管,和放置于洞体外部的静态压力传感器连接。试验的压力采集系统使用的是 Pressure Systems Inc. Model 9016 型电子压力扫描系统,传感器测量精度为全量程的 0.06%,静压测量采用 0~50 kPa 量程,皮托压和总压采用 0~500 kPa 量程。试验模型的外部流场采用高速纹影系统进行观测,最高帧频 2 000 帧/s,最大像素为 800×800,可根据需求调整。

12.5.3 内喷流总压调节及测压精度分析

尾喷流内外流相互干扰模拟中,喷流的落压比(number of pressure ratio,NPR)是一个重要的模拟参数,为了在长时间的喷流实验过程中精确控制其量值,采用了具有压力反馈调节系统的内喷流实验装置。在典型落压比条件下(NPR=180/100),在实验过程中采集获得的实时落压比数据和设定值的比较如图 12.37 所示。压力反馈调节系统需要 10~15 s,将内喷流压力调节到设定

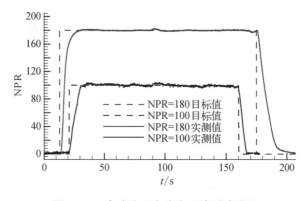

图 12.37 内喷流压力稳定系统测试结果

值,之后稳态保持可达 300 s 以上。分析了实验过程中,在不同设定值条件下
的内喷流落压比和设定值之间的均方差,其量值都优于 1%,控制精度是比较理
想的。

在实验过程中,在风洞开启的同时,开启内喷流装置。由于测压管具有一定
长度,根据以往经验,测压管内的稳压时间在 60 s 以内。在实验中等待实验流场
稳定 100 s 后,开始以 10 s 为间隔,采集 4 次模型表面压力数据。图 12.38 为来
流马赫数 5,NPR = 180 时采集到的 4 次压力信号的均方差,从图中可以看出,在
喷流核心区域和干扰区,均方差误差在 0.5% 以内,在喷流无作用区域及压力接
近自由来流的区域,压力均方差小于 2.5%,说明模型表面的压力已达到定常稳
定状态。

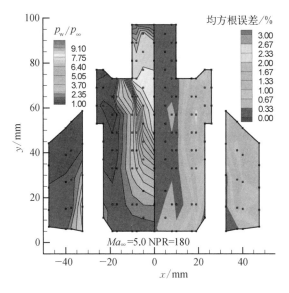

图 12.38　典型试验状态下的压力分别及均方根误差

12.5.4　落压比对喷流干扰的影响

图 12.39 为来流马赫数 5、模型攻角 0°、喷流落压比 NPR = 180 和 100 时的
飞行器尾部及水平翼面上的实验压力云图分布。在外流马赫数及其他喷流参数
相同时,喷流落压比是唯一影响飞行器尾部区域压力分布的影响因素。在内外
流干扰条件下的喷流壁面压力分布图中,壁面压力的分布可以分为两个区域:
第一个区域为喷流核心流动作用区,其压力分布主要受到喷流本身的影响,第二
个区域为内外流干扰作用干扰区,其压力分布主要受到外流和内流相互挤压形

成的交叉干扰区的影响。在喷流核心流动作用区域,当 NPR = 180 时,其核心流动作用区域的压力分布量值和作用区域的面积都要大于 NPR = 100 时的结果。在内外流干扰作用区域,NPR = 180 时,在水平翼舵及后体侧缘区域,存在明显的压力升高区域,这种高压力区域是由内喷流和外流相互作用,形成交叉干扰区域产生的。而在 NPR = 100 时,内外流干扰作用区域,对后体侧缘及水平翼舵上的压力分布略有影响,其影响区域面积及压力分布量值要明显小于 NPR = 180 时的结果。

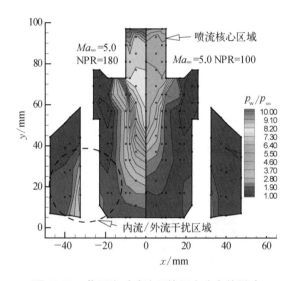

图 12.39　落压比对喷流干扰压力分布的影响

图 12.40 为来流马赫数 5、NPR = 180 和 100 时,喷流内外流干扰区域的实验纹影图,从图中可以清晰地看到内外流干扰所产生的交叉激波及剪切层结构,由内喷管产生的膨胀波系在内喷流的核心区域也清晰可辨,特别在 NPR = 180 时。在高落压比 NPR = 180 时的干扰交叉激波外波系的角度约为 20°,大于低落压比 NPR = 100 时的值为 18.4°。对比高落压比(NPR = 180)和低落压比(NPR = 100)时的流场纹影,可发现在高落压比时,内外流干扰激波的外分支及剪切层向外流部分的扩张更显著一些,而交叉干扰激波的内分支的位置变化不显著。交叉干扰激波外分支及剪切层主要受到内流膨胀排挤效应的影响,而交叉干扰激波内分支更多取决于内喷流的马赫数。从流场的纹影图中可以直观地判断出低落压比时内外流干扰的强度要弱一些。试验中采用的是图 12.33 所示的非均匀内喷管。

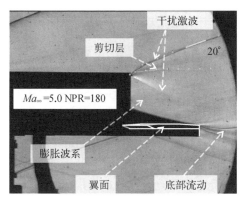
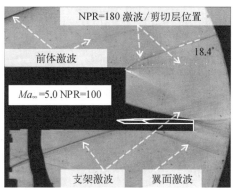

图 12.40 不同落压比时的喷流干扰纹影图

12.5.5 外流马赫数对喷流干扰的影响

图 12.41 为在外流马赫数 5 和 6 条件下,飞行器尾部及水平翼舵上的压力分布。在该实验状态下,喷流落压比相同,模型攻角都为零度,内喷管都采用非均匀喷管。对于核心流动区域,外流马赫数 5 时的无量纲压力分布值和外流马赫数 6 时的值基本一致,但外流马赫数 5 时的等值线沿着展向要更加饱满,说明内喷流的核心流动在外流马赫数 5 时,沿展向进行了更充分的膨胀,外流对内喷流的挤压效应要弱于外流马赫数 6 时的情形。这是由于外流马赫数 5 时,内部

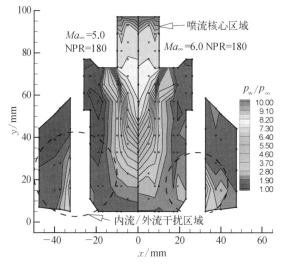

图 12.41 不同来流马赫数时的喷流干扰区域的压力分布

和外部流动的动量比要大于外流马赫数 6 时的情形,使得内喷流更易于向外部空间膨胀。对于内外流干扰区域,外流马赫数 5 时的水平舵面及模型尾部侧缘的受干扰面积要大于外流马赫数 6 时的情形,且受干扰区域的 y 方向起始位置要更靠近内喷管出口。这是由于在外流马赫数 5 时,与马赫数 6 相比,在核心流动区域,外流受到内喷流更明显的排挤,同时,在较低外流马赫数条件下形成的交叉干扰激波的扩张角度更大,这两方面原因导致了在相同喷流落压比下,低马赫数外部流动的内外流干扰流动的作用区域要大于高马赫数外部流动的情形。

图 12.42 为外流马赫数 6、NPR = 180 时的喷流模型尾部区域的流场纹影图,图中虚线为对应状态,外流马赫数 5 时的交叉激波外分支形状。可以看出,各个状态下的喷流/外流干扰流场的结构一致,都包含了交叉激波、剪切层、内喷管膨胀波系及底部流动结构等流动特征。从图中交叉激波外分支的对比看,外流马赫数 6 时的激波型线略向下一些,激波角略小于外流马赫数 5 时的情形。通过纹影图可以更直观地看到高外流马赫数流动对内喷流的挤压效应要大于低外流马赫数时的情形。

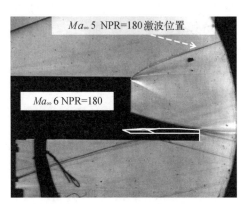

图 12.42　不同来流马赫数对喷流干扰影响的纹影图

12.5.6　非均匀内喷流和均匀内喷流干扰比较

图 12.43 为外流马赫数 5、喷流落压比 180 时,均匀喷流和非均匀喷流工况下,模型尾部膨胀面及水平翼舵上的压力分布对比图。均匀内喷管沿流向产生水平喷流,水平喷流和模型尾部的膨胀型面具有较大的膨胀角,如图 12.33 所示,水平喷流在膨胀面上产生的压力分布值明显低于非均匀内喷流的情形。非均匀内喷流的内喷管型线产生的喷流具有一定的流向偏转角,如图 12.34 所示,其喷流整体上与模型尾部的膨胀面夹角更小,在模型尾部区域产生了较高的核心压力分布区域。但均匀喷流核心区域的分布范围更广,对于内外流激波干扰区域,均匀内喷流的作用干扰效应更为明显,其内外流干扰作用的范围也更大,在模型底部后侧缘及水平翼上,形成了更为明显的高压力区域。

图 12.44 为外流马赫数 5、喷流落压比 180,均匀内喷流条件下,尾部流动干

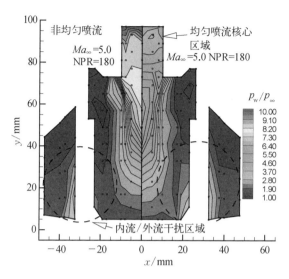

图 12.43　均匀和非均匀喷流流动干扰区域压力分布对比

扰区域的流场纹影图,图中虚线为对应状态下,非均匀喷流的交叉干扰激波及剪切层线。可以看出,均匀喷流交叉干扰激波外分支及剪切层线要更靠外一些,这是由于均匀喷流的流向角接近水平,而非均匀喷流整体上有一个向下的偏转,对外部流动的排挤效应会小于均匀喷流的情形;均匀喷流核心区的膨胀波系更为明显,这如前文所述,均匀喷流和模型尾部膨胀

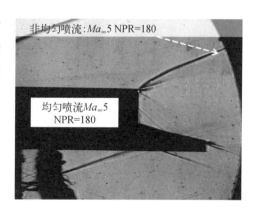

图 12.44　均匀和非均匀喷流流场纹影对比

面之间具有较大的膨胀角,在流动偏折点,产生的膨胀波系在内通道反射,形成了出口处较为明显的膨胀波系。

12.5.7　喷流比热比对内外流干扰的影响

图 12.45 为外流马赫数 6、喷流落压比 100,空气喷流($\gamma = 1.4$)和混气喷流($\gamma = 1.25$)在模型尾部膨胀面及水平翼舵上的压力分布对比图。混气喷流在内喷流作用的核心区域的压力分布,要明显高于空气喷流的结果,其最大值达到约 4 倍的外流自由流静压,而空气喷流在核心区域的最大压力只有 3 倍左右;空气

喷流核心区域的长度要略长于混气喷流,但在核心区域的中部其高压区云图分布要略窄一些。在内外流相互干扰区,混气喷流和外流的相互作用要更强一些,在模型尾部侧缘及水平翼面靠近模型机体的区域,形成了明显的高压力分布区域。而对于空气喷流,仅在模型尾部侧缘部分形成了并不明显的压力升高。总的来说,混气喷流对模型尾部及水平翼面的作用要强于空气喷流,这是由于在相同的驻室压力及喷管喉道高度的情况下,混气喷流由于比热比小,通过内喷管的流量要明显大于空气喷流(约 1.3 倍),更大的质量流量将提升内喷流及内喷流对外流的作用能力。

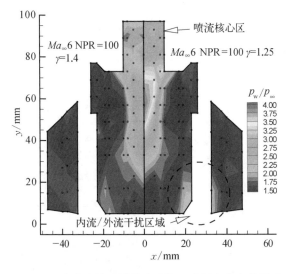

图 12.45　喷流比热比对喷流干扰区域压力分布的影响

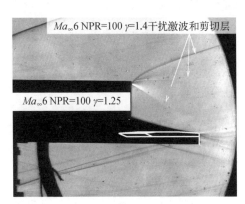

图 12.46　不同比热比时喷流干扰区域纹影对比图

图 12.46 为外流马赫数 6、喷流落压比 100,喷流介质为混气($\gamma = 1.25$)时,内外流干扰区域的流场纹影图。图中虚线为对应状态下 $\gamma = 1.4$ 时的交叉干扰激波及剪切层纹影型线。在不同比热比时,剪切层的纹影型线位置基本重合。比热比 1.25 的交叉干扰激波外分支向外扩张的要略大一些,显然是由于混气喷流对外流的影响要强一些。而交叉干扰激波的内分支要比

$\gamma=1.4$ 时的对应型线更靠近内喷流核心区,这是由于混气状态,喷流马赫数要小于空气喷流的情况,低马赫数来流在比较接近的气流偏转条件下,形成的激波角要大一些的缘故。以上结果说明喷流比热比对内外流干扰具有明显影响,准确模拟内喷流的比热比是准确模拟喷流干扰区域气动和流场特性的重要因素。

本节获得的喷流的落压比、外流马赫数、喷流非均匀特性及喷流比热比对飞行器尾部/水平翼区域性能影响的规律性认识及定量数据可为未来大尺度吸气式高超飞行器后体尾喷流研究提供参考借鉴。

12.6　本章小结

高超飞行器后体尾喷管的两个重要关注点,其一是提升尾喷管的气动力学性能,其二是摸清尾喷流干扰区域的内外流耦合干扰机理。

针对提升尾喷管的气动力学性能,首先介绍了高超声速尾喷管设计优化方面的相关工作,包括自动优化循环流程、优化软件、数值评估软件、二维和三维尾喷管参数化建模及网格自动生成,在此基础上分析讨论了尾喷管的单目标和多目标优化结果。

针对高超飞行器后体尾喷管的内外流耦合干扰特性,存在复杂的激波干扰、多组分介质、附面层/剪切层等复杂流动结构,需要通过地面试验的方法加以详细研究。本章介绍了采用加热 CF_4 和空气混合气体,模拟发动机热态变比热比喷流方案,并完成了相同相似参数条件下的飞行状态和风洞模拟状态的对比验证,建立了变比热比喷流试验模拟的可行方案,并通过试验手段,得到了喷流落压比、外流马赫数、非均匀喷流及变比热比喷流对内外流相互作用区域的影响干扰规律。

本章较为系统地介绍了在后体尾喷管方面开展的设计、仿真及试验研究工作,可为高超尾喷管研究提供借鉴参考。

参考文献

[1] Gruhn P, Henckels A, Seiberger G. Improvement of SERN nozzle performance by aerodynamic flap design[J]. Aerospace science and technology, 2002,6: 395 – 405.

[2] Mitani T, Ueda S, Tani K, et al. Validation studies of scramjet nozzle performance[J]. Journal of Propulsion and Power, 1993, 9(5): 725 – 730.

[3] Edwards C L W, Small W J, Weidner J P. Studies of scramjet/airframe integration

techniques for hypersonic aircraft[C]. Pasadena：AIAA Aerospace Sciences Meeting, 1975.

[4] Baysal O, Eleshaky M, Burgreen G. Aerodynamic shape optimization using sensitivity analysis on third-order Euler equations[J]. Journal of Aircraft,1993, 30(6)：953－961.

[5] Jacobs P A, Craddock C S. Simulation and optimization of heated, inviscid flows in scramjet ducts[J]. Journal of Propulsion and Power. 1999, 15(1)：73－81.

[6] 罗世彬.高超声速飞行器机体发动机一体化及总体多学科设计优化方法研究[D].长沙：国防科学技术大学,2004.

[7] 陈兵.空间推进算法及超燃冲压发动机部件优化设计研究[D].北京：北京航空航天大学,2005.

[8] 贺旭照,张勇,汪广元,等.高超声速飞行器单壁膨胀喷管的自动优化设计[J].推进技术,2007,28(2)：148－151.

[9] 贺旭照,倪鸿礼,周正,等.吸气式高超声速飞行器三维后体尾喷管优化设计[J].推进技术,2009,30(6)：687－691.

[10] 周正,倪鸿礼,贺旭照,等.基于 Rao 方法的二维单壁膨胀喷管优化设计[J].推进技术,2009,30(4)：451－456.

[11] Deb K, Pratap A, Agarwal S, et al. A fast and elitist multiobjective genetic algorithm: NSGA－Ⅱ[J].IEEE Transactions on Evolutionary Computation, 2002, 6(2)：182－197.

[12] 空天技术研究所.飞行器部件多目标优化设计软件[简称：ACoMDOS] V1.0[P].软著登字第 5009039 号,2020.

[13] Spaid F W, Keener E R. Hypersonic nozzle-afterbody CFD code validation, part I：experimental measurements [C]. Reno：AIAA Aerospace Sciences Meeting and Exhibit, 1993.

[14] Ruffin S M, Venkatapathy E, Keener E R, et al. Single expansion ramp nozzle simulations [J]. Journal of Space and Rockets, 1992, 29(6)：749－755.

[15] 张勇,汪广元,等.超燃冲压发动机尾喷管优化设计[R].绵阳：中国空气动力研究与发展中心,2005.

[16] 贺旭照.高超声速飞行器气动力气动热数值模拟和超声速流动的区域推进求解[D].绵阳：中国空气动力研究与发展中心,2007.

[17] Keener E R, Spaid F W. Hypersonic nozzle-afterbody experiment：flow visualization and boundary-layer measurement [J]. Journal of Spacecraft and Rockets. 1996, 33 (3)：326－332.

[18] Spaid F W, Keener E R. Hypersonic nozzle-afterbody experiment：flowfield surveys[J]. Journal of Spacecraft and Rockets. 1996, 33(3)：333－338.

[19] Watanabe S. Scramjet nozzle experiment with hypersonic external flow [J]. Journal of Propulsion and Power, 1993, 9(4)：521－528.

[20] Ruffin S M, Venkatapathy E, Keener E R, et al. Hypersonic single expansion ramp nozzle simulations[J]. Journal of Spacecraft and Rockets,1992, 29(6)：749－755.

[21] Tatum K E, Montat W J. Analysis of generic scramjet external nozzle flowfields employing simulant gases[R]. AIAA－90－5242, 1990.

[22] Watanabe S. A scramjet nozzle experiment with hypersonic external flow[J]. Journal of

Propulsion and Power, 1993, 9(4): 521 – 528.

[23] Hirschen C, Gruhn P, Gülhan A. Influence of heat capacity ratio on the interaction between the external flow and nozzle flow of a scramjet[C]. Canberra: 14th AIAA/AHI International Space Planes and Hypersonic Systems and Technologies Conference, 2006.

[24] Hirschen C, Gülhan A. Infrared thermography and pitot pressure measurements of a scramjet nozzle flowfield[J]. Journal of Propulsion and Power, 2009, 25(5): 1108 – 1120.

[25] Hirschen C, Gülhan A, Beck W H, et al. Measurement of flow properties and thrust on scramjet nozzle using pressure-sensitive paint[J]. Journal of Propulsion and Power, 2009, 25(2): 267 – 281.

[26] Hirschen C. Experimental study of the interaction between internal and external flows of a scramjet nozzle using various diagnostic techniques[C]. Cincinnati: 43rd AIAA/ASME/SAE/ASEE Joint Propulsion Conference and Exhibit, 2007.

[27] 贺旭照,秦思,曾学军,等.模拟飞行条件下的吸气式高超声速飞行器后体尾喷流干扰问题实验方案研究[J].推进技术,2014,35(10): 1310 – 1316.

[28] 恽起麟.风洞实验[M].北京: 国防工业出版社,2000.

[29] Edwards T A. The effect of exhaust plume/afterbody interaction on installed scramjet performance[J]. Journal of Aircraft, 1991, 28(2): 123 – 130.

[30] 贺旭照,秦思,卫锋,等.吸气式高超飞行器非均匀尾喷流试验研究[J].航空学,2017,38(3): 35 – 42.

[31] 贺旭照,秦思,周凯,等.比热比和压比对高超声速飞行器尾流影响的实验研究[J].实验流体力学,2017,31(1): 13 – 19.

[32] 秦思,贺旭照,曾学军,等.落压比对高超声速飞行器尾喷流影响的实验研究[J].航空动力学报,2017,32(10): 2491 – 2497.

[33] 李周复.风洞特种实验技术[M].北京: 航空工业出版社,2010.

第 13 章

高超飞行器机体推进一体化设计优化

　　吸气式高超声速飞行器和超燃冲压发动机是高度一体化的。前体/进气道对来流的压缩程度和方式将直接决定燃烧室入口的气流参数,从而制约燃烧室的性能。燃烧室的出口流动参数作为尾喷管入口参数,将决定尾喷管的性能。后体/尾喷管是发动机推力产生的主要部件,会直接影响发动机和飞行器的推阻特性。进气道和尾喷管的压缩和膨胀形式,将决定飞行器布局方案和机体外表面的几何压缩程度。飞行器/发动机各个部件的设计不仅受自身设计参数(如流量、总压恢复、注油位置、油气比、膨胀比、长度、高度)等的约束,也受飞行器/发动机总体参数(如几何尺寸、容积、捕获面积)等的约束,并且部件之间的参数也互相耦合约束。如果不采用内外流多部件(机体、进气道、燃烧室及尾喷管)一体化的设计优化,将很难达到整体较优的设计方案。

　　13.1 节对第 6 章介绍的二元进气道进行参数化建模及优化,以一定捕获流量下进气道长度最小和总压恢复系数最大作为优化目标,研究这类二元进气道的最佳性能边界;13.2 节介绍二维机体推进一体化飞行器的参数化建模方案,采用第 1 章介绍的空间推进数值算法和第 11 章介绍的燃烧室一维模拟方法,仿真分析飞行器内外流性能,并针对发动机流道比冲和飞行器升阻比这两个指标,构建一体化飞行器的多目标优化平台,对不同来流参数及燃料形式下的一体化构型,进行多目标优化设计,获得不同马赫数、攻角及燃料形式下的一体化飞行器的性能边界;13.3 节借鉴内外流一体化设计优化的结果,针对一个具有二元流道的一体化高超声速飞行器,结合三维外形建模,设计了一个三维高超声速飞行器,并对其气动外流特性及发动机内流特性,完成仿真分析,相关方法和结果可为三维吸气式高超飞行器的设计评估提供参考;最后是本章小结。

13.1　高超声速二元进气道多目标优化

13.1.1　二元进气道参数化建模

高超声速二元进气道采用第 6 章介绍的特征线方法进行设计,优化变量选定为前体压缩角 θ,唇罩压缩角 θ_{cowl} 和等熵压缩波波后马赫数 Ma_F。进气道设计优化构型的示意图见图 13.1,图中标出了设计优化进气道的流场结构、设计变量及出入口马赫数。

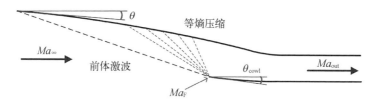

图 13.1　高超声速进气道设计优化示意图

进气道的来流马赫数和出口马赫数给定,例如指定来流马赫数 Ma_∞ 为 6,无黏出口马赫数 Ma_{out} 为 3.5,进气道前缘点至唇口的捕获高度 H_{lip} 为固定值,例如可设为 1 m。以进气道出口总压恢复 $p_{t_{out}}$ 最大和进气道长度 L_{inlet} 最短为两个相互制约的优化目标。设计变量取值范围为: $\theta \in \begin{bmatrix} 4.0 & 8.0 \end{bmatrix}$; $Ma_F \in \begin{bmatrix} 4.0 & 4.5 \end{bmatrix}$; $\theta_{cowl} \in \begin{bmatrix} 0.0 & 5.0 \end{bmatrix}$。采用多目标遗传算法 NSGA Ⅱ[1] 编制的优化设计软件[2],搭建整个设计流程,进气道性能采用第 6 章介绍的特征线方法进行评估。

13.1.2　二维进气道的设计优化结果

图 13.2 给出了二维进气道的多目标设计优化结果,图中小黑点表示所有优化过程的有效解,黑色大圆点表示设计优化获得的 Pareto 前沿。从设计优化得到的 Pareto 前沿看,进气道的长度随着总压恢复系数的增大而增大,呈现先平缓增加,再抛物线式增加的趋势,进气道的最大总压恢复系数为 0.927,此时对应进气道的长高比 L_{inlet}/H_{lip} 约为 5.88。

下面给出了 Pareto 前沿上几个典型二维进气道构型及其特征线流场马赫数分布图。图 13.3 为本次优化获得的最大总压恢复二维进气道,此时进气道最长,总压恢复系数最大,对应设计变量为: $\theta = 4°$, $Ma_F = 4.5$, $\theta_{cowl} = 5°$。长高比

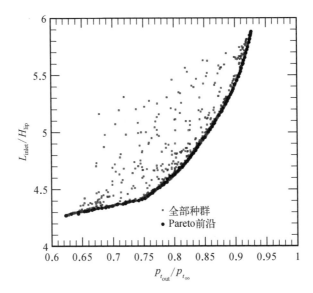

图 13.2　二维高超声速进气道多目标设计优化结果

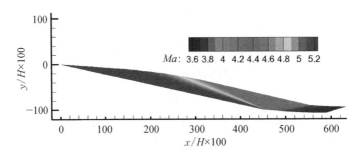

图 13.3　最大总压恢复进气道

$L_{\text{inlet}}/H_{\text{lip}}$ 约为 5.88，总压恢复系数 0.927，总收缩比 6.71，内收缩比 2.18。

图 13.4 给出了在 Pareto 前沿上选取的折中最优进气道构型及流场马赫数

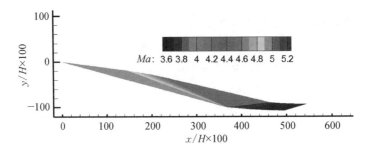

图 13.4　折中最优进气道

分布图,此时总压恢复系数 $p_{t_{out}}/p_{t_\infty} = 0.851$,对应设计变量: $\theta = 7.48°$, $Ma_F = 4.43$, $\theta_{cowl} = 5°$。长高比 L_{inlet}/H_{lip} 约为 4.95,总收缩比 6.37,内收缩比 2.12。

图 13.5 给出了在 Pareto 前沿上选取的最短进气道构型及流场马赫数分布图。最短进气道,总压恢复系数也最小,对应设计变量为 $\theta = 8°$, $Ma_F = 4.0$, $\theta_{cowl} = 0°$。进气道长高比 L_{inlet}/H_{lip} 约为 4.27,此时总压恢复系数 0.623,总收缩比 7.77,内收缩比 1.86。在该设计参数情况下,由于唇罩激波反射较强,导致激波后马赫数已经小于设定的进气道出口马赫数 3.5 的数值,约为 3.1,进气道在内收缩段呈现扩张趋势,在隔离段出口处的马赫数约 3.5。

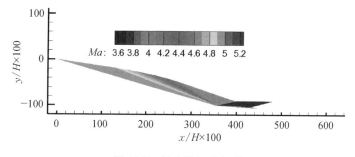

图 13.5　长度最短进气道

从以上的结果来看,通过对二元进气道的设计优化得到的进气道的 Pareto 前沿,可以从中选择一定总压恢复系数条件下的最短进气道构型,对进气道提高压缩效率、减小尺寸重量等都会带来明显的收益。本节开展的工作,是基于第 6 章介绍的进气道的设计方法的进一步优化深化,可以指导更高性能、更优总体约束的进气道设计。

13.1.3　轴对称进气道的设计优化结果

在相同来流状态及参数化方案下,针对轴对称构型,采用和二维进气道相同的设计优化流程,对进气道开展了多目标设计优化。设计变量的取值范围为: $\theta \in [5.0\quad 9.0]$; $Ma_F \in [4.0\quad 4.5]$; $\theta_{cowl} \in [0.0\quad 5.0]$。图 13.6 为轴对称进气道的设计优化结果,图中也展示了二维优化结果的 Pareto 前沿。轴对称进气道的 Pareto 前沿,在总压恢复系数小于 0.9 时,随着总压恢复系数的增加,长度呈缓慢线性上升的趋势,在总压恢复系数大于 0.9 后,长度随总压恢复系数的增加呈指数增加规律。比较优化获得的二维和轴对称进气道的 Pareto 前沿,整体来说,轴对称进气道和二维进气道的总压恢复系数变化范围大体相当,轴对称进气道总压恢复最大值略高于二维进气道。在总压恢复系数小于 0.88 时,轴对称进气道在相同总压恢复条件下的长度要长于二维进气道;在总压恢复系数 0.88 和 0.927之间,轴对称进气道相同总压恢复系数条件下,比二维进气道略短,在总压恢复系数大于 0.927 后,轴对称进气道的长度随总压恢复系数的增大增加较快。

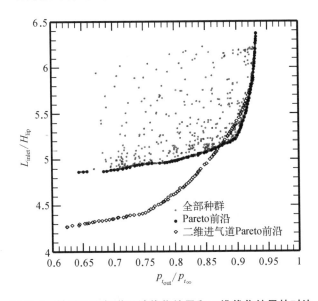

图 13.6　轴对称进气道设计优化结果和二维优化结果的对比

图 13.7~图 13.9 为在轴对称进气道 Pareto 前沿上选择的几个典型最优进气道构型及其流场马赫数云图。图 13.7 为对应总压恢复系数最大进气道构型,总压恢复系数为 0.932,此时进气道的长高比最大,达到 6.37,对应的设计变量为 $\theta = 5.0°$,$Ma_F = 4.5$,$\theta_{cowl} = 5°$,总收缩比 7.31,内收缩比 2.28。进气道头部直激波和等熵压缩波清晰可见,气流经唇口反射激波压缩后,进入内收缩段,内收缩段马赫数分布均匀。

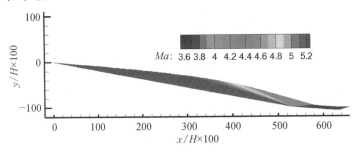

图 13.7　总压恢复最大轴对称进气道

图 13.8 为在轴对称进气道 Pareto 前沿拐点处综合优选的轴对称进气道构型,总压恢复系数 $p_{t_{out}}/p_{t_\infty} = 0.903$,此时进气道的长高比为 5.29,对应的设计变量为 $\theta = 8.74°$,$Ma_F = 4.5$,$\theta_{cowl} = 5°$,总收缩比 6.77,内收缩比 2.18。此进气道构型在总压恢复系数减少约 0.03 的情况下,进气道的长度减小幅度明显,说明通过多目标的设计优化,可以在 Pareto 前沿上,找到综合性能更优的进气道构型。

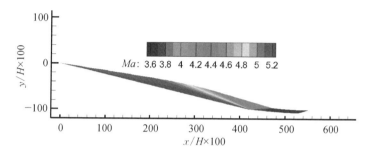

图 13.8　Pareto 前沿上的综合优选轴对称进气道

图 13.9 为在 Pareto 前沿上选择的总压恢复系数最小进气道,总压恢复系数为 0.644,此时对于进气道长度最短,长高比约为 4.87,此时对应的设计变量为 $\theta = 9°$,$Ma_F = 4.0$,$\theta_{cowl} = 0°$。应该注意到在该情况下,由于唇口激波反射较强,导致进气道内压缩段出口马赫数已小于设定值 3.5。

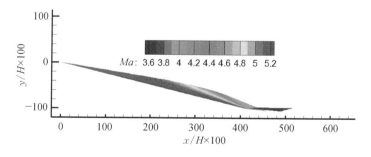

图 13.9　长度最短轴对称进气道

通过对进气道的设计优化表明,在确定进气道的波系压缩结构后,对应一定捕获面积和总压恢复系数,可以通过设计优化获得最短的进气道构型,有利于进气道压缩系统的小型化和减重,对飞行器的总体设计是较为有利的。

13.2 高超声速一体化飞行器设计优化

13.2.1 一体化飞行器力系界面划分

对吸气式高超声速飞行器开展一体化设计研究,首先要确定飞行器和发动机的力系划分界面。国外在研究吸气式高超飞行器时[3,4],将从发动机唇口至尾喷管出口(cowl-to-tail)的部分作为发动机推力的计算系统(图 13.10),而把前体、进气道外压缩部分及机体表面等部件作为空气动力系统进行统计;也有把前体、进气道、燃烧室、尾喷管全部(nose-to-tail)都归于推力计算系统的(图 13.11),或者把前体后的第一个压缩面至尾喷管(ramp-to-tail)作为推力计算系统。本书采用 nose-to-tail 方法。无论采用哪种方法,最终的气动和推进部件都要形成封闭的表面,只不过不同的分类方法,计算的飞行器升阻比和发动机的比冲量值会有所不同,而对飞行器的整体性能而言,应是一致的。

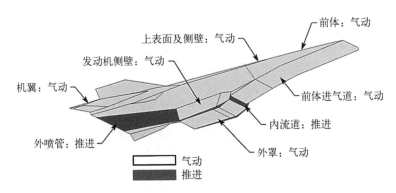

图 13.10 **cowl-to-tail** 力系划分示意图

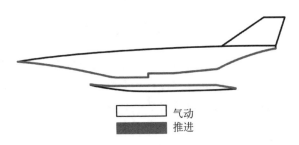

图 13.11 **nose-to-tail** 力系划分示意图

13.2.2　一体化飞行器参数化建模方案

内外流一体化的高超飞行器包含飞行器的进气道、燃烧室、尾喷管以及机体上表面和机体唇罩面,如图 13.12 所示。该构型能代表吸气式高超飞行器的典型特征,对该一体化布局方案的参数化建模及气动推进一体化优化,可获得在特定巡航马赫数条件下,飞行器的最优推阻特性,对该类飞行器的设计优化具有指导和借鉴意义。

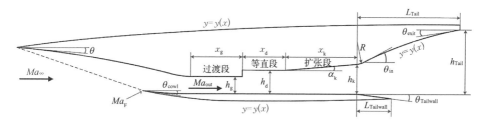

图 13.12　二维一体化飞行器内外流耦合参数化模型

进气道采用如图 13.1 所示的参数化建模方案,设计变量为前体压缩角 θ、等熵压缩波后马赫数 Ma_F、唇罩折转角 θ_{cowl} 及进气道出口马赫数 Ma_{out}。

燃烧室参考 11.3 节中介绍的 NAL 双模态燃烧室构型[5]。对燃烧室隔离段高度 h_g,隔离段长度 x_g;燃烧室等直段高度 h_d,等直段长度 x_d;扩张段长度 x_k,扩张段角度 α_k 等进行了参数化描述。取 NAL 双模态燃烧室构型作为基准值,此时隔离段高 32 mm,长 220 mm;等直段高度 38.4 mm,长度 96 mm;扩张段长度 350 mm,入口高度 38.4 mm,上下壁面均有扩张,扩张角均为 1.7°,总扩张角度约 3.4°。

尾喷管采用 12.1.4 小节中的参数化建模方案,尾喷管上膨胀面型线由式(11.3)和式(11.4)定义的过渡圆弧和三次曲线描述。尾喷管出口高度 h_{Tail} 由尾喷管出口高度和进气道捕获高度的膨胀比 h_{Tail} 确定,R 为尾喷管与燃烧室过渡圆弧的半径,θ_{in} 为尾喷管入口膨胀角,θ_{exit} 为尾喷管出口膨胀角,尾喷管上膨胀面长度为 L_{Tail}。尾喷管下膨胀面为一直线段,由下膨胀面长度 $L_{Tailwall}$ 和下膨胀面角度 $\theta_{Tailwall}$ 参数化描述。

机体上压缩面和唇罩下压缩面由三次曲线 $y = a_0 + a_1 x + a_2 x^2 + a_3 x^3$ 描述。前体进气道、燃烧室及尾喷管的构型确定后,机体上表面的起始和终止点坐标确定,通过将上表面的起始角度 θ_{upin} 和终止角度 θ_{upexit} 作为设计变量,就可确定上表面的曲线参数 a_0、a_1、a_2、a_3。同样的当推进流道构型确定后,可以获得唇罩下压缩面的起始和终止坐标,将唇罩下压缩面的起始角度 θ_{downin} 和终止角度 θ_{downexit} 作为设计变量,即可获得下压缩面的参数化曲线构型。一般在唇罩下压缩面的起始角度 θ_{downin} 和唇罩折转角 θ_{cowl} 之间预留 $5°$ 的结构安装角,故 $\theta_{\text{downin}} = \theta_{\text{cowl}} + 5°$,不作为一个独立设计变量。

整个一体化飞行器内外流耦合的参数化建模方案,如图 13.12 所示。

整个参数化设计过程:确定燃烧室的基本构型;通过进气道出口高度与燃烧室隔离段的匹配关系,以及前体进气道的设计参数,获得前体进气道的参数化构型;通过燃烧室出口高度与尾喷管入口高度的匹配关系,及尾喷管的设计参数,获得尾喷管参数化构型;将匹配的进气道、燃烧室、尾喷管进行几何连接,获得机体上表面、唇罩压缩面的起始点和终止点几何坐标,结合上下表面的设计参数获得机体上下表面的参数化外形。

前体进气道、尾喷管、机体上表面和唇罩下表面,在通过参数化建模等获得型面构型后,采用第 12 章介绍的网格自动生成方法,获得各部件的数值仿真网格;统一采用第 2 章介绍的空间推进数值求解方法,选择黏性湍流数值模型获取气动数据。燃烧室的性能及出口参数,通过第 11 章介绍的双模态燃烧室一维数值求解方法及软件获得。进气道出口参数采用质量加权的方法,传递给燃烧室。整个设计流程搭建包含多个部件、多种求解仿真程序的匹配,是一个精细化的系统工程,准确、高效、可靠是设计取得可信结果的基础。

表 13.1 给出了设计变量及取值范围,考虑到燃烧室的设计需考虑稳定火焰、燃料释热与型面匹配等复杂物理过程,暂未对燃烧室构型进行参数化优化。设计过程中总计对前体进气道、尾喷管、上下机体表面的 14 个设计优化变量进行了多目标优化设计。

表 13.1　设计优化变量参数表(马赫数 10 来流条件)

设计变量名称	含　　义	取值下界	取值上界	参考值
θ	前体压缩角	$6°$	$12°$	$8°$
Ma_{F}	等熵波后马赫数	6.0	7.0	6.5
θ_{cowl}	唇罩折转角	$0°$	$5°$	$2.5°$
Ma_{out}	进气道出口马赫数	4.5	5.5	3.5/5
h_{g}	隔离段高度	—	—	32 mm
x_{g}	隔离段长度	—	—	220 mm

设计变量名称	含　义	取值下界	取值上界	参考值
h_d	等直段高度	—	—	38.4 mm
x_d	等直段长度	—	—	96 mm
x_k	扩张段长度	—	—	350 mm
α_k	扩张段角度	—	—	3.4°
R	过渡圆弧半径	20 mm	100 mm	50 mm
θ_{in}	尾喷管入口膨胀角	10°	30°	20°
θ_{exit}	尾喷管出口膨胀角	10°	30°	20°
h_{Tail}	尾喷管出口高度	$1 \times h_{inlet}$	$2 \times h_{inlet}$	$1.5 \times h_{inlet}$
h_{inlet}	进气道捕获高度	—	—	设计获得
L_{Tail}	尾喷管上膨胀面长度	1 000 mm	3 000 mm	2 000 mm
$\theta_{Tailwall}$	尾喷管下膨胀面角度	0°	10°	5°
$L_{Tailwall}$	尾喷管下膨胀面长度	100 mm	500 mm	300 mm
θ_{upin}	机体上表面起始角度	0°	10°	5°
θ_{upexit}	机体上表面终止角度	−10°	0°	−5°
θ_{downin}	唇罩下压缩面起始角度	—	—	$\theta_{cowl} + 5$°
$\theta_{downexit}$	唇罩下压缩面终止角度	−10°	0°	−5°

13.2.3　马赫数 10 氢燃料一体化飞行器优化结果

针对油气比 1.0,燃烧效率 1.0,对 $Ma10$、攻角 0°情况下的如图 13.12 所示的高超声速飞行器,以比冲和升阻比最大进行多目标优化,在前体进气道、燃烧室、尾喷管及机体上下表面参数化建模及网格自动化基础上,运用第 2 章介绍的空间推进方法和第 11 章介绍发动机一维评估方法,对飞行器内外流和冲压发动机燃烧室进行多学科评估,结合多目标遗传算法 NSGA II[2],完成了 8 000 个子样的评估,获得了多目标优化的 Pareto 前沿,如图 13.13 所示。从图中可以看出,氢燃料一体化飞行器的最大比冲约为 1 500 s,此时飞行器产生的升阻比为负值,对应的总升力也为负值;最大升阻比约为 40,此时对应的比冲约为 430 s。优化时采用了 30 km 来流大气条件。

对最大比冲构型进行了分析,对应的一体化飞行器外形及流场结构如图

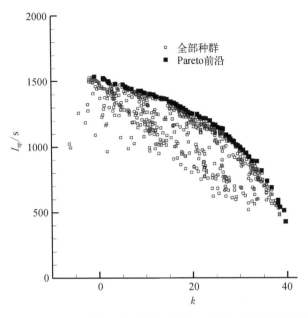

图 13.13　*Ma*10、攻角 0°氢燃料一体化飞行器多目标优化结果

13.14 所示,表 13.2 为比冲最大构型详细设计参数及设计结果,其中包括了轴向总推力 F_{x_total}、法向总升力 F_{y_total};内流道的总推力 F_{x_in} 和内流道总升力 F_{y_in} 及捕获流量(Fluxair)等;同时还给出了一体化飞行器的一些几何参数,如总捕获高度、尾喷管膨胀高度及捕获膨胀比等。从设计结果可以看出,比冲最大构型的比冲为 1 555.7 s,升阻比约为-1,即此时飞行器产生负升力,这是由于为了获得最大比冲,后体尾喷管膨胀比较大,机体上表面产生了较大的负升力。飞行器净推力为 6 977 N,净升力为-2 171 N。飞行器的捕获膨胀比,即尾喷管的膨胀面积比进气道的捕获面积为 1.84。

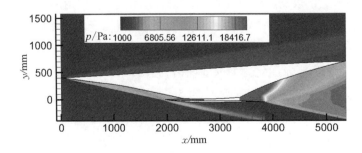

图 13.14　*Ma*10、攻角 0°氢燃料一体化飞行器比冲最大构型流场云图

表 13.2　*Ma*10、0°攻角氢燃料比冲最大构型设计参数及结果

设计变量名称	设计变量参数	结果名称	优化结果
$\theta/(°)$	7.335 563	ISP/s	1 555.7
Ma_F	6.631 257	k	−1.0
$\theta_{cowl}/(°)$	3.739 154°	F_{x_total}/N	−6 977
Ma_{out}	4.983 629	F_{y_total}/N	−2 171
R/mm	29.516 96	F_{x_in}/N	−9 147
$\theta_{in}/(°)$	27.993 6°	F_{y_in}/N	8 601
$\theta_{exit}/(°)$	13.402 81°	Fluxair/kg	21.06
h_{Tail}	1.782 786	总捕获高度/mm	406.65
L_{Tail}/mm	1 998.025	内收缩高度/mm	90
$\theta_{Tailwall}/(°)$	2.573 242°	发动机入口/mm	32
$L_{Tailwall}/mm$	483.806 9	发动机出口/mm	60.2
$\theta_{upin}/(°)$	2.576 365°	尾喷管高度/mm	746.7
$\theta_{upexit}/(°)$	−1.523 367°	进气道总收缩比	12.7
$\theta_{downin}/(°)$	5.0°	内收缩比	2.8
$\theta_{downexit}/(°)$	−1.128 994°	捕获膨胀比	1.84

对升阻比最大构型也进行了分析,对应的一体化飞行器外形如图 13.15 所示,表 13.3 为升阻比最大构型设计参数及详细设计结果。从设计结果可以看出,升阻比最大构型的比冲为 429.2 s,升阻比约为 39.7,飞行器的捕获膨胀比为 1,处于设计变量约束的下沿,净升力为 29 896 N,净推力为 2 148 N,发动机流道产生较大的升力,其贡献主要来源于单臂膨胀尾喷管。

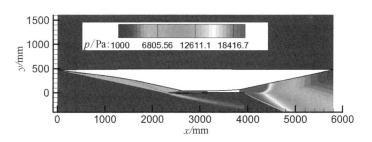

图 13.15　升阻比最大构型流场云图

表 13.3　*Ma*10、攻角 0°氢燃料升阻比最大构型设计参数及结果

设计变量名称	设计变量参数	结果名称	优化结果
$\theta/(°)$	7.156 53	ISP/s	429.2
Ma_F	6.619 05	k	39.7
$\theta_{cowl}/(°)$	0.012 667 5°	F_{x_total}/N	−2 148
Ma_{out}	4.504 66	F_{y_total}/N	29 896
R/mm	69.422 0	F_{x_in}/N	−2 902
$\theta_{in}/(°)$	23.349 3°	F_{y_in}/N	35 760
$\theta_{exit}/(°)$	11.900 4°	Fluxair/kg	24.11
h_{Tail}	1.0	总捕获高度/mm	476.65
L_{Tail}/mm	1 979.81	内收缩高度/mm	101.4
$\theta_{Tailwall}/(°)$	0.097 841 3°	发动机入口/mm	32
$L_{Tailwall}/mm$	107.043	发动机出口/mm	60.2
$\theta_{upin}/(°)$	0.762 588°	尾喷管高度/mm	476.8
$\theta_{upexit}/(°)$	0.074 705 2°	进气道总收缩比	14.9
$\theta_{downin}/(°)$	5.0°	内收缩比	3.2
$\theta_{downexit}/(°)$	−2.207 84°	捕获膨胀比	1

　　针对来流马赫数 10、攻角 4°时的一体化飞行器,采用氢燃料冲压发动机,对其比冲和升阻比也进行了多目标优化。Pareto 前沿如图 13.16 所示,比冲变化范围和 0°攻角的优化结果类似,数值在 500~1 500 s,最大比冲构型对应的飞行器升阻比约为 5.5,比冲为 1 493 s。

　　对最大比冲构型进行了详细解析,图 13.17 为设计获得的最大比冲构型,比冲为 1 493 s,对应升阻比为 5.64,飞行器的捕获膨胀比约为 1.91,飞行器单位宽度的净升力约为 17 657 N,净推力为 8 371 N。

13.2.4　马赫数 10 碳氢燃料一体化飞行器优化结果

　　来流为马赫数 10、攻角 4°,采用煤油($C_{10}H_{22}$)燃料方案,选择油气比 1,燃烧效率为 1,获得的多目标优化比冲和升阻比的 Pareto 前沿如图 13.18 所示,采用煤油燃料的最大比冲构型的比冲约 540 s,升阻比大于 5;最大升阻比构型的升阻比约为 11.5 左右,此时的比冲较小。

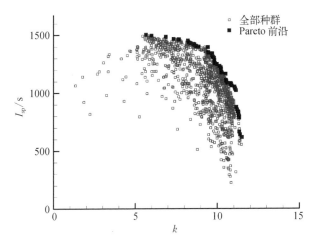

图 13.16　马赫数为 10、攻角为 4°氢燃料一体化飞行器多目标优化结果

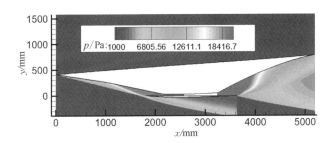

图 13.17　马赫数为 10、攻角为 4°氢燃料比冲最大构型流场云图

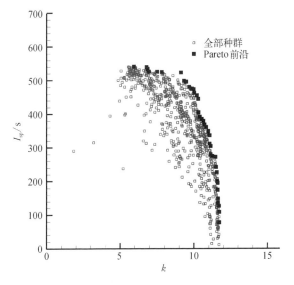

图 13.18　马赫数为 10、攻角为 4°,煤油($C_{10}H_{22}$)燃料一体化飞行器多目标优化结果

图 13.19 为煤油燃料最优比冲构型方案,此时升阻比 5.93,比冲 541 s,捕获膨胀比为 1.8。此时对应的总升力为 19 484 N,总推力为 7 909 N。获得的结果和相同状态下的 13.23 节的氢燃料一体化构型的设计优化结果相当。

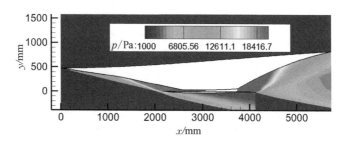

图 13.19 马赫数为 10、攻角为 4°,煤油($C_{10}H_{22}$)燃料最优比冲构型方案

图 13.20 为煤油燃料 Pareto 前沿折中构型方案,此时对应比冲为 483.6 s,升阻比 8.46,捕获膨胀比约为 1.46。此时对应的总升力和总推力分别为 28 636 N 和 7 208 N,相较比冲最大构型,在总推力减少不多情况下,飞行器升力得到了较大幅度的提高。

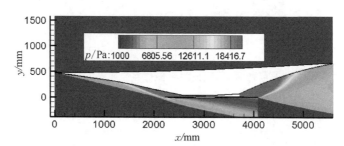

图 13.20 马赫数为 10、攻角为 4°,煤油($C_{10}H_{22}$)燃料 Pareto 前沿折中构型方案

13.2.5 马赫数 6 碳氢燃料一体化飞行器优化结果

对来流马赫数为 6、攻角为 4°,采用煤油($C_{10}H_{22}$)燃料方案,对油气比为 1、燃烧效率为 1 的一体化高超声速飞行器进行了多目标优化,获得的多目标优化比冲和升阻比的 Pareto 前沿如图 13.21 所示,在来流马赫数 6 条件下,采用煤油燃料的最大比冲构型的比冲约 1 150 s,升阻比 4 左右;最大升阻比构型的升阻比约为 11.0 左右,此时的比冲约为 700 s。

对马赫数为 6 时的最大比冲构型进行了解析,图 13.22 为最大比冲构型的轮廓及流场压力等值线图。飞行器捕获膨胀比约为 1.75,此时的比冲为 1 158 s,

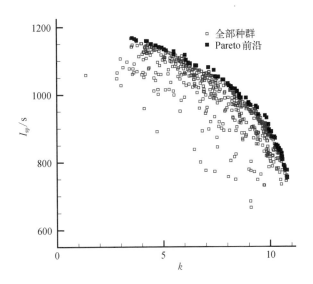

图 13.21　马赫数为 6、攻角为 4°煤油燃料一体化飞行器多目标优化结果

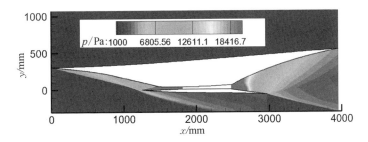

图 13.22　马赫数为 6、攻角为 4°,煤油燃料最大比冲构型的轮廓及流场压力云图

对应升阻比为 4.2。

巡航飞行器的航程公式为:$Range = V \times \dfrac{L}{D} \times I_{sp} \times \ln \dfrac{W_i}{W_f}$,飞行器的航程同升阻比和比冲的乘积成正比,在图 13.21 的多目标优化 Pareto 前沿上,选择了升阻比和比冲乘积的最大值构型,如图 13.23 所示,压缩膨胀比为 1.08,此时对应的升阻比为 9.7,比冲为 910 s。当然应该注意到,此时分析的是二维飞行器构型,没有考虑飞行器的三维表面阻力及配平阻力等,升阻比较为理想且偏大,增大了升阻比在航程公式中的比重,真实的三维构型升阻比一般为 4~5,升阻比在乘积中的作用会减弱,飞行器流道方案会倾向比冲较优方案。

从以上不同状态的优化结果可以看出,飞行攻角对一体化飞行器的最大比冲影响不大,马赫数 10,氢燃料飞行器的最大比冲约为 1 500 s,碳氢燃料一体化

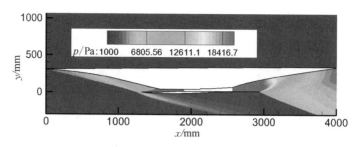

图 13.23 马赫数为 6、攻角为 4°、煤油燃料,比冲升阻比乘积最大构型

飞行器的最大比冲约为 540 s,马赫数为 6 时,碳氢燃料一体化飞行器的最大比冲约为 1 150 s。

　　本章的内外流耦合飞行器及发动机流道的设计,是基于几何封闭的内外流一体化飞行器构型,站在内流和外流共同作用的基础上开展的,内流和外流相互作用和约束,若尾喷管的膨胀比过大,虽然可以增大发动机流道的比冲,但将导致飞行器外流型面阻力变大,因此飞行器内外流耦合条件下获得的发动机比冲、升阻比、压缩膨胀比等数据更具参考性。将本节获得的各条件下的发动机流道最大比冲数值同文献[6]和[7]的进行了对比,一致性较好。图 13.24 为发动机比冲(氢气)随飞行马赫数的变化关系,本书获得的马赫数 10 内外流耦合条件下的发动机比冲,处在文献[6]和[7]的结果之间,差别不大。图 13.25 给出了煤油燃料比冲随飞行马赫数的变化关系,本书内外流耦合条件下的最大发动机比冲结果,在马赫数 10 的时候相较文献[7]的比冲低,文献[7]只单独优化了发动

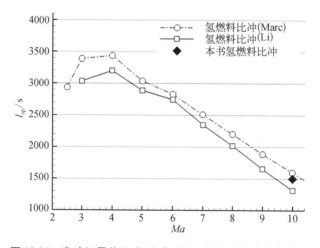

图 13.24 发动机最优比冲(氢气)随飞行马赫数的变化关系

机流道,其尾喷管具有较大的膨胀比。将本书获得的典型马赫数条件下氢燃料和煤油燃料冲压发动机比冲结果,和文献[7]的结果,一并绘入文献[8]给出的发动机比冲随马赫数的变化示意图,如图 13.26 所示,碳氢燃料的比冲都落入到了文献[8]给出的比冲随马赫数变化的分布范围内,氢燃料比冲趋势和文献[8]的一致,数值上要低于文献[8]的分布带,分析判断本书和文献[6]和[7]的结果具有更高的合理性,文献[8]是概念设计的结果,排气系统的膨胀等应该采用的是完全膨胀的结果。

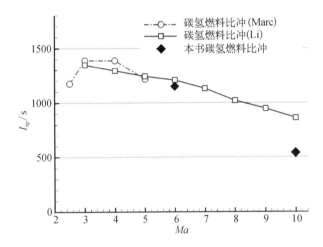

图 13.25　发动机最优比冲(煤油)随飞行马赫数的变化关系

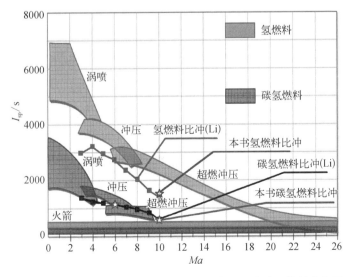

图 13.26　不同动力形式及燃料条件下发动机比冲随马赫数变化图

13.3　典型一体化高超飞行器布局设计

13.3.1　一体化飞行器布局方案

参考获得的内外流一体化高超声速飞行器二维最优剖面构型,结合机体三维建模技术,综合考虑升阻比、比冲等限制约束,参考文献布局方案[9],设计了三维高超声速飞行器一体化构型。图 13.27 为基于最优二维一体化飞行器方案的飞行器三维布局方案。

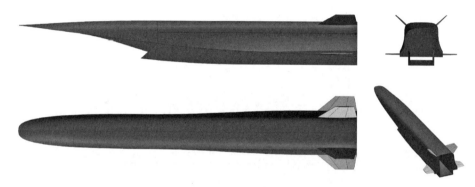

图 13.27　基于最优二维构型的三维飞行器一体化布局方案

对获得的三维飞行器布局方案,在来流马赫数 4.5、5.5 和 6.5(对应高度 18.5 km、22 km 和 27 km),攻角 $-4°\sim8°$,间隔 $2°$,俯仰舵偏角 $-15°\sim15°$,共计 147 个状态的气动推进性能,进行了机体推进一体化内外流仿真分析。图 13.28 为

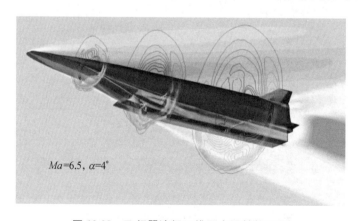

$Ma=6.5,\ \alpha=4°$

图 13.28　飞行器流场三维压力马赫数云图

获得的飞行器流向截面马赫数云图和对称面及机体表面压力云图。

13.3.2　一体化飞行器外流特性分析

首先分析飞行器在无燃烧通流状态下的气动性能。图 13.29 为 0° 舵偏不同马赫数和攻角时的升力曲线, 图 13.30 为 0° 舵偏不同马赫数和攻角时的机体阻

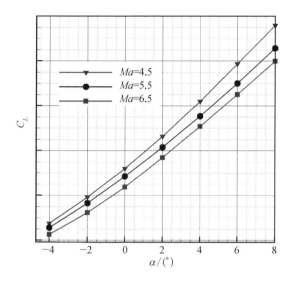

图 13.29　0° 舵偏、不同马赫数和攻角时的升力系数曲线

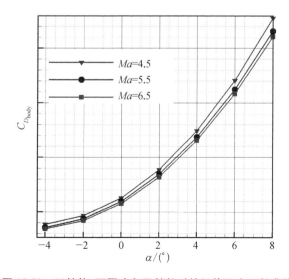

图 13.30　0° 舵偏、不同攻角马赫数时的机体阻力系数曲线

力曲线。图 13.31 给出了不同舵偏角, Ma6.5 时的机体俯仰力矩系数曲线。俯仰力矩对全机全长的 60% 取矩。

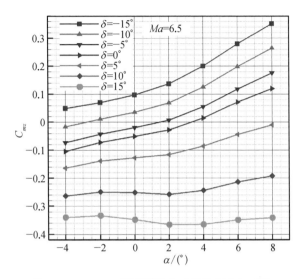

图 13.31 Ma6.5 不同舵偏角时的俯仰力矩系数

对包含以上典型状态的气动数据进行分析, 获得了不同马赫数条件下的配平舵偏角及配平升阻比。图 13.32 为不同攻角和马赫数条件下的配平舵偏角。可以看到, 在 2°～4° 的飞行攻角范围内, 飞行器在不同马赫数范围内的配平舵偏

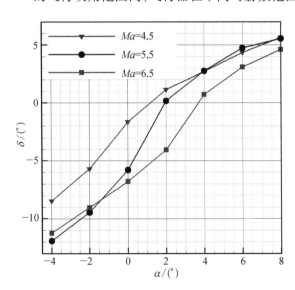

图 13.32 飞行器在不同马赫数和攻角范围内的配平舵偏角

角都在±5°以内。

图 13.33 为不同攻角和马赫数范围内的配平升阻比。可以看出,在 2°~4°攻角范围内,飞行器都具有较高的升阻比,在马赫数 6.5 可以达到 4.5,在马赫数 4.5,可以达到 5 以上。

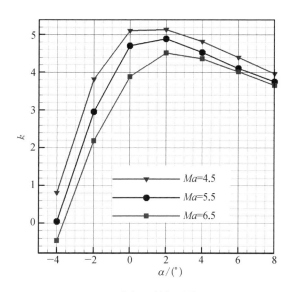

图 13.33　不同攻角马赫数时的配平升阻比

图 13.34 为飞行器在不同马赫数和攻角范围内的纵向操稳比为,在大部分

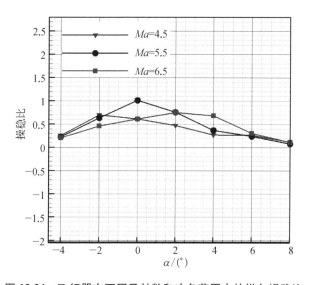

图 13.34　飞行器在不同马赫数和攻角范围内的纵向操稳比

攻角马赫数范围内,纵向操稳比在 $0.5\sim1$,操稳比定义为 $\dfrac{\Delta\alpha}{\Delta\delta}=\dfrac{\alpha-\alpha_0}{\delta-\delta_0}=-\dfrac{C_{mz\delta}}{C_{mz\alpha}}$,可视为俯仰力矩系数对舵偏的导数和对攻角的导数之比,可直观理解为在配平状态下,改变 $1°$ 俯仰舵偏,引起的配平攻角的变化量,表示了舵面对飞行器纵向攻角的操控能力,其值在 $0.5\sim1$ 较为理想。从图中可见,飞行器在 $0°\sim4°$ 范围内的纵向操稳比基本都在 $0.5\sim1$,比较合理。

13.3.3　一体化飞行器内流特性分析

对与飞行器匹配的发动机内流性能也进行了分析。图 13.35 为飞行器内流道在不同马赫数和攻角条件下的流量。内流道的流量随攻角增大而增加,随着飞行马赫数及飞行高度的增加,流量呈现减小的趋势。

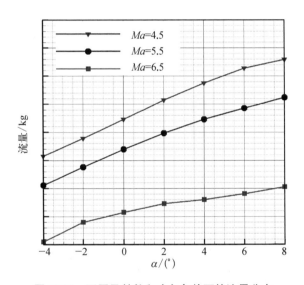

图 13.35　不同马赫数和攻角条件下的流量分布

图 13.36 为不同马赫数和攻角条件下的喉道出口加权平均马赫数,图 13.37 为不同马赫数和攻角条件下的喉道出口加权平均总压恢复系数。在 $2°$ 攻角时,进气道喉道出口马赫数在 6.5、5.5 和 4.5 时,分别为 2.9、2.5 和 2,略小于来流马赫数的一半,压缩量较为合理。总压恢复系数分别为 0.52、0.68 和 0.76,都处于较高水平。

最后,通过一维燃烧室仿真计算和尾喷管三维仿真计算,结合前体进气道的数据,获得了发动机全流道的比冲性能,如图 13.38 所示,在马赫数为 6.5 时,发

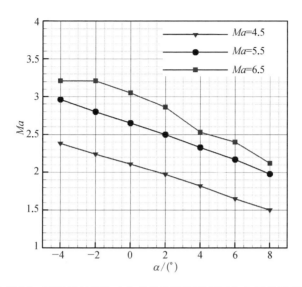

图 13.36　不同马赫数和攻角条件下的喉道出口加权平均马赫数

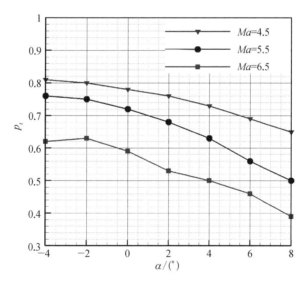

图 13.37　不同马赫数和攻角条件下的喉道出口加权平均总压恢复系数

动机流道的比冲在 850 s 左右,在马赫数为 5.5 时略大于 1 000 s,在马赫数为 4.5 时比冲在 1 100 s 以上。通过发动机的流量及比冲,结合飞行器的外流阻力特性,就可得到飞行器的推阻性能,即可开展一体化高超声速飞行器的推阻平衡分析等工作。三维内流道在马赫数为 6 时的比冲小于二维飞行器流道的优化结果的最大值,这是由于三维构型的内流仿真考虑了侧壁、溢流等三维流动阻力及损

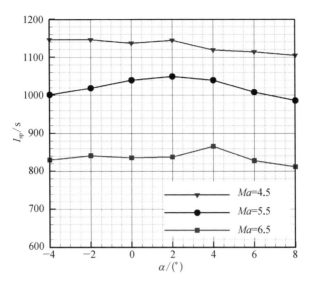

图 13.38 发动机流道比冲随飞行器来流攻角和马赫数的变化关系

失的结果,且所取的压缩膨胀比较二维比冲最大优化结果小。

13.4 本章小结

本章综合运用本书前述章节介绍的二元进气道特征线设计方法、燃烧室一维模拟方法、进气道参数化网格生成、空间推进求解方法及尾喷管参数化建模及优化方法,开展了针对前体进气道、一体化内外流耦合飞行器的设计优化工作。

13.1 节针对二元前体进气道,基于进气道的特征线设计程序,构建了进气道的参数化设计模型,利用自主优化程序,搭建了二元前体进气道的设计优化平台,获得了进气道总压恢复系数随进气道长高比变化的 Pareto 前沿,对获得给定长度条件下的最大总压恢复进气道设计具有指导意义。

13.2 节构建了一体化内外流耦合飞行器的参数化模型,基于计算网格参数化自动生成程序、空间推进和燃烧室一维模拟程序,通过自主多目标优化程序,搭建了内外流耦合的一体化飞行器设计优化平台,获得的不同燃料、来流马赫数及攻角条件下的一体化飞行器的比冲、升阻比 Pareto 前沿,以及内外流一体化飞行器的构型方案和内外流耦合条件下的发动机流道比冲及飞行器升阻比数值,对探明超燃冲压发动机在内外流一体化条件下的理论比冲上限及一体化飞行器升阻比和比冲的性能边界,具有重要的指导意义,也对吸气式高超飞行器的可行飞行边界及一体化布局设计具有重要的参考借鉴。

13.3 节基于获得了二维一体化高超飞行器,结合三维建模技术,设计了一型示例三维高超一体化飞行器布局方案,并对该款三维高超飞行器的升阻、配平、操稳及内流道的流量、比冲等特性,综合运用本书前述介绍的评估软件工具及力系划分体系,进行了仿真分析,所获结果可为三维一体化高超飞行器的设计提供参考借鉴。

本章以内外流一体化耦合为特点,综合本书多个章节建立的设计方法和软件,形成的设计结果可为高超飞行器前体进气道、内外流一体化构型及三维一体化高超飞行器的设计提供理论参考。

参考文献

[1] Deb K, Pratap A, Agarwal S, et al. A fast and elitist multiobjective genetic algorithm: NSGA - Ⅱ[J]. IEEE Transactions on Evolutionary Computation, 2002, 6(2): 182 - 197.

[2] 空天技术研究所.飞行器部件多目标优化设计软件[简称: ACoMDOS] V1.0,软著登字第 5009039 号,2020.

[3] Lewis M J. A hypersonic propulsion airframe integration review[C]. Huntsville: 39th AIAA/ASME/SAE/ASEE Joint Propulsion Conference, 2003.

[4] Bertin, J J, Cummings R M. Fifty years of hypersonics: where we've been, where we're going [J]. Progress in Aerospace Sciences, 2003, 39(6 - 7): 511 - 536.

[5] Komuro T, Kudo K, Masuya G, et al. Experiment on a rectangular cross section scramjet combustor[R]. National Aerospace Laboratory, NAL TR - 1068, 1990.

[6] Bouchez M, Falempin F, Levine V, et al. French-Russian partnership on hypersonic wide-range ramjets[J]. Journal of Propulsion and Power, 2001, 17(6): 1177 - 1183.

[7] 李建平.超燃冲压发动机/机体一体化优化设计研究[D].西安: 西北工业大学,2009.

[8] Tang M, Chase R L. The quest for hypersonic flight with air-breathing propulsion[C]. Dayton: 15th AIAA International Space Planes and Hypersonic Systems and Technologies Conference, 2008.

[9] Hank J M, Murphy J S, Mutzman R C. The X - 51A scramjet engine flight demonstration program[C]. Dayton: 15th AIAA International Space Planes and Hypersonic Systems and Technologies Conference, 2008.